ものと人間の文化史 144

熊

赤羽正春

法政大学出版局

山形県・小国の熊祭り

（第 2 部，第 6 章参照）

上：奥山に向けて熊皮を捧げる。

中：前年に獲った熊の頭骨を並べる（中央にはオコゼ）。

下：法印が祈りを捧げて熊の霊を慰める。

京都・吉田神社の追儺の行事
(第 1 部，第 5 章，第 3 節参照)

かつて方相氏は黄金の四つ目の仮面をかぶり，体には熊皮を着用した。

✲目　次✲

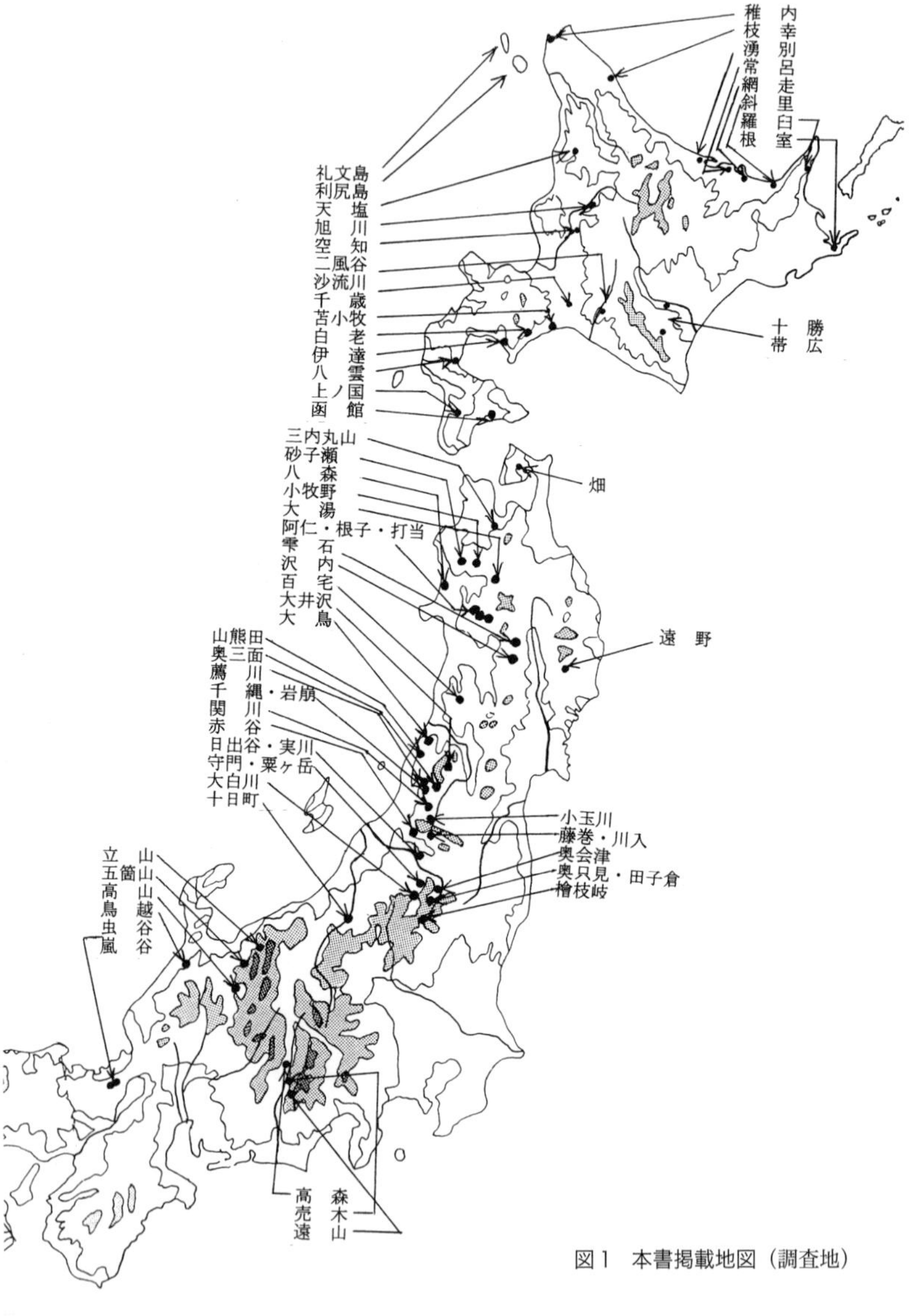

図1　本書掲載地図（調査地）

序章　敬われてきた熊

ギリシャ神話の世界から謳われてきた熊は、ひろく人々の心の奥底にとどまり、多くの精神文化を育んできた。

カリストーはゼウスの寵愛を受けてアルカスを産む。ところが彼女はゼウスの妃ヘーラーの妬みによって雌熊に変えられてしまう。アルカスは立派な青年となり、狩りを好む。深い森で彼はカリストーの母熊と知らずに彼女に遭遇し、槍を放つ。天上のゼウスはすばやく二人を空に上げ、煌めく星座とした。これが大熊座と小熊座になった。仔熊を追って北天の隈に入る母熊の姿、二つの星座の起源譚は人に母系至上、トーテムを暗示している。

母熊と仔熊の別離を語る悲しい物語は、仔熊が木イチゴを夢中になって食べている時に母熊がそっと別れていく「イチゴ別れ」としてわが国では語られている。また、赤子の誕生の際に産婆が熊の掌を妊婦にかざす。人の誕生、別離にも熊が映し出されてきた。ここでも熊に母系を至上とする伝承が重なりトーテムの予感がする。

ユーラシア大陸の西端から北部シベリアの大地をたどってアメリカ大陸に至るまで、そこに住む人々は熊を精神的支柱と仰いできた。生物学的に熊の種類[1]は異なっていても、熊に特別の感情を抱くことが人類の歴史に澎湃と起こっている。一つには魔を征服する獣として大陸では崇められてきた。日本列島に住む人々も、熊を山の神そのものとして、あるいは山の神の使いとして尊崇した。

具体的に細部まで検討していくと、熊の食べる山菜は人の山菜となっているし、この山菜が薬としても認識される。熊の体自体も人に生命力を吹き込む薬と考えられていた。熊胆は自然界至上の薬とされた。熊を主人公にした童話・童謡、ぬいぐるみなど、人が癒しを求めるのは熊が人に豊かな想像力を与えているからばかりでなく、正気・元気を回復し、人の心の奥底に隠れている魔性を明らかにしてくれるからである。人の精神構造を多面的に映し出してくれる対象が熊なのである。人はみずからの姿やみずからの行動を熊の行動と比較した。熊は人の規範となり、見習うべき聖なる獣であった。なぜなら、人は万物の霊長という驕りたかぶった考え方ができないほどひ弱で、みずからに自信の持てない謙虚な生き物であったからだ。かつて自然界で人がその存在を比較できるのは熊や猿であった。

そして近年、熊と日本人のあり方を熟考させられる多くのできごとが進行している。熊に恐怖を抱く社会環境が現出している。熊を崇める心理から遠く離れたように見えるこの思潮は、人と熊の関係に乖離が起こってきたからである。人の精神的支えであった熊に対する意識が大きく変質しはじめたのである。

この論考ではこの列島に住む人々が熊とどのように関わり、意識し、認識してきたのか、そう遠くないかつての時代、かつての人々の行動と感性を描き出す。そして、人が熊に投影しているものを探り、人が生き続けていく上で熊とどのような関係を維持すればよいのか、人の持続的生存と熊との関係を探る。

一　人との遭遇

熊類は山や森に棲む。中新世前期（二〇〇〇万年前）に食肉類の祖先から分化して雑食化の道をたどったとされている。雑食化により、パンダのように笹を食べることで生存できるような幅広い環境に適応できたという。熊（ツキノワグマ）は平均体重七〇キログラム（雄）から六〇キログラム（雌）。体長（鼻先から尻尾まで）一二〇センチメートル、体高六〇センチメートルほどで首にVの字の白い三日月形を持つ。一〇年以上生きる個体は少ないという。北海道からユーラシア大陸、アメリカ大陸の北部に分布する羆（グリズリー）は体重一一〇から一八〇キログラム（雄）、五〇から一二〇キログラム（雌）。体長二〇〇センチメートル（雄）、一五〇センチメートル（雌）。グリズリーは北へ行くほど大型のものがめだつという。

本土の熊（ツキノワグマ）の食習は植物食傾向の強い雑食である。ブナの芽、タムシバやコブシの花、タケノコ、木イチゴ、クルミ、ブナの実、ナラの実、ヤマブドウ、サルナシ、蟻、沢蟹、魚、羚羊《かもしか》などを食べる。北海道以北の羆（グリズリー）も植物食を中心とするがエゾニュウなどのセリ科大型植物の外に動物質を好み、ザリガニ、鮭・鱒を獲って食べる。

行動圏では特定のナワバリを作らないとされている。性成熟に達するのが雄で二から三歳、雌で二から四歳とされている。冬季は冬眠をし、雌熊は仔熊を冬眠穴の中で産む。交尾期は夏である。

山人や狩人の観察によって熊の生態が詳しく描かれている。交尾期がイチゴ別れの時期になり、屈強な雄が仔熊を母熊から離すという。

熊は大自然の中にいて、自然の一部であった。「人と自然の共生」とは、人が自然の中で謙虚な生活を送っていたかつての時代に「人は自然の一部」であったことを指して言う。人が自然から離れてしまうと共生の概念も変質する。現在、人は自然環境の中ではいなくてもよい、あるいはいない方がよい存在となりつつある。一方の熊は山や森にあって自然の一部であり、ここで生き抜いて人と関係なく自然と共生している。彼らは自然の中で、植物と熊、昆虫と熊などと共生関係にあり、人の入り込む余地はない。ところが、人は熊を意識する。被害妄想的ですらある。人を襲う、農作物が荒らされるなどなど。熊は人と交渉を持たなくても生き続けてきた。

採餌では山の木の実の成り年と成らない年の周期はブナで四から五年といわれ、熊が里に餌を求めて出てくることがある。「集中的に里へ出没する年は一〇年に一度」という言葉は、多くの狩人が語る。熊の重要な食料であるブナの実、ナラの実、クルミ、栗はいずれも豊凶の周期が異なる成り方をする。熊の食べる多くの木の実が何年周期で成るかという数値の、最小公倍数が一〇年ということである。ブナの五年がなければ一〇年という数字は出てこない。ブナの実が最も熊にとって重要な木の実ではないかと考えられる。

一〇年ごとに起こる彼らの食料危機は奥山の木の実の不足である。冬眠前の食料が不足する。そこで里に下りてきて人と出会う機会が増えた。たったこれだけのできごとを人々が我慢できなくなってきている。人が熊の領域を侵しているにもかかわらず。

熊が人を襲う猛獣であるとする社会的共通認識がはびこりはじめた。この意識は熊と共に生きてきた人たちではなく、熊の姿に遭遇したことのない人々、その多くは都会生活を享受している人たちが創り上げたといっても過言ではない。熊獲り集落では昔から一〇年ごとに訪れる出没の年を繰り返してきたにもかかわらず、熊は人を襲う怖い生き物であるという認識はなかったし、この事実を彼らは広めてもこなかった。

二〇〇六年、熊の多くは害獣として駆除された。里まで来た熊の多くは仔連れであった。仔熊は一歳になる年も母熊と行動を共にして同じ穴で冬眠する。駆除された母熊に付いてきた仔熊は哀れであった。母熊には同情を禁じえなかった。仔熊に腹一杯餌を食べさせなければならなかっただけである。駆除された熊の多くが仔連れであったのは、母仔が容易に食料の採れる里がすぐ近くにあったからである。

図2　熊と羆（秋田県阿仁熊牧場）
上：ツキノワグマ，下：ヒグマ

現代社会は殺される母仔熊にそんなに頓着しない。本物の熊を知らない人々は、ぬいぐるみやアニメで熊を自分の気に入るイメージに創り上げていく。テディベア、くまのプーさんには癒しさえ求めている。リラックマ・テノリグマ・タレパンダのようなキャラクターも出現している。矛盾だらけで自分本位な人の精神構造。

しかし、猛獣のぬいぐるみを「かわいい」とする神経には、人の心の奥底で熊はたんなる猛獣ではなく、人の心の片隅で生き続けている自分自身であること示しているのではないか。親しく会っているわけでもないのに、日本人にとって熊ほど身近な動物はいなかった。熊に規範意識を求めた金太郎の話、勇猛さを熊に教わった狩人、みずからの地位を熊皮の上で宣言した宗教者、熊に病気の克服を願った里の人々、熊を神と崇めたアイヌの人々。いったい、日本人がこれほどまでに熊に執心するのはなぜなのだろうか。

熊と人の交感を現代から時代を溯って検討していく。

二　熊に対する人の意識の変貌

人は熊をどのように認識してきたのか。現代の思潮から溯及していく方法で探る。現今、熊の里への出没が社会問題となっている。「熊に襲われないため」のマニュアルが出ている。都道府県や市町村行政も発信している。熊が人を襲うものだという社会的共通認識が現在でき上がっている。二〇〇六年の里への熊の大量出没がテレビで報道され、過剰な不安を都市住民にまで煽った。ところが、熊は本来人を襲わないことを述べている熊の研究者もいる(2)。

熊の恐ろしさをとことん描いて現在の認識を導いたものに小説がある。熊の被害を小説で周知化した。吉村昭の『羆嵐《くまあらし》』は大正四年一二月、北海道天塩山麓の村を襲った羆と人の対決の物語である。

二日間に六人の男女が羆の犠牲となった。著者は旭川営林局農林技官の木村盛武や関係者の聞き取りを元に小説を書いた。(3) また、アラスカやカムチャツカで北の大地の動物の写真を撮り続けた星野道夫がカムチャツカで羆（グリズリー）に襲われて亡くなった。羆や白熊の生態と写真の美しさが相乗効果となって強い印象と衝撃を与えた。(4)

動物写真家の宮崎学は「なぜツキノワグマは人を襲うようになったのか」詳細なフィールドワークから提言を行なっている。(5) 熊の個体数が増えていること、人を怖がらない熊の登場を指摘している。熊の領域に入り込んだ人の行為が糾弾されるべきなのであろうか。熊の個体数が増えていることを指摘する声は強く広い。新潟県から秋田県山間部にかけては熊の数が以前より増えていて、行き場のない弱い熊（母仔熊）が里に押し出されているとする意見が狩人やその地の自然保護指導員・監視員から出されている。屈強な雄熊は山の高い場所と広大な餌場を確保し、これより弱いものが下の場所を占める傾向があるという。このように、マタギや狩人、自然保護指導員の意見を取り入れて、里で餌を採れるように熊のためにデントコーンを作った人まで登場した。(6)

少なくとも、現在の熊を怖がる共通認識は、奥山の熊の生息場所にまで人が入り込んだことによる熊との軋轢が元になって発生してきた。熊は個体数が増えれば里近くまで来ざるをえないし、熊の領域であったところに人が入り込めば、熊は人とぶつかる。逆に、熊は山中の生息地から里近くへ移動し、餌の取りやすい里近くの場所に集まり、奥山の空白域の外側でドーナッツ状に生息範囲を広げているとする研究者もいる。山から里に生息域を広げただけで、個体数は増えていないというのである。

羚羊も特別天然記念物となってから一切の狩猟が禁じられ保護された。個体数の増加は社会問題化しているほどである。新潟県山間部では今までいなかった山蛭《やまひる》の人への被害が発生しているところがある。羚羊が山蛭を身につけて生存の領域を拡大しているからであると推測されている。また、植林した檜の苗を食べることから南アルプス山麓では羚羊を害獣として駆除しなければならないほどになっている。

猿の個体数も格段に増えているといわれる。東北地方の山間部や中部地方の山間部でも農業被害が拡大し、農作を諦めた人も出ている。猿は賢く、狩人が巻き狩りをしても、追いつめられたところから逃げてしまう。狩人に言わせると、猿の巻き狩りが最も難しいという。このように、動物の個体数の増加は熊に限らず人との軋轢の元になっている。問題は動物だけではない。人自体も増えているのである。

このような社会状況の中で、現代思潮を下支えする行政では、環境省が「特定鳥獣保護管理計画」の策定を各県に求め、熊の保護管理を推進している。熊・羆が地域によっては絶滅危惧種になっていることから生物多様性の維持を目的に保護しなければならないとする考え方である。ここでは熊の個体数が増えることは原則的には歓迎すべきことである。一九九九年六月「鳥獣保護及狩猟ニ関スル法律」が改正され、「保護管理」という概念による特定鳥獣保護管理計画が推進された。環境省の各県への指導により、県ごとにこの問題に取り組んでいる。この政策の背景には、生物多様性を一定の高いレベルで保全して環境を持続的に維持しようとする考え方がある。特に熊は保全生態学でアンブレラ種（生息地面積要求性の大きい種で生態的ピラミッドの最高位に位置する）である。つまり、熊が生きていける環境であれば熊の傘下に食物ピラミッドの膨大な種類の生物が存在できることを意味してい

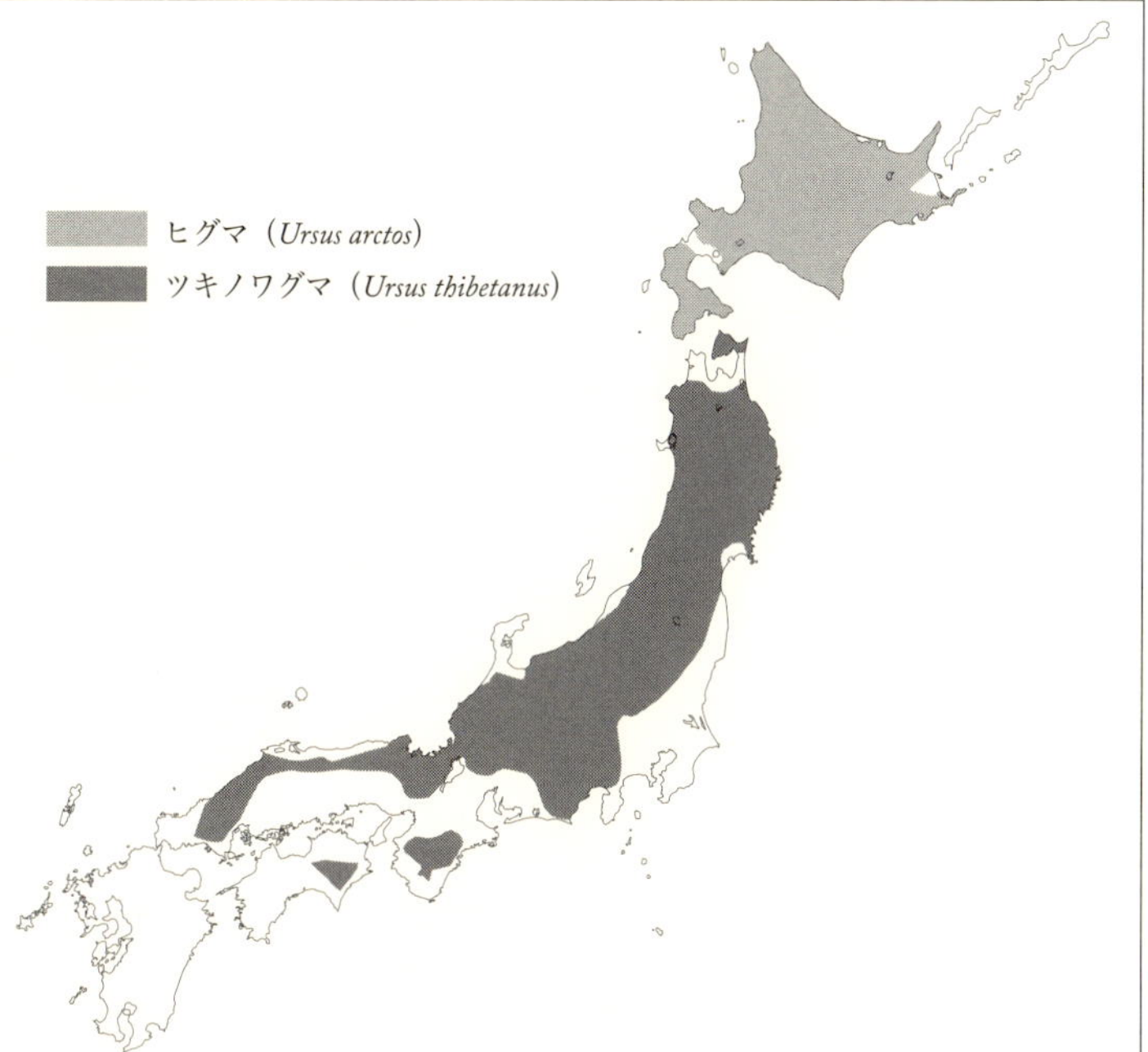

図 3　熊の全国分布（環境省自然環境局生物多様性センター，2004）

る。逆に熊がいなくなれば、傘下の生態系が崩れて環境が持続していないことを意味する。

　二〇〇三年岩手県が策定した「ツキノワグマ保護管理計画」の目的と計画策定の背景に次のような文面がある。[7]

目的　県内に生息するツキノワグマ地域個体群の長期にわたる安定的な維持並びに人身被害の防止及び農林被害の軽減を図り、もって人とツキノワグマとの共存を図ることを目的として本計画を策定する。

計画策定の背景　国内では本州以南に生息する森林性哺乳類の最大の種で、アンブレラ種である。ツキノワグマは優れた自然環境の指標となる種であり、本県においてツキノワグマを含めた森林生態系の均衡を維持し、生物多様性を次代に残すことは、県民が豊かな自然環境を将来にわたって享受することに繋がるものである。……

現在「ツキノワグマ保護管理計画」を策定していない県もあるが、策定しているところは、ほぼ似たような文面である。

「ツキノワグマ地域個体群の長期にわたる安定的な維持並びに人身被害の防止及び農林被害の軽減を図り、もって人とツキノワグマとの共存」のために、個体群の中で増えた個体を取り除く（狩猟対象）のが行政の施策なのである。もちろん、このような評価を下すまでに、根拠となる調査を継続している。一つには一九八〇年代から始まった「ツキノワグマ生息状況調査」であり、「大型野生動物生息動態調査」である。「ツキノワグマの生息状況調査」は、一九八二年＝青森県自然保護課、一九八三年＝秋田県林務部、一九八七年＝新潟県野生動物生態研究会、一九九〇年＝秋田県生活環境部自然保護課・青森県・富山県、一九九一年＝岩手県・山形県、一九九二年＝山形県、一九九三年＝島根県と実施している。これらの調査活動の中でツキノワグマの動態調査が実施され、一頭の熊の行動範囲がテレメトリー（発信器による追跡調査）によって調べられてきた。一年間の活動範囲は福井県遠敷郡虫谷で三三三二町歩、嵐谷で一九六四町歩（一九九七年＝福井県自然保護センター調査）。秋田県では成獣雄で二五九六町歩、雌で一二三〇町歩（一九八六年＝秋田県自然保護課）。

活動の範囲に大きな誤差があるのは、熊の個体密度や餌のある場所の有無など、彼らの行動特性と密接に結びついている。そして、繁殖に適する三歳時の熊の生存頭数を推定して持続的繁殖を期待している。三歳になれば仔熊は親から離れ、みずから繁殖行動を取ることができる。

岩手県の地域個体群ごとの三歳時における生存頭数X
＝推定生息数×繁殖可能（三歳以上）個体割合（七二・五％）×雌の割合（四一・一％）×妊娠個体割合（四〇％）×分娩率（九〇％）×子連れ頭数（一・五九頭）×生存率（八七％）

調査結果から見る施策の方向は誰が考えても妥当なものであろう。ところが平成一四年秋田県林務部がまとめた「ツキノワグマ保護管理計画」の計画策定の目的には調査と施策がすんなり嚙み合っている状態ではないことを正直に述べている箇所がある。

昭和四〇年代前半までの平均捕獲数は一〇〇頭／年未満だったものが、四五年以降は一二〇頭／年前後に増加し、五四年には異常とも思える人里への出没が見られ、二九三頭（有害駆除二七八）のクマが捕獲されるに至った。さらには、その結果として農林業への被害のほか、死亡者一名が出た。……昭和五五（一九八〇）年から五六年にわたる生息域・生息数・食性をはじめとする生態等の基礎調査を経て昭和六〇年から事前調整捕獲を実施。

捕獲状況　昭和六〇年以降、事前調整捕獲数が全捕獲数約四〇パーセント。平成一三（二〇〇一）年堅果類が大凶作であったため人里に出没した個体が有害駆除により三五三頭捕獲。

事前に調整捕獲を行なっていてもこれだけの変動がある。行政側が一定の面積に一定の個体頭数を入れて繁殖させることを考えていても、実態は遥かに複雑で、熊の行動の要因を把握しきれていないことがわかるのである。

このような状況だからこそ、「熊に襲われないように」という働きかけが増幅しているのであろう。そして、熊の生態を真摯に把握しようとする団体や個人がこれからの思潮を作っていくことが考えられる。(8) 特に熊や羆とみずから生活を共にし、熊の生態を観察し続けている動物学者の研究実績は、観念的な議論を吹き飛ばす。米田一彦や宮澤正義のいう「熊(ツキノワグマ)との共存」、前田菜穂子の「羆との共存」は、現代の思潮となりつつある。本土と北海道で身を削るような調査研究をしている人たちの仕事が今後の研究をリードしていくことになろう。彼らの調査方法は、熊の環境にみずから身を置いて、個体を識別し、食べ物、行動をとことん把握していくものである。研究の方法に熊との共存の方向がすでに現われている。ちょうどニホンザルの研究がサル社会、ひいては人の社会の研究に敷衍されていくように、熊の研究が人の研究となっていく筋道の萌芽がみられる。前田は一頭一頭の個体識別の方法で熊の個性にまで言及する(前田・二〇〇五)。そして、アイヌのいうキムンカムイ(善い熊)・ウェンカムイ(悪い熊)の伝統の継承を語る。

この論考でも、熊の研究を推進することで、人の生き方を探る。現代の都市生活者まで含めて、日本人が生存を持続させるためには生態保全の考え方が必要である。現代人の誰もが納得できる熊に対する考え方として、「熊・羆と人の共存」は、最も説得力のある提言であろう。(9) そして、共存の中身をとことん議論・研究する必要がある。

三　人の生存と崇められる熊

「熊・羆と人の共存」という考え方は熊と人を同列に扱う。社会環境面からも現代思潮となりつつある。ところが民俗世界では、そう遠くないかつての時代、熊を人と同列に扱うことはなかった。熊を人より上位のものとして崇める精神があった。動物学者の共存の考え方を先取りする形で熊を認識してきたのが民俗世界に生きる人々であった。ところが、人と熊の関係・熊から人が学ぶものについての研究では民俗学も行き詰まっている。熊狩りの古老は引退し、熊とともに生きてきた山間の村でも熊との関係を従来のように維持できない状況が生まれている。栗林の管理では、里近くの栽培栗を守るために、小粒の柴栗を好む熊の嗜好を考慮して奥山の栗の木を伐らないことがあった。ところがこの知恵が失われている。熊の動物学的研究を注視していかなければ民俗研究の継続はなしえない。

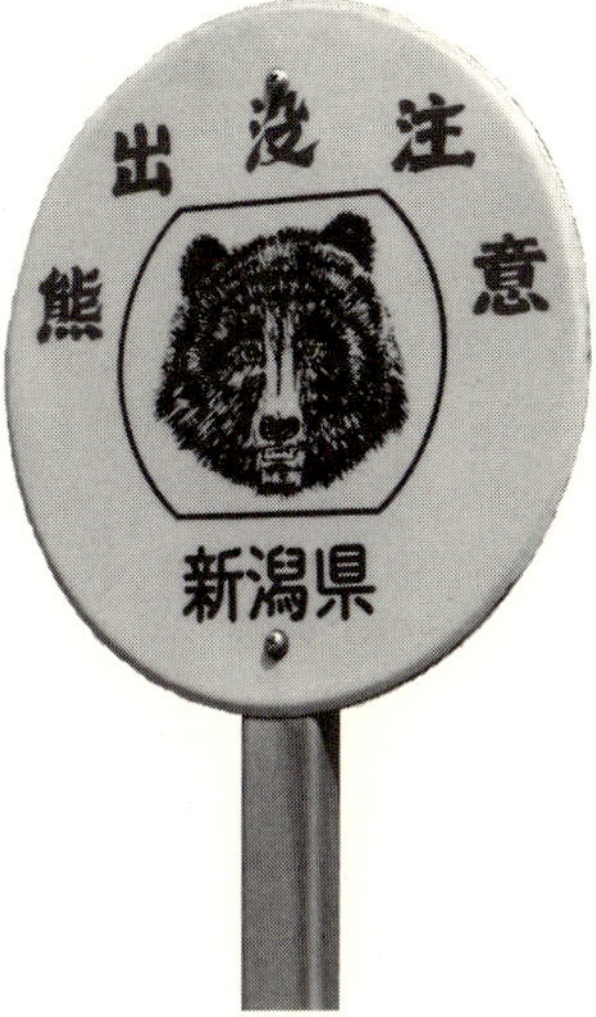

図４　熊出没を注意する看板

鳥海マタギの金子長吉は熊ほど頭の良い動物はいないことを事あるごとに述べている。大鳥の亀井一郎は熊を山の神からの授かりものとして崇めた。越後山熊田の人々は、春の祭礼の主役を熊とし、この血や肉によって塞がれていた生命のほとばしりを実感した。

つまり、熊が荒ぶる大自然の中で多くの障害に立ち向かいながらも生き抜いている姿は、大自然に生きる熊という範疇で括るのが大前提なのである。人の入り込む余地はない。ここには熊と人の共生などということはありえない。人の意志が及ばない舞台で生き抜いているのが熊なのである。この前提は本研究でしっかりおさえておかなければならない。

そして、熊の生きる大自然に入り込んできた人間は、ここから食料や生活品などを抽出するという意味で自然から養われ、何かを返せば共生として上下の関係が成立した（人は下位に置かれる）。

熊は大自然の象徴であり、人に熊が授かるということは、熊に付随する多くの植物や動物そして環境を授かることであった。熊の食べる山菜は人も食べるようになっていく。熊の大好物である蜜は遥か昔、熊から教えられて里人が養蜂を始めた筋道が考えられる貴重な食べ物である。

熊獲りの狩人はその多くが熊を特別に尊い動物、聖なる獣として扱ってきた。狩りによって授かれば、その場で人と同じように魂の「送り」を執行し、里に戻れば、霊魂となっている熊の「慰霊」を執り行なってきた。人の葬式以上に厳密に執行されてきたのである。熊の血や肉は山の神から授かったものとして、血の一滴、皮の切れ端さえも無駄にせずに呑み食べ尽くすことが礼儀とされ、「供犠」が行なわれていた。ここには、熊が人の生存を裁可する大自然の表徴と考えられていた節がある。熊をおろそかに扱うことは人の生存を危うくすることであることを共通の認識としていたのではなかったか。

熊は、人の力ではどうにもならない大自然を象徴する生き物として里人に認知され、人を超越したものと認識されてきていたのである。ロシア沿海州、ナナイの人々には熊はシベリアン・タイガー（アムール虎）に次ぐ第二の神であるという直截的な言い方がある。アイヌの人々も山の神として大切にしてきた。

もともと人は大自然の前で謙虚な生き物であった。熊狩りの集落とされてきた中部地方から飯豊・朝日連峰、東北脊梁山脈にかけて、毎年春先、授かる熊の数は聞き取り調査の範囲内で、三頭あれば大変な豊猟と認識されてきた。越後薦川で最高七頭、平均二頭、鳥海山麓百宅でも二頭、秋田打当でも二から三頭、福島県奥只見でも三頭くらいである。飯豊山麓実川や朝日山麓千縄では、春祭りに熊肉が必要で、入手できない年には他の集落の人々が獲った噂を聞きつけると金を持って走った。マル（獲ったままの状態）のまま購入して集落の春祭りに間に合わせたという例がある。

大自然の中で生きる人たちは、熊にみずからの生存を付託し裁可を求めたのではなかろうか。熊の肉は大自然の象徴であり、人が生存の持続を確認するものであったようだ。人はここまで謙虚な生き物なのであった。

熊に関する研究は狩猟研究の一部として民俗学が先陣を務めた。西日本の猪や鹿と比較しながら。一九七〇年代までの初期の研究は、秋田県をフィールドにした武藤鉄城、太田雄治、青森県は森山泰太郎、新潟県は佐久間惇一、森谷周野、金子総平、富山県は石田外茂一らの業績である。彼らは熊と人・村の立体的把握、村人にとっての熊の位相を聞き書きという手段で研究した。[10] 北海道では犬飼哲夫が羆の研究をアイヌ民族研究、マタギの儀礼との比較など、先進的な報告を出していた（彼は最終的に羆の絶対数を減らそうとしていた）。これによって、アイヌの熊祭り報告が出され、本土の熊との比較も始まった。初期の研究によって、現在の狩猟研究の基盤が作られたと言っても過言ではない。ここでは人類の生業の歴史が狩猟から始まったことを強く意識した言説が垣間見られる。

これに続く研究は熊狩りの方法・狩人の巻物と信仰など、マタギ・狩人の系譜や信仰に関するもの、広く大陸の熊祭りとの関連からアイヌの熊祭り、本州の熊捕獲儀礼の系譜を探るものなどへと拡散している。ところが研究を受け継いできた民俗学が現代思潮をリードするだけの成果を上げていないのはどうしたことだろう。動物学や環境学の発言が現代思潮となりつつある現状に民俗学徒として不安を抱いているのは私だけだろうか。

華々しく見える熊に関する研究は、大陸アムールランドを経て北海道・本州と熊送りに関する儀礼が南下する系譜を探るもの、狩りの技術的系譜を歴史的に文書資料から求めるものなどで成果が出されているが、ここでも基本は初期の研究である。初期の研究は農耕儀礼と供犠、捕獲儀礼と慰霊、狩人の系譜などを熊と人・村・社会で立体的に把握している。この延長線上に研究を継続しなければならない。

熊に関する研究は最終的に何を目的としていくのか。私は熊と人・社会の関係を掘り下げて人の生存の持続を求める方法を熊によって確認する作業であると考えている。かつて熊に関する儀礼はその多くが人の生存の持続に叶う方向で執行され、人の生存への願望が投影されている。従来の民俗研究は熊を人と同列に置かず、農耕中心社会の中に熊をむきだしに晒すことはしないという意味で正鵠を得たものであった。この方向を深く斟酌して研究を進めなければ、熊と人を同列に置く浅薄な認識が定着してしまう。その意味で、現在進められている研究の多くは熊を中心にした民俗の連鎖を狩人個人から村・社会へと広げていく手法を取るもので首肯できる。例えば野本寛一は熊胆が薬として広く社会に広まっていく筋道を追求して、熊狩り衆が他の村や山の熊を求める動きまで調べ、民俗の連鎖を描き出した(11)。また、熊の食べる山菜を人も食べていくようになる連鎖を追った研究や熊の食べ物そのものの調査研究もある(12)。この方向は、熊のフィールドに身を置いて熊と人の関係を調べていくという意味で、現代思潮を作りつつある動物学者の動きと連動する。

越後山熊田の春祭りでは、構成員全員が熊狩りに関わる。そして、授かった一頭の熊が主役となる。熊を捕獲した場所で男は熊の血を呑む。村里では大里様の木（村の山の神の欅）で狩人が声を揃えて村人に熊の訪れを報告して喜びの声を掛け合い唱和する。熊が村に入ると、村人一人残らず熊鍋を食べて直会を実施する。この祭りは、神（熊）を里に迎え、神（熊）人供食して春に湧き起こる生命を実感するものである。これを私は熊の供犠と考えている。熊鍋には山菜のアザミを入れ、野の命も寿《ことほ》ぐ。

熊は人に食べられることで人に生命力を吹き込むのである。熊狩り集落とされてきた村々で獲っていた熊の肉は栄養学的に人を養いうるカロリーを与えるものではない。春先一頭が獲れればそれで良かったのである。熊は山の神の標《しるし》であり、具象化された神格を供えていたと考えられる。神としての熊を食べてしまう心理の分析は難しい。聖なる獣であるから供犠となった筋道は第二部で述べる。動物を供犠してきた文化についての研究も熊を中心に進み始めている(13)。供犠の問題はアイヌのイオマンテ、大陸の熊祭りにつながる広大かつ深遠な文化の背景を描き出すことになる。例えば、捕獲儀礼の中に潜む熊の魂の送りは、日本本土の熊狩り儀礼からアイヌのイオマンテ（熊送り）を経て大陸の熊送りにまで通底し、北と繋がる思惟である。

熊に関する狩猟研究は日本文化の基層に深く横たわる諸相を初期の段階で焙り出した。現在の研究がばらばらに見えて方向が定まらないような印象を与えるのはそれだけ研究の方向性が拡散しがちであり、問題が大きいからである。

派生した課題の中から「熊に襲われないように」といった人を中心とする言説が生まれたが、この研究方向の行き着く先は害獣駆除である。現実に各県行政がこの方向で動いていることを記した。この研究方向は人を助長させるだけで、熊は人のために何かをしなければならない動物という位置づけに格下げされてしまう。人は熊の存在をどのように把握すべきなのか。人と熊の関係を自然との関わり、人との関わりで検討していかなければ熊存在の全体像は明らかになしえない。自然との関わりはこの論考の第一部で狩人からの聞き書きや里人とのつながりで描く。熊と人との精神的つながりは第二・三部で描く。熊は自然の一部である。そして社会のものであり、地球規模の存在である。間違っても、特定の狩人個人やスポーツハンティングの対象とするものではない。熊は自然からも人からも共有性の高い動物なのである。片や大自然の象徴として、片や社会性の象徴として。

研ぎ澄まされた古人《いにしえびと》の神話や伝承と今人《こんじん》の把握する事象を重ねることで、人は熊から生き方を学ぶことができる。熊は人の生存の持続を探る上で格好の規範となる。

中国古代の動物を扱った『山海経』(14)のように、この世に存在しない動物を描きながら、その出現を天変地異や人・社会への影響の関わりで描き切った心理は、私たちも受け継がなければならない。おどろおどろしい動物のすべてが人・社会に対して共有性を主張する。少なくともこのような心理が初期の狩猟研究から現在まで脈々と流れていれば、人は熊から多くを学ぶことができるのである。そして、この感性の持続をめざした研究を続けなければならない。

具体的にこの論考では熊から学ぶことを次のように考えている。

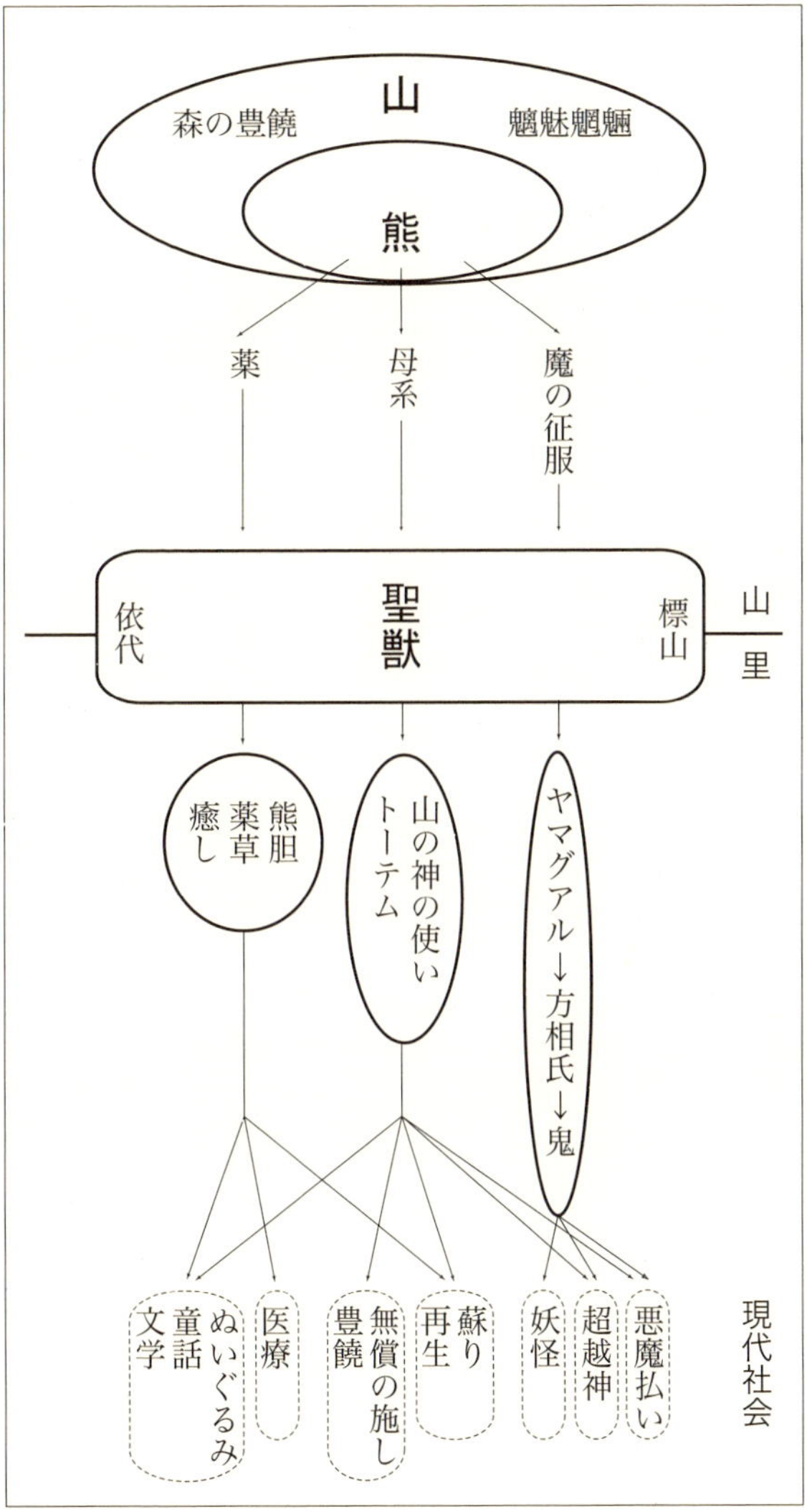

図5　熊構造図

一つには熊が生きる環境の総体を鳥瞰することである。アンブレラ種(15)として、どのような植物や動物と関わり、餌は何を採り、どこでどれだけ確保し、それは人とどのように関わってきたのか。そこから人は何を学習してきたのか。山間の村にみられるように、熊一頭が授かる村の領域はどのくらいのものか、そしてこの自然界から人はどのくらいの恵みを得ているのか。

また一つに、熊狩りの狩人が執行する儀礼の具体例を描き、共通項目を地理的に探り、それは何のために行なっているのか、人の社会生活との関係で追究することである。そして、この二つの項目を関連づけて熊が人の生存にどのように関わってきたのかまとめることである。

熊構造図のような概念図で人は熊との関わりを維持してきたと仮定している。魑魅魍魎《ちみもうりょう》で豊饒の山（森）は熊の住処である。熊は魔を征服したものであり、自身の子孫は母系を基本に拡大し持続していた。人にとっては熊の体すべてが薬であった。このように人から見た熊は大自然の中にあってそれを克服した聖なる獣であり、山の神の標であった。この熊が人間社会では魔を退散させる役割を担い、方相氏や鬼となり、母系はトーテムとなった。薬は人の病を治し、丸くて黒い体は人に投影されて文学の主人公やぬいぐるみとなって人に癒しを与えた。『北越雪譜』にも次のようにある。

熊は和獣の王、猛くして義を知る。菓木の皮虫のるゐを食として同類の獣を喰ず、田圃を荒ず、……詩経には男子の祥とし、あるいは六雄将軍の名を得たるも義獣なればなるべし。(16)

第一部では具体的に熊獲りに従事してきた狩人の長からの聞き書きを記す。彼らの語る事実の中から、人と熊はどのように生きてきたのかその関係性を描き出し、追究すべき課題を提示する。熊と人里に関するこの報告を踏まえて、第二部では熊狩りの狩人が執行する儀礼を描き、母系、トーテム、熊の供犠を大陸とのつながりで考察し、人は熊から持続的生存をどのように学んできたのか、第三部の文学も加味してその精神的な背景を探る。

人が神を意識し、宗教的心情が育っていく過程には熊が深く関与している。そして、現代に生きるわれわれと熊の位相を検討し、人の持続的生存の道を探る。[17]

（1）クマ類の分布ではユーラシア大陸の北部ヨーロッパから極東アジアにかけて稠密に分布するのがヒグマ（羆 *Ursus arctos*）である。羆はヨーロッパからトルコ・イラン山岳地帯、中国内陸山脈にも分布する。また、北海道からサハリン・カムチャツカを経て、ベーリング海を越えて北アメリカ大陸カナダ北部に分布している。アジアクロクマ（*Ursus thibetanus*）はインド・中国国境の山間部から東、中国・東南アジアの山岳地帯に分布し、朝鮮半島・日本の本州に棲息する。またロシア沿海州アムール川・ウスリー川流域に広く分布する。月ノ輪を胸にもち、日本のものよりも大陸の方が月ノ輪が大きい。北アメリカ大陸カナダを中心にアメリカの山岳地帯にいるのがアメリカクロクマ（*Ursus americanus*）である。アメリカ先住民族に崇められてきた。この他、北極圏で暮らすのがホッキョクグマ（*Ursus maritimus*）である。

この他に中国の山岳地帯にいるパンダ、ボルネオ島とスマトラ島・マレー半島に棲息するマレーグマ、インドにいるナマケクマ、南アメリカ大陸アンデスにいるメガネグマがいる。日本国内では津軽海峡を境に北海道にヒグマ（羆）、本州にツキノワグマ（熊）が分布する。

この論考では日本のクマについて扱う。だからツキノワグマを熊で表記し北海道のヒグマを羆で表記した方がわかりやすい。というのも、クマ類に関わる信仰や伝説を数多く扱うため、「クマ」で表記した場合、パンダやマレーグマ・メガネグマなども含まれ、生物学的分類と混同するおそれがある。混乱を避けるため、また人類の歴史との密接なつながりを斟酌（例えばギリシャ神話や金太郎ではクマの表記が慣例として馴染まない）して、カタカナの「クマ」で一般表記をすることを避ける。実際の記述は日本人が馴染んでいる本州のツキノワグマ（月ノ輪熊）を「熊」と漢字で表記し、北海道のヒグマを「羆」と表記する。そして一般呼称として社会に広く受け入れられている神話や伝説、語り物についての記述は「熊」で表記する。ただ、生物学的に厳密な検討が必要な場合は「熊（ツキノワグマ）」、「熊（アジアクロクマ）」「羆（グリズリー）」のように表記する。文学作品を引用する場合は、その作者の意図を尊重して作品の表記をそのまま踏襲する。

（2）熊に出遭ったらどのように行動するかのマニュアル書が各県から出されている。熊の動物としての習性に注目したものが多い。姉崎等、二〇〇二『クマにあったらどうするか』木楽舎。

（3）吉村昭、一九七四『羆嵐』新潮社。

（4）星野道夫、一九九六『ナヌークの贈りもの』福音館、など。

（5）宮崎学、二〇〇六『ツキノワグマ』偕成社。

（6）板垣悟、二〇〇五『クマの畑をつくりました』地人書館。

（7）岩手県環境保健部自然保護課、二〇〇二「ツキノワグマ保護管理計画」。

（8）米田一彦、一九九一『クマを追う』どうぶつ社／同、一九九四『ツキノワグマを追って』小峰書店／青井俊樹、一九九二『北の森にヒグマを追って』大日本図書／北大ヒグマ研究グループ、一九八三『エゾヒグマ』夕文社／門崎允昭・犬飼哲夫、一九九三『ヒグマ』北海道新聞社／木下哲夫、二〇〇一『命のいとなみ――下北半島のツキノワグマ物語』東奥日報社／前田菜穂子、二〇〇五『ヒグマが育てる森』岩波書店／宮澤正義、二〇〇六『思い出のツキノワグマ』リブロプラザ。

（9） 小田島護、一九九一『大雪山ヒグマ物語』創降社／米田一彦、一九九八『月の輪熊は山に帰った』ほか。

（10） 武藤鉄城、一九六九『秋田マタギ聞書』慶友社／太田雄治、一九七九『消えゆく山人の記録マタギ』翠楊社／森山泰太郎、一九六八『砂子瀬物語』津軽書房／佐久間惇一、一九八五『狩猟の民俗』岩崎美術社／森谷周野、一九六一『奥三面郷赤谷郷狩猟習俗調査報告書』新潟県教育委員会／金子総平、一九三七『南会津北魚沼地方に於ける熊狩雑記』アチックミューゼアム／石田外茂一、一九五六『五箇山民俗覚書』凌霄文庫。この他に次の著作を参考にした。千葉徳爾、一九六九『狩猟伝承研究』風間書房／同、一九七一『続狩猟伝承研究』風間書房／同、一九七七『狩猟伝承研究後篇』風間書房／同、一九七五『狩猟伝承』法政大学出版局／高橋文太郎、一九三七『秋田マタギ資料』アチックミューゼアム／石川純一郎、一九七四「マタギ流猟師の伝承」『日本民俗学』九一号／同、一九七四「サルマ流猟師の伝承」『昔話伝説研究』四号／武田正、一九六九「小国町の熊狩」『置賜の民俗』三号／戸川安章、一九七三「東田川郡大鳥の狩猟習俗」『民俗資料選集狩猟習俗Ⅰ』国土地理協会／田口洋美、一九九九『マタギを追う旅』慶友社。

（11） 野本寛一、一九八七「売薬の発生とふり出し」『生態民俗学序説』白水社／同、二〇〇七「海山のあいだ」『山からみた日本文化』富山市日本海文化研究所。

（12） 森俊、一九九七『猟の記憶』桂書房／赤羽正春・二〇〇一「熊と山菜」『採集――ブナ林の恵み』法政大学出版局／青山智彦・日野貴文・二〇〇六「日本のヒグマを追う」『生き物文化誌、ビオストーリー』五号。

（13） 中村生雄、二〇〇一『祭祀と供犠』法蔵館／同、二〇〇〇「動物供養は何のために」『東北学　三』／原田信男、二〇〇〇「古代日本の動物供犠と殺生禁断」『東北学　三』作品社では、農耕儀礼としての動物供犠を扱っている。熊の場合は農耕儀礼と異なる場面での供犠が成立する（第二部参照）。

（14） 高馬三良訳、一九九四『山海経――中国古代の神話世界』平凡社ライブラリー。

（15） 生態系ピラミッドの頂点に立ち、生活のために大きな面積を必要とする種。この種の傘下に莫大な生物を抱えることから、この種を保全することが生態系を持続的に守ることにつながる。

（16）鈴木牧之、一八四一『北越雪譜』（一九三六、岩波文庫）。

（17）天野哲也・増田隆一・間野勉編、二〇〇六『ヒグマ学入門――自然史・文化・現代社会』北海道大学出版局では、「ヒグマと現代社会」の項に至るまで、熊と人間の儀礼をユーラシア大陸の「頭蓋尊崇」（谷本一之）や熊との婚姻譚（天野哲也）などで描き出し、現代社会の中で熊とどのような距離をもって生きていけばよいのかについて最終的に触れている。この研究方向は強く支持できる。犬飼哲夫が北海道大学で羆の研究を始めた当時、いかに羆の個体数を減らしていくのかという種の絶滅計画の元にヒグマの研究が始まったと仄聞している。現代社会は熊と共に生きていく選択をしているのである。

第一部　熊と人里

第一章　鳥海山のシシオジ・金子長吉と熊

鱒の調査で訪れた鳥海山麓矢島町で、鱒捕り名人の佐藤貞二郎から、熊とともに生きてきたマタギの頭領を教えられた。名人同士が触れる心の琴線がある。貞二郎は子吉川流域で「鱒捕りなら矢島の佐藤」と言われてきた。その貞二郎も熊狩りをした一人である。しかし、鳥海山のマタギで熊獲りの名人は、という私の質問に、「百宅《ももやけ》の金子長吉だ」という返事が間髪おかずに返ってきた。

「俺は熊を撃ったことはあるが、里まで下りてきたものだから仕方なく仲間と巻いた。金子は鳥海一のマタギだ」。

二〇〇六年八月末、貞二郎のもとを辞して百宅に向かった。子吉川の鱒を知り尽くした名人が考えを巡らすことなく即答するマタギであれば、間違いない。貴重な伝承の塊を保持している。顔つなぎをしておかなければならない。

矢島から一時間、鳥海町の百宅は鳥海山の麓にあって子吉川最源流の村として最も山に近い谷間にその姿を現わした。比高差二〇〇メートルの衝立のように立ち上がる山の合間に集落が点在していた。中央部、秋の実りの確実な水田を取り巻くように家が山際に散在している。長吉の家は上百宅の最も上手にあった。村はずれの山に入る手前に巨大な栗の木四本を従え、これに守られて家が建っている。

庭では奥さんが火を焚いていた。午後一時半である。

来意を告げると、残念そうに、「いま、トビタケ（トンビマイタケ）を取りに山に入っている。三時頃には帰ると思うけどな」という。簡単に諦めがつかないが、持参した土産を渡し、電話番号を聞いて帰ることにした。帰宅には家まで五時間かかる。電話を入れる時間を約束して別れた。

当日午後七時、自宅から長吉さんに電話を入れる。一番聞きたかった「熊を仕留めたときに、熊の血を呑んだかね」という質問に対しては、「ああ、呑んだよ。生臭いものではなかったな。さらっとした感じだったよ」。

この一言が、あっけなく出てきた意義は大きい。熊の民俗を追って百宅に向かった意義があった。熊の血を呑む伝承を追うのは、熊が人々の生活の基層に生き続けていて、熊の血を人の体内に入れて再生・復活を祈る事例が北方文化のなかから顕在化してきたからである。熊と血の問題は熊の血をつなぐ者が誰なのか、生命力を復活するのは誰なのかという新たな問題に進んでいく（第二部第一章）。

九月上旬に再び伺う約束を取り付けた。木訥とした口調で、みずから語ろうとしないマタギが抱えている民俗世界は、広大かつ深淵である確信が沸き起こった。

一　金子長吉の民俗世界

金子の民俗世界は独自かつ深淵である。おそらく、多くの日本人が持っていたみずからの仕事に対する強烈な矜持がそうさせているのであろう。今まで多くの熊獲りの古老に会ってきたが、長吉ほど熊が優れた生き物であることを理解し、その怖さ、獰猛さ、優秀さを体に染みこませている者はいない。

九月二日、昼、猟犬セッターのいる自宅前の小屋のところで私を待っていてくれた。私を自宅に上げなかったのは家にいる山の神（奥さん）への配慮である。熊の話をするときは、男同士、奥さんと関係のないところで語る必要があった。マタギというものは山の神に仕えるものであり、女のいないところで山とその奥義となっている熊の行動を語る必要があった。二時間以上、小屋の前で日に照らされながら長吉の語りを聞き漏らすまいと必死で記録を取った。

「二日前に熊が来てよ、うちの栗の成り具合を見ていった。今年はブナもミズナラも実をつけていないからな。秋に食べる栗の様子を見て回っているんだ」。

どうして熊が来たことがわかったのか、という野暮な質問はできなかった。長吉は熊の気配がわかる数少ないマタギなのである。「犬が鼻を立ててじっと藪を見ているんだ。笹がわずかにカサカサ鳴ったから。挨拶して帰ったわ」。

家のまわりにある栗の巨木は毎年多くの実をつけ、冬の貴重な糧となっている。スナグリ（乾いた砂に埋めて保存する）やコノハ詰め（一斗缶に乾いた木の葉を敷き詰めて保存する）で保存している。ところが、今まで熊はこの栗の木に登ったことがないという。鳥海マタギの長老である長吉の栗の木に登る熊は礼を失する。そのことを長吉は私に伝えたかったのであろうか。

二〇〇五年は鳥海山の海側でブナやミズナラの実が不作となり、内陸側では豊作となった。このため、熊は内陸側の百宅で五頭も捕獲された。今までにない多さであったという。熊が大量に食べる木の実はブナの実、ミズナラのドングリである。次に栗の実、クルミなどになる。栗の実はどこにあるか熊はすべて把握しているという。そして、「うまい栗とまずい栗がわかっていて、うまい栗から食べていく」という。うまいまずいは人の感覚であるが、粒の小さな柴栗を熊は好み、比較的大きな粒の栗は柴栗を食べ終わるまで手をつけないという。

おそらく、熊は自分の行動領域にある栗の木をすべて見て回っていて、食べ頃を計り、その時期に回ってくるのである。そこまで彼らは計算するという。

長吉が指さした笹の場所を見る目は冷静で、一点を見続ける落ち着いた振る舞いはマタギが熊と対峙するときの姿であった。

金子長吉は昭和一六年一月一〇日生まれ。鳥海マタギの親方、シシオジを長年勤め、四八頭獲ったところで引退するつもりが、四九頭獲ってしまった。数が悪いということで五〇頭までやるつもりが、五四頭までいき、引退した。二年前のことであるという。

長吉の父親は鳥海マタギとして人に知られた金子長太郎である。小学校に入る頃から父親の熊狩りに同行した。父親からシシオジを嗣ぐよう言われたのは一九歳の一一月一日であった。二〇歳からと考えていた父親は、子供の成長を見て一年早い熊獲りの時期から嗣がせる決心をしたものであろう。

長吉に後継者はいない。シシオジは付き従うマタギたちの中から、最も冷静に熊を観、判断力に優れた者を次の親方として指名するという。山中の捕獲儀礼、家に帰っての終猟の儀礼を聞き取りしていた私は、シシオジを嗣がせることがどれほど困難なことか、長吉の姿から垣間見た。

山中の捕獲儀礼ではケボカイという、熊の魂を送る行事がある。熊の毛を剝いで逆さにかける。そして熊に引導を渡す。熊の頭をどの方向に向けたか、引導を渡すときの唱え詞は何か。一つ一つしつこく聞き出そうとする私に長吉が取った態度はただ一つであった。「俺でおしまいだ」という言葉を繰り返すのみで、具体的には何も語らないのである。

「唱え詞のアビラウンケンソワカの前の言葉は」という聞き方をしても、「後継者がいればその人に教えるが。俺でおしまいだ」。部外者に語る気はないことを確認した。長吉の凛とした態度。これはまた、立派な振る舞いであった。

「昔は狩りの場面でそのつど面倒なくらい多くの唱え詞や儀礼があってな、シシオジになってから俺一人の儀礼で済むわけだから、省略したり減らしたりしたものもあるのよ。後継者がいればすべて教えるが、嗣ぐ人がいないのに教えても、責任が果たせないだろ」。

長吉が抱えている広大な民俗世界は長吉と共に失われていく。残念だが仕方ない。私はこれからわれわれにとって役立つ民俗を記録し、研究をつなげていくしかないという考え方になった。それは、熊の生態と人の生存に関する事柄を聞き取りしていくことである。この部分に関して長吉は超一流の観察眼を披露してくれた。

二　尊崇される熊

「熊は凄い生き物だよね」という私の語りかけに、長吉が具体例を挙げて応えてくれた。そんな彼が突然語気を強めて怒りを顕わにした場面があった。「熊は畜生だから」と蔑む言い方をした町会議員の話が出た時である。「お前より頭が良いんだ」と反論したというが、世の中の熊に対する無知蒙昧には心の底から憤っていた。

熊がタナを架けるのは木の実を食べるために枝木を折って自分の居場所を作るためだが、本当のタナというものをみんな知らないんだ。冬眠前に大木の上でハンモック状のタナを作って甲羅干しをするんだが、これが本当のタナだ。

タナというと、熊が木に登って枝を折り曲げて実を取り、自分の尻の下に枝を入れて木の上で過ごす場所を指すのが一般的である。ところが、熊は冬眠前の二から三週間ほど絶食をし、木の上にハンモック状のタナをかけてここで甲羅干しをするというのである。このタナこそが本当のタナだと長吉は言う。

「熊が穴に入るのは冬至」だという。

冬至までのみぞれ交じりの時雨《しぐ》れる日々の中で、天気のいい四から五日間は必ず木の上に作ったハンモック状のタナで甲羅干しをするというのである。十分背中を干した後、積雪が根雪となるとわかると、穴が塞がれる前に、一直線に穴に入るという。このタナの話は注目すべきものである。

熊はブナやミズナラの巨木に登ってタナをかけるが、枝を両側から集めて縛るときにはそれぞれ二回転捻《ひね》って結ぶのだが、すべて本結びにしている。縦結びというのは一つとしてない。太い枝

図6　鳥海マタギのシシオジ，金子長吉と熊手
熊手は熊の掌をまねた道具で，すべての指が同一方向を向く。

は噛んでから捻って結びやすいようにする。人間でも縦結びと本結びの区別がつかない人がいるのに、熊はすべて本結びをやっているんだよ。

なぜ熊に本結びができたのか、長吉は庭のマユミの枝を取ってきて説明してくれた。太い枝は囓って折り、一回転捻る。二つの枝を本結びにするには、対向する枝を引き寄せて、自身の保持する枝にからませる動作が必要である。しかも、本結びは回転を二回かけないとできない。

熊の操作を私は次のように考えた。Aの枝の側にいる熊は、Bの枝をたぐり寄せるとき、右手で引っ張ってくればAの枝の右からBの枝を添えることになる。回転をかけて捻られたBの枝はAの枝の上を通してからませる。ここまでが一回転の操作である。次に熊は右手で保持しているBの枝をAの枝の右側に添えて同じ方向に回転をかけてBの枝にからませる。二回とも右手で同じ方向に回転をかければ本結びとなる。

枝に回転をかけるときは、右手が外れる。この時は口で囓って保持しているという。熊は利き手を使って二回とも同じ回転をかけ続けているのである。

こうしてできた結び目が二つもあれば、ハンモックとなる。ここで晩秋の日の光を受けて寝ころぶのである。夜はどうするのか聞いたが、夜はわからないという。

熊が栗の実を食べるために、タナを作る方法は次のようなものである。熊ははじめ木の股にいて、折り曲げてきた枝を自分のいる下の木の股に入れる。同様に手の届くところにある木の股にも、別の枝を添える操作を繰り返して木の上に平らな場所を作る。ここでは枝をたぐり寄せながら栗を食べて枝をどんどん尻の下に敷いていく。これがタナになる。しかし、これは本当はタナといわなかったというのである。(1)

今まで聞いたことがなく、私自身大変驚いた話がある。

「指が六本ある熊がいる。皮を剥いでしまうと右手も左手もわからなくなる」。

長吉はこの話をするたびに人から馬鹿にされたと悔しがっていた。この話を私に語った心の背景には何があったのだろう。私自身は今までどの狩人からも聞いたことがない話であるし、このような報告を目にしたこともなかった。私はこの話は検討の価値があると考えている。

熊の指には人の親指に相当するものがない。水平に並んだ他の指に対向するはずの親指がないのが本来の姿である。五本の指がすべて同じ方向への運動しかできない。だから物を握る動作ができない。五本の指が平に並んでいるのが熊なのである。

ところが、物を握ることができるように親指の反対側、小指の外側に指が出ていて、対向すれば、

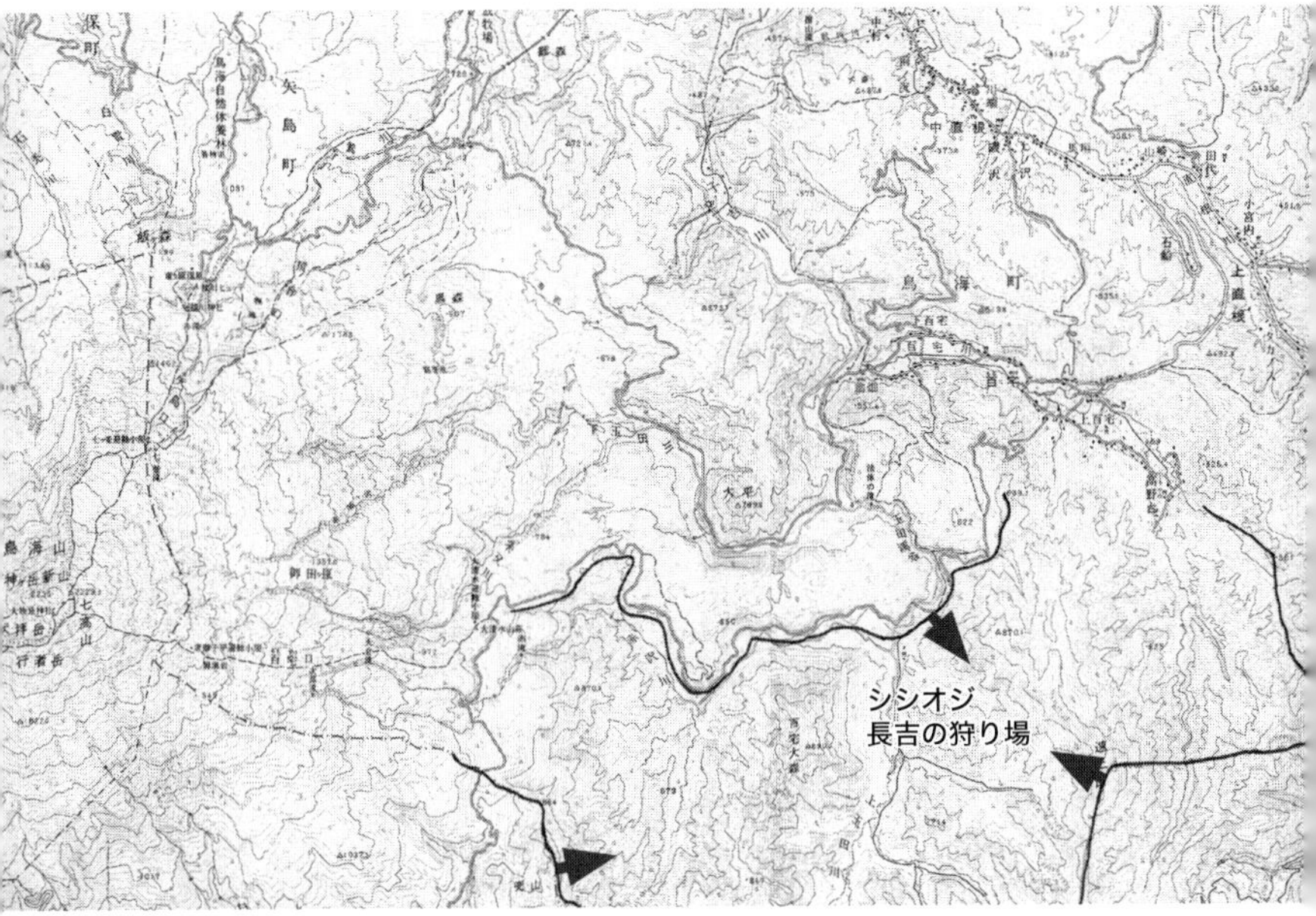

図7　シシオジ金子長吉の狩り場（国土地理院発行5万分1「鳥海山」）

小指の外側の指が親指と同じような働きをする。つまり、物を握る動作ではどうしても対向する指が必要となるために六本目の指が必要なのである。長吉は六本目の指には爪はなく、関節までしかなかったという。外見では五本指であるが物を握るために発達した指の骨が小指の外側に隠されているように存在したというのである。

ちょうど、熊であるパンダが六本の指を持っていて、これで足りない動作をこなすために七本目が出ているという解剖学の研究がある。それによると、手首から橈側種子骨《とうそくしゅしこつ》が出ているが、これは骨の飛び出しで、握るための動きはできない。ところが小指側に副手根《ふくしゅこん》骨《こつ》があって併行する五本の指に対向して動き、握る動作が可能となっているという。(2) パンダが笹を握って食べることを可能にしたのは対向する指の存在であるという。

長吉の観察してきた六本目の指とは、小指の外側に飛び出した副手根骨のことかもしれない。突起は六本目と判断できるほど長かった可能性がある。熊を取り巻く環境の大きな変化としては、鳥海山源流域の百宅の山でブナの原生林を大規模に伐採し、熊は生活空間でクサニック（草を食べる）ことが多くなったという。解剖学的研究は今後の課題である。長吉がこの事実を補説するために語ってくれた事例は興味深いものだった。

かつて、百宅の旧家を取り壊したことがあった。この家から毛の付いたままの熊の掌が出てきたために話題となり、シシオジである金子長吉に理由や意見を求める人が来たという。ミイラ化している熊の掌を見た長吉は、それが右手か左手かわからずに往生したという。爪は五ついているが骨は六本あり、右手と左手の区別がつきにくいのである。左手であれば、産婆さんが妊婦の腹に熊の掌を当てて安産を願う呪いの道具である。百宅では昔から熊の左手を取っておいて安産の呪いとして使っていたし、昔の産婆さんはそれを持っていたものであるという。なぜ左手かというと、「孕んでいる雌熊は、火縄で撃たれると、子供を助けるために左手で子供を引き出して産み、自身は死ぬ」という伝承が信じられていたからだという。だから熊の左手は子供を産む聖なる掌として、安産の呪いに使われてきたというのである。

結局、骨の状態を詳細に観察した結果、熊の掌は左手であることがわかり、産婆の家から出たものであることがわかって長吉の説明で問題が解決したという。昔の熊の掌は、それほどはっきり六本目の指があったというのである。

熊の掌がお産に際して果たした役割について『和漢三才図会』に記述がある。(3)

甚だ容易に子を産み、自分の手で子を胎内から抓《か》き出す。それで人は妊婦が子を産む場に熊掌を置いておく。安産のお守りという意味からである。

ここにも母系に投影される熊の問題がある。熊は冬眠中に雌熊が一頭から二頭の子供を産み、一頭であれば雄、二頭であれば雄と雌の場合が多いという。そして子供の熊と二冬を過ごし三年目の夏に雄の仔熊と交尾して別れる。仔熊が二頭いる場合は雌を二年目に放し、雄の仔熊と三年目に交尾して別れるというものである。熊は母系で血をつなげていくことをこの話で伝えているところは多く、飛騨、富山以北の熊獲り衆が共通して口を揃える伝承である。長吉もこの伝承を知っていたし、百宅でも、マタギは皆この伝承を知っているという。

図8　熊イチゴ
上：黄イチゴ，下：熊イチゴ。どちらも木イチゴとしてイチゴ別れの舞台を作る熊の好物。

　しかし、長吉は次のように語っていて、興味をそそられた。

熊イチゴというものがある。イチゴ別れの舞台となった。「母熊はこのイチゴがなっているところで、仔熊にイチゴを食べさせる。仔熊が夢中になってイチゴを食べているとき、母熊はそっと姿を消して仔熊と別れる」という言い伝えはここにもあるが、母熊が仔熊と別れるのは、交尾に来た屈強な雄の熊が仔熊を追い払うのだ。

長吉は夏土用のイチゴ別れ自体は否定しないが、少し話ができすぎているというのだ。同様に、雄の仔熊と連れ添う母熊の姿についても、少し違うという。

「仔熊は二頭の場合、雄と雄、雌と雌の場合も結構ある。いずれにしても、母熊と離れるときには強い雄が母熊とできて、交尾する雄が子供を追い出すことが多い」。

この強い雄とは何か、詳しく語ってくれたのが、ワタリ熊のことであった。「ワタリ熊は八尺」といわれ、巨大な雄だ。この熊が母熊と交尾する。「ワタリ熊は、全国の母熊に種付けをして歩いているんだ」という。その地で繁殖している雌熊とその仔熊たちはこの強い雄熊に手が出せない。仔熊はこれで母熊と別れるというのだ。

私はワタリ熊の話をタビ熊の名称で、やはり多くの狩人から聞いている。最も印象深く聞かせてもらったのは、奥只見田子倉の狩人の頭、皆川喜助（故人）からであった。

タビ熊というやつは巨大なんだ。奥山の峰で、巨大な熊を見つけたことがあった。田子倉の熊ではないことは顔でわかった。月ノ輪も小さく、精悍な顔つきで、峰で休んでいた。鉄砲を向けたが、堂々としていて、撃つ気になれなかった。撃っても、その大きさからすぐに仕留める自信がなかった。八尺はあったと思う。

どこの伝承でも八尺という数字が出てくるのはなぜだろう。二メートルは超えていたという狩人もいる。宮澤賢治の「なめとこ山の熊」（第三部参照）と重なる伝承で驚かされる。

タビ熊は顔つきが違うという言い方を長吉もしている。山形県大鳥の亀井一郎も、タビ熊は雄の巨大な熊で月ノ輪が小さく、顔つきが地の熊と違っていたという。この熊を獲ったという話も大鳥にはあって、胆は空だったという話がついている。

いずれの話をまとめてみても、熊は母系でつながっていることを強調するばかりである。雄は種付けでしかないのである。母と子の物語はできても、父と子の話が熊から想起されることはない。人が熊を崇敬する心理の底には母系が潜んでいる。

三　熊の行動

金子長吉の熊の行動に対する観察眼は、確実で裏付けがしっかりしていることを確認させられている。今まで、「なぜ」、と疑問符で記録されてきた熊の行動の数々が、わかり始めた。熊の行動を分析する長吉の観察と思考の流れを追って熊の行動を考える。

冬眠前後の熊の行動から分析したい。長吉の観察と、今まで言われてきた伝承と大きなずれがあるからだ。熊の冬眠前の行動について検討する。

従来、「熊は痩せ尾根の松の内皮を囓ってヤニ（樹脂）を食べ、これで尻を止めて冬眠に入る。だから熊が食べた松の木の傷のあるところの近くに冬眠の穴がある」という伝承がひろく人口に膾炙されてきた。

これに対し、長吉は次のように語る。「冬眠前に痩せ尾根の松の内皮を囓って樹脂で尻を止めると言うがこれも嘘だ。おれは冬眠から醒めて最初に脱糞した尻止めのネンジリを拾ってよく観察したが、熊の毛と苔が混じり合っているものでヤニはなかった」。

じゃあ、なぜ峰の松の木を囓るのだろう。これについては熊獲りの古老が共通して語る伝承は信憑性が高い。「自分の活動の範囲として領域（なわばり）の境を標示しているのだ」。熊が囓って傷つけた跡は熊の大きさによるといわれ、大熊は立ち上がってなお手を伸ばして皮を剝ぐという。つまり、熊は威嚇の材料として、アタリといわれる傷をつけているのであろう。

長吉はそれはその通りだという。行動の領域の境に傷をつけることは認めている。そして、次のように語る。


熊が松の内皮から出るヤニを嘗めるのは、ヤニの甘さが好きだからだ。アタリといわれる松の木の傷は冬眠前でなく、夏につけているのだ。俺は松皮餅を作って食べたことがあるからよくわかるが、夏の松皮は甘いものだ。夏にはよく剝げるのでこの時期しか取らないしな。

冬眠前の熊の行動についても、「熊が腹を満腹にして穴に入るというのは嘘だ。熊は冬眠前の二から三週間、餌を摂らずに絶食する。腹を空にして穴に入るのだ」。

今まで言われ続けていた熊に関する伝承は、再検討を要する。

熊の足跡についても詳細に分析していた。従来、熊の大きさは握り拳の大きさでわかると言われ、「熊の足跡五寸は五尺の熊、六寸は六尺の熊、六寸以上は大熊」ということを奥三面の小池善茂は教えてくれている。しかし、どのような熊であったか、その形態についてまでは伝承していない。

ところが、長吉に言わせると、「熊は足跡に特徴が出る」という。「東北一円を種付けして歩いているワタリ熊は内股ではない。内股は地熊だ。しかも、ワタリ熊は踵が肉厚になって盛り上がっている」。足跡の踵が大きく窪み、外を向くような足跡であれば地熊ではないというのである。

踵が丸のものと三角のものがある。丸のものは地熊とワタリ熊である。三角は月ノ輪のない熊である。全身が黒い熊で月ノ輪がまったくないものがいる。この熊はあまり大きなものはいないが今まで獲ったものはすべて雄であった。しかも獰猛で注意を要する熊だった。

この伝承もまた私自身初めてのことがらであった。長吉もこの熊を獲ったときは不思議な思いがしたので阿仁の知り合いに尋ねたという。すると、阿仁でも真っ黒い熊を獲ったことがあるという話が出たという。シンクロとかミナグロ呼ばれ、生保内では捕獲を忌む。獲ってはならない熊の伝承は四つ脚の先が白いツマジロが秋田県から富山県に分布する。逆に白い熊の話も出た。白い熊の伝承は

『北越雪譜』にもある。(4)

熊の黒は雪の白がごとく天然の常なれども、天公機を転じて白熊を出せり。
天保三年辰の春、我が住魚沼郡の内浦佐宿の在大倉村の樵夫八海山に入りし時、いかにしてか白き児熊を虜り、世に珍とて飼おきし……

新潟県の山間部では白い熊の伝承はよく聞く。粟ヶ岳から守門岳にかけての山あいの村では、目撃談が現在でもある。加茂市下高柳では、ここの狩猟会が獲った白い熊の剝製が残されている。この熊を巻いて獲った猟友会長の小柳豊（昭和一九年生まれ）は、「痩せた熊で気の毒だった」と語った。粟ヶ岳山麓で獲ったものであるが、白い熊はこの地域では今も細々と暮らしている。この地の月ノ輪熊に比べ、餌の捕り方が下手なのだという。

白い熊の話は、守門岳、粟ヶ岳を中心とした地域で顕著に出てくる。一方、『北越雪譜』によれば越後三山での話である。そして、鳥海山でもある。しかし、この中間の地帯では聞いたことがない。とすれば、狭い範囲で突然出てくるアルビノのようなものではないかという予測ができる。

月ノ輪のない黒い熊の話は鳥海山麓で聞いたのが初めての事例である。ロシア沿海州のアジアクロクマも大きな白いネクタイを胸にプリントしている。月ノ輪がないのは羆やアメリカクロクマであるが、はたしてこのような熊と遺伝的つながりがあるのだろうか。獰猛だという長吉の話は、北の熊とのつながりを感じさせた。

「アオバイが出ると熊が出る」という伝承は山形県・新潟県を中心に狩人から語られている。アオバイの出る時期が熊の冬眠から目覚める時期と同じであるという。山の蝿であるアオバイは春のイワナ釣りなどで生臭い臭いをかぎつけて寄ってくる。鳥海山麓にこの伝承がないかどうか尋ねたところ、「ここではシシバエと言ってな、シシ（熊）が出ることを知らせる春の蝿だ」という。鳥海山麓ではより熊と直接的に結びついていた。この伝承の分布域は新潟県山間部から飯豊・朝日連峰山麓を経て鳥海山にまで広がっている。日本海側積雪地帯である。ただ、阿仁や奥三面では聞いたことがないという。つまり、より海岸に近い山間部で語られているところを見ると、雪消えが似たような状況になる場所で語られてきたものであったろう。

このシシバエは熊を解体していると寄ってきて卵（幼虫）を産み落とす。この蝿をケボカイなどの儀礼の間じゅう追い払う役目の人がいた。熊と蝿の関係は助け合う共生ではないが、蝿にしてみれば子孫を残す絶好の機会（寄生）であったのだ。

四　儀礼を保持し続けるもの

マタギの頭であるシシオジは山の神の裁可を戴くことのできる特別な立場にある。彼の行動がマタギ組の生死を決することもある。儀礼の数々は、シシオジがみずから確認する責任の範囲で執り行なわれてきた。最後まで残り続けた儀礼は、シシオジが特に必要と感じるものであった。

シシオジの金子長吉はシカリと呼ばれる参謀を従えている。シカリはシシオジの命令一つでオイテ

(勢子)を配置し、熊を巻く。シシオジは総勢一〇人前後を統率する。新潟県や山形県、福島県の熊狩りで嫌う一二人という数字(十二山の神と重なるから)は鳥海マタギでは悪い数ではないという。むしろ、ここでは八人という数字を嫌った。「八人倒し」はだめになるという。山の神の十二とは何かと問うと、「百宅では山の神には十一も十二もある」と長吉は禅問答のような言葉を発する。極めつけは、「山の神には男もいれば女もいる」という。

冒頭記したように、マタギというものは女のものは縁起が悪いと言って嫌った。山に行くときに女の道具は決して持っていかなかった。これは山の神が女であるからだと解釈されてきたが、山の神には男も女もいることになれば別の説明が必要だ。

これについて、私は次のように解釈している。山の神は山を支配し人の生存に必要なものを分け与えてくれる母なるもの(母源)との前提がかつての日本人の間にあったと考える。では、男というのはなぜか。鳥海にも森吉の三吉のような髭面で空を飛ぶ、超人としての山の神がいたと考える。白髪の老人の姿をしたオサガミ(相模)様[5]も男の山の神ととらえられる。荒ぶるものと豊かに分け与えるもの、両義性を兼ね備えたものが山の神であったのだろう。そして、熊はいずれの条件も兼ね備えた山の生き物であった。

一方、十一山の神と十二山の神については難題である。長吉は「山に入るのは山の神に上げるものを授かるためだ」という。すると、熊を獲ることは「山の神に上げるために授かったもの」という解釈が必要になる。であれば、十一も十二も山の神の意志次第ということになろう。十一と十二の問題は今後の課題である。

かつての生活の中では、両義性に支えられた信仰の形態があり、これが一つの解釈を阻む形で伝承が繰り返されてきていたのではなかったか。田の神と山の神の去来伝承などは山中常在で去来しない山の神と矛盾せずに両方存在したり、片方が強かったりした信仰の形態があったものと考えられるのである。

この中で熊の位置はどうなるか。長吉の言葉を借りれば「山の神からの授かりものではあるが、山の神に上げるもの」である。つまり、熊は山の神に所属するものなのである。

熊を獲るとシカリの指示で皆がこのまわりに集まって、獲物が授かったことを確認する。そして、解体を進める際に出てくる血は、一滴も無駄にしないように呑む。剝がされた皮はシシオジがサカサガケ（逆さ掛け）をしケボカイという捕獲儀礼を行なう。この時、熊の魂を送るために、引導を渡す儀礼がある。唱え詞は教えてもらえなかったが、送る儀礼は実施したことを教えてくれた。山の神に祈るのだという。シカリ以下全員が手を合わせたという。

皮を剝がれた熊の上で逆さに毛皮を振るとき、「センビキセンビキ」と言って、「今度生まれ変わってくるときには仲間をいっぱい連れてきてくれ」と山の神に願う。ここでは山で熊の肉を食す儀礼はなかったという。

里に持ってくると熊は家に上げないで小屋に入れ、外で熊鍋という熊の肉を煮るための鍋で調理した。解体して取りだした心臓に昔は十字の切れ目を入れたが、今は心臓を半分にして、片側を山の神に捧げ、片側を熊鍋で煮込んで全員に分配してから「お神酒をひらく」として一杯飲んだ。心臓を食べるのが最初である。他の内臓は炭で焼いて食べた。

現在は、熊を獲ってマルのまま家まで持ってきて、ここで儀礼をして食べている。シシオジとして、山中での捕獲儀礼の送りを行なってから里に持参している。山と里の境で熊を山の神の範疇から除外するために毛皮を切るカワメタテはここではやらないという。

細かい儀礼の数々は人が母なる山から、山の神が領有する大切な熊を授けてもらうために行なう裁可の執行であった。

五　交錯する伝承

新潟県や山形県の狩人が嫌うカラスの伝承がある。狩りに行くとき、カラスに遭うと、その一日は猟に恵まれないというものである。ところが、秋田県ではカラスを嫌わない。打当マタギの鈴木宏は、カラスが狩り場を横切ることを狩りの予兆と考え喜ぶ。鳥海マタギはどうであったか。金子長吉は「鳥海山の奥山にいるハシボソカラスは熊の所在を教える」という。このカラスは熊の上空を回って熊のいることを教えるという。

キノコの伝承では山形県徳網で熊狩りに行くとき、カンタケと呼ばれるヒラタケが叢生しているところに出遭うと、熊が獲れると喜び、熊汁にはこのキノコも入れた。同様の伝承は新潟県守門岳にもある。

ところが、新潟県北部から鳥海にかけては「コケ（キノコ）にされる」といってキノコを嫌った。冬、遭難しかかった人が熊の冬眠穴に入って一冬を過ごして助かる話（「熊人を助ける」伝承）は口シア沿海州から南下してサハリンにあり、北海道から山形県までの空白地帯を除いて、新潟県山間部に至る。この話の存在を聞き出そうと具体的な話の筋を長吉に伝えたのであるが、熊の習性について詳しく語ってくれただけで、その話はないときっぱり言われた（第二部参照）。熊は穴の中では暴れない。そして穴に入ってくるものは自身の後にやる習性を語っている。

槍で熊を突いた伝承も具体的であった。飯豊山麓小玉川では熊が越える峰のトッパで待っている狩人がタテ（槍）を突くために、いかに熊を起こすか苦労した話を聞いていたが、鳥海山麓のマタギはタテを使うとき、「熊が人に襲いかかりやすいように声を出してしゃがめ」と言うことを教えられたという。人がしゃがめば熊は立ち上がって襲いかかろうとする。この瞬間、タテを起こして月ノ輪を突いて逃げるのが肝要だという。熊は槍が刺さると自分で体に引き込み、刺していくという。取り込む動作が中心の熊の習性を伝えている。タテは熊を突く瞬間に柄を立てるからついた名称であるという。

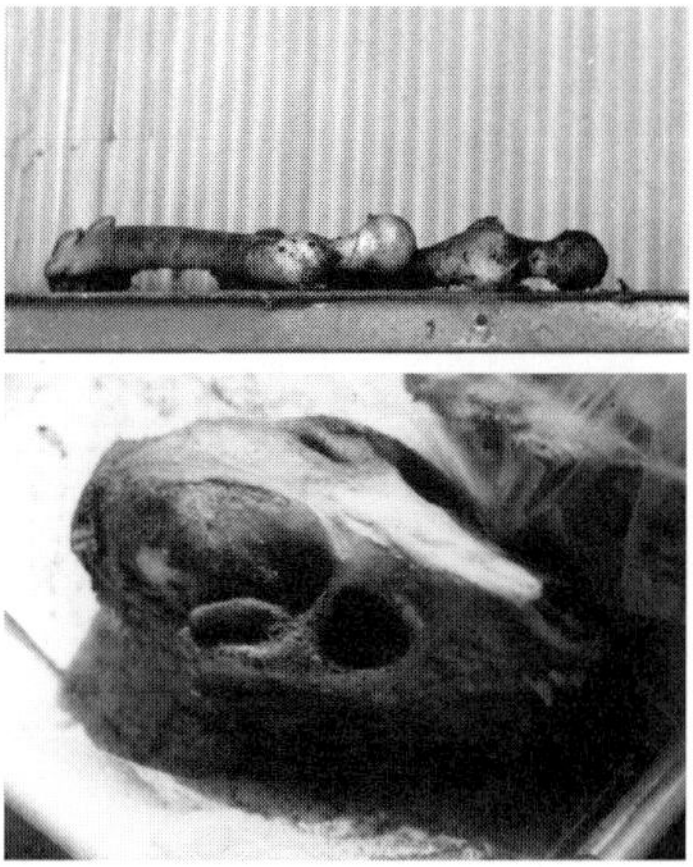
図9　熊の骨
上：熊の脚骨，下：サンコウ焼きにする貂の頭骨

熊の骨を薬にするため、小屋の屋根に後ろ脚の脛の骨が干してあった。てんかんの薬になるという。削って呑むのである。熊の頭は欲しい人がいて分けたりしている。長吉が埋めた頭の骨はキツネがほじって持っていったという[6]。玄関に熊の頭を飾る風習はない。サンコウ焼きにして頭が病め

る婦人が薬として呑むことがあった。

秋田県内陸部や岩手県沢内のマタギが熊の山菜と呼ぶサクを、鳥海山麓でもやはり食している。エゾニュウを指す。ここではミョオサクといい、熊は大好物で春から秋まで食べ続けるという。この山菜、人は塩漬けにしないと食べられないが、漬け方がわからない人が多く、美味しく食べられるものは少ない。採ってきたら皮を剝いて塩漬けにする。一週間もすると真っ黒い水が出る。これがあくでこれを捨てて、再度漬けるのが本当のやり方であるという。匂いも渋みもなくてとても美味しいものになる。長吉の親戚が病気で入院したことがあったが、病院でこの山菜が出て、ふだん食べ続けてあきあきしている山菜を病気でも喰わなければならないのかと悲しくなったと語っていたという。サクの名称で秋田・岩手県山間部で熊の大好物と伝えられる山菜である。

熊が冬眠あけに食べて、内容物を出して腹を空にする菜は、ここではミズバショウの根である。ベコノシタと呼ばれるヒメザゼンソウもあるが、見たところミズバショウばかりであるという。この話は秋田県に共通し、阿仁マタギもミズバショウであるという。

ヒメザゼンソウをベコノシタと呼ぶのは牛の舌のように大きな葉っぱだからである。福島県奥会津地方ではベーゴノベーと呼ぶ。牛の舌の謂いである。やはり、熊が食べるという。この山菜を人が食べているのが山形県から新潟県にかけての熊獲り集落であるが、サイシナの名で通っている。ところが、秋田県に入ると熊も人も食べるという伝承がない。サクを食べ続けている秋田に対し、サイシナを食べる山形県・新潟県とわかれる。ところが北海道ではこのヒメザゼンソウが羆の子供が食べる重要な山菜となっているのである。

長吉は阿仁に足を運んで熊獲りをしたことはないと言うが、鳥海山麓から山本郡八森の山、白神まで熊を追って歩いたという。獲った熊で金になるのは毛皮と熊胆であるが、商人に渡しても大したお金にはならなかったという。米に交換して再び山に入った。一〇年前は北海道で羆を追っている。江刺郡上ノ国湯ノ岱でトウキビ畑に仕掛けた罠にかかった羆と対決したことがある。母熊がトラバサミにかかり、仔熊がまわりをウロウロしていた。夜かかったことがわかり、確認した後、朝に撃つことにしてそのままにしておいたという。早朝行ってみると仔熊が母熊に喰われ、母熊はワイヤーを切って逃げていくところであった。母熊が仔を喰うことがあることは聞いていたが、この時はっきりわかったという。仔を喰らう母熊の伝承は熊に関するものとして多くの狩人が語るものである。

熊に関して、伝承が交錯したり、地域によって違う伝承となったりするのはなぜだろう。明らかに金子長吉の方が熊をよく観察理解していると思われるものは数多くある。彼の熊生態観察は超一級の鋭さを持ち、私が会ってきた狩人の中ではトップクラスである。しかし、タナ掛けの事例のように、熊がブナの木の上で甲羅干しをするところを見たことのない狩人もいる。その人がタナと言えば栗の木のタナと考えるのは仕方のないことである。また、奥三面のように熊のタナと言えば人家近くの栗林に作るものを指し、奥山まで行かずに熊狩りをしなければならないところでは、長吉の言うような本当のタナを確認することは難しいかも知れない。

いずれにしても、長吉の抱える広く深い民俗世界は「熊狩りの狩猟文化」という名前で一つの概念にまとめて一般化してしまうことを阻んでいる。熊と人間の関係をより深く探る新しい追究の仕方を必要としている。熊そのものを人との関わりで追究していく方法である。人間の熊に対する謙虚な姿勢が新しい学へつながる可能性を秘めていることを長吉は教えている。熊の指が六本あったという語りは進化論を持ち出して、「嘘だろう」と、自然淘汰で説明しようとする私たちの浅い認識に対して、強い警鐘を鳴らしている。境の松につける傷が彼らの行動範囲の標示であっても、その動機は甘い松脂の確保であったということになれば、熊の取る行動を別の意味で理解する必要が出てくる。

熊狩りの民俗研究は狩猟研究とされてきた。しかし、熊の生態と人の関わりは研究が大きく遅れている部分である。血が母系や生命力獲得の儀礼とつながったり、環境と指の事例の存在などを浮き彫りにさせていて、新しい研究を進める段階にある。

人の生活の基層に横たわる文化が熊との関係で招来されてきたり、熊の生活する環境の変化が人に警鐘を鳴らしている。熊を通して人の生活を見直す研究である。

長吉からの聞き書きとその検証、そして広大な背景をなす民俗の沃野を研究することは「日本人の生存の持続」を探ろうとしている研究となるのである。

（1）富山県の熊に関する民俗をまとめた森俊（一九九七『猟の記憶』桂書房）によれば、熊が餌を採るタナは秋であるが、春・夏にもタナを作ることを観察している。寝るための施設あるいは熊の見張り台と認識しているところが多く、富山県笠山山麓や小矢部川流域では、サンダラ・ツブラ・スの呼称で表現しているという。ここでも長吉の観察の確かさがうかがえる。

（2）遠藤秀紀、二〇〇五『パンダの死体はよみがえる』ちくま新書所収。

（3）寺島良安、一七一二『和漢三才図会』（一九八七、東洋文庫6、平凡社、七一頁）。熊の掌が安産に関するものであったことは、別の記録にも見える。土田章彦ほか、二〇〇六『鷹匠ものがたり』無明舎出版に産婆田中ナカ女（羽後町）に関する記述がある。彼女が取り上げに出かける時に抱えていた小箱の中に七つ道具があったという。ナカ女の葬儀の日、これを開けてみたら「熊のひろげた手、大口という魚の乾物、千石船をひいた綱、蛇のぬけがら、子安観音の掛け軸、腹帯、小さな枕」があったという。いずれも安産祈願に関するものである。武藤鉄城、一九六九『秋田マタギ聞書』慶友社にも、熊の掌が安産の呪いとして使われたことを記述し、写真も載せている。

（4）鈴木牧之、一八四一『北越雪譜』（一九三六、岩波文庫）。

（5）白髪の老人の姿をした相模様という山の神様の伝承も広く知られている。全国の相模岳という山はこの山の神に由来する。

（6）熊・貂・猿の三種の頭骨を糠で固めて一斗缶などに入れて蒸し焼きにし、細かく粉砕した骨を飲み薬とする。

第二章　朝日山麓の小田甚太郎熊狩記

一　仔熊を飼う

新潟県岩船郡朝日村薦川の小田甚太郎は、大正一〇年九月一一日生まれ。現在八六の齢を越えている。頭脳は明晰であるが、足腰が弱った。彼は熊獲りでならした狩人である。生涯で八七頭の熊を獲った。何度も熊狩りの話を聞かせてもらっている間に、仔熊を飼った話が出た。とても懐かしそうな寂しげな様子であったが、貴重な話としてメモした。今、その記録を読み返して、改めて熊を飼うことの意義を考えたのである。

アイヌの熊送りは、春先の熊猟で母熊を捕獲した際に、残された仔熊を集落まで連れてきてここで飼い、秋までに大きくして祭りの主役に仕立て上げ、この熊の命をいただき神の国に送る。北陸・東北地方の熊祭りに、このような飼い熊の風習はない。しかし、仔熊を飼った狩人に聞いた話は、アイヌの人々の熊を飼う心理とつながるものがある。

薦川からは一〇人前後の狩人が春になると山に入った。甚太郎はその頭領（オヤカタ）として仲間を引っ張った。狩り場は薦川の山を越えて奥三面の猿田川流域にまで及んだ。熊が多い場所は昔から

図10　小田甚太郎と彼が獲った熊の敷皮

知られていた。彼らの山でのスノ（泊まり場）は奥三面のゼンマイ小屋（奥三面の人たちがゼンマイ採取の季節に、各家の泊山に使う小屋）や岩陰を使った。薦川の狩人はゼンマイ小屋の持ち主が春先から行なう作業の迷惑とならないように泊まったというが、小屋を使われた持ち主の小池善茂などは、酷い使い方で修繕に困ったと嘆いていた。証言が食い違っているが、もともと奥三面の領地に入って熊を獲るだけでも許されないことであるのに、この中の人の小屋まで使わせてもらっているのであるから、小池善茂の言い分に肩を持ちたくなる。

甚太郎が追う熊は、薦川の山と奥三面の山を往き来していた熊で、遠距離を旅するタビ熊ではなく、地熊であったという。タビ熊は朝日連峰を山形県大鳥にかけて動く雄熊である。

薦川の狩人が追ったのはもっぱら地熊である。薦川の山で生まれ、大きくなっていく熊である。この熊が奥三面の猿田川流域まで行動範囲としていたために、奥三面の狩場に入ることになったのである。

甚太郎が穴見に出たのは三月の末からである。母熊は冬眠中に仔を持つ（出産する）ために、山頂近くではなく、比較的里に近い、沢筋の木の穴や土穴に入ることが多い。冬眠中の出産に伴い、母熊

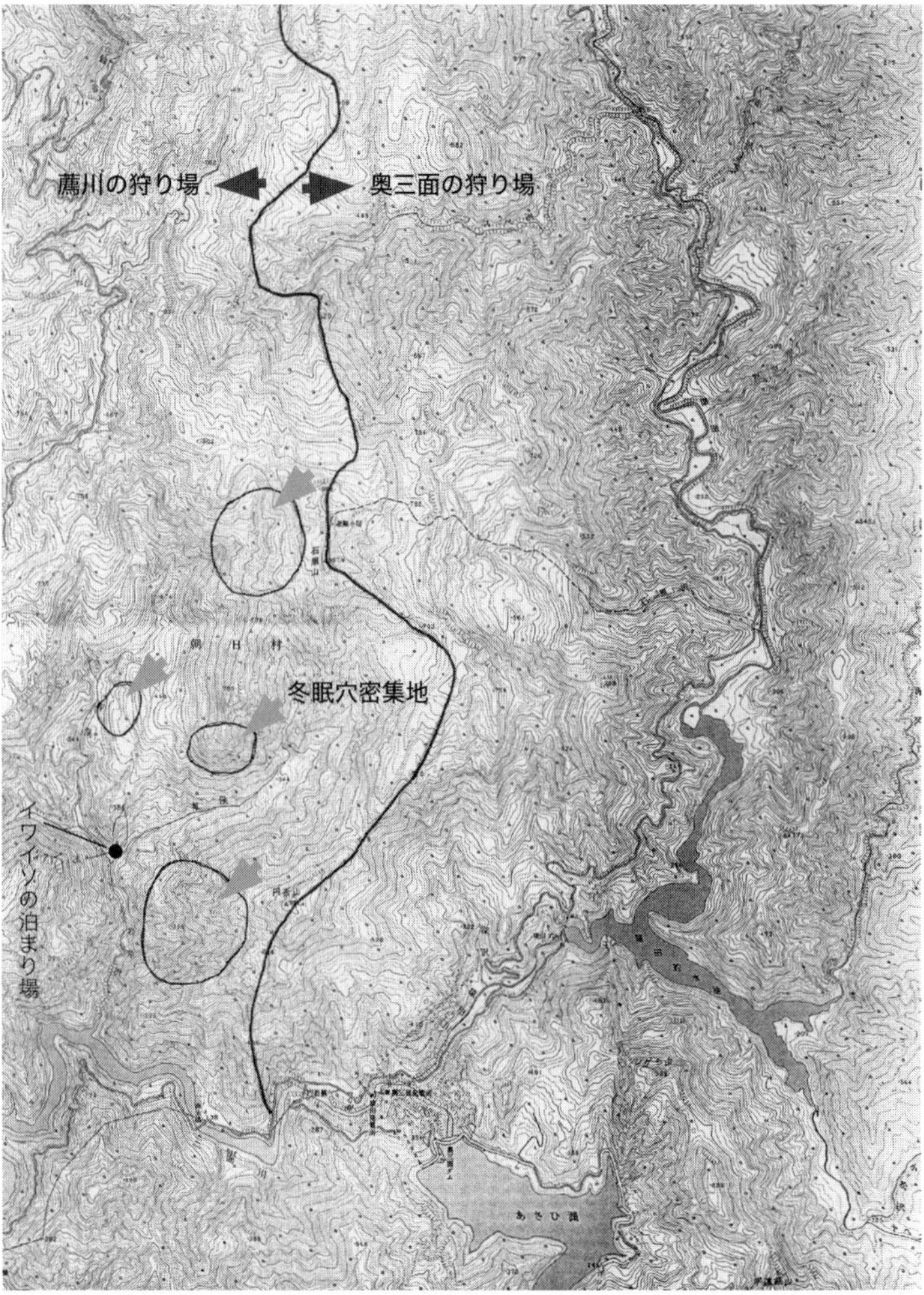

図 11　甚太郎の狩り場（国土地理院発行 2.5 万分 1「円吾山」）

は沢に出て水を飲み、咽の渇きを癒すからであると言われている。

昭和三六年四月上旬、村の仲間と三人でアナミ（穴見）に出かけた。よく知っていて里に近い、熊のよく入る木穴を見て回った。ところがこの場所は、ミズナラの大木の根元が沢筋側に穴を開けており、熊穴を狙うには沢に降りて、下から見上げる位置になる。ミズナラの大木の根元で、撃つ体勢の取りづらい場所であった。ナベクラ（鍋倉）と呼ばれるこの場所は、熊が多く冬眠するところで、鍋のような山容で頂上近くは岩のクラ（峰で囲われる範囲）であった。

熊穴はミズナラの大木が崖の上で生長した根元に谷側に穴を向けていた。熊穴を正面にするには、岩の崖の下から崖を覆うように茂っているブナの木に登ってみる必要があった。熊穴は昔から狩人には知られていた所で、根元の穴がブナの枝で塞がれ、無造作に散乱していたという。これを甚太郎は見落とさなかった。落下して溜まった木の枝と違うのである。早速ブナの木に登り、この穴を正面から見る場所まで上った。じっと瞳を凝らしていると、枝の下に黒い背中が見えた。熊の背中である。まだ寝ていて完全に目が開いた状態ではない。穴の正面からわずかな距離に熊が背を向けて寝ていた。甚太郎は幸運を山の神様に感謝したという。背負っていた村田銃を構える体勢に入る前、東を向いて手を合わせた。山の神様の在所が東だからである。じっくり構え、撃った。じっと待った。弾が当ったことはわかったが熊は動かない。一撃で仕留めたことがわかった。三人で崖の上まで上り、藤蔓を切って紐にし、穴から熊を出した。熊穴に手を入れると、意外と奥の深い穴であることがわかった。母熊を三人の仲間が崖の上まで運び出し、脚を縛って長木に通し、背負って帰ろうとした。

ところが、熊穴に気配を感じ、穴の奥を地面すれすれの低い位置から覗いたところ、奥に二つの光る目があって、仔熊がいることがわかった。母熊の乳がなくなれば生きていけない。甚太郎は悩んだ末、連れ帰ることにした。家で育てる覚悟を決めたのである。背負っていたリュックサックを開け、手に軍手をつけて長袖の上に作業着を被せてから熊の穴に手を入れ、仔熊を捕まえようとした。仔熊は爪で抵抗し、腕に噛みつく。こうして噛みつかせて穴から引き出した。リュックサックに頭を出して入れたところ、どんなにきつく口紐をしばっても抜け出て甚太郎の後頭をひっかく。リュックに入れては抜け出ることを数回繰り返したが、仕方ないので仔熊の頭をリュックサックの底につけ、後ろ脚をリュックサックの口紐で縛ったところ、落ち着いた。仕留めた母熊を同行した二人に担がせ、自分は、リュックサックを背負って穴を振り返ったところ、もう一匹の仔熊と思われる光る目が見えた。もう一度熊穴を覗くと、確かにもう一匹いる。これも同じように引き出し、やはり頭を逆さまにしてリュックサックに入れた。二匹の仔熊は一つのリュックサックの中で、頭を下にした状態で背負われて蔦川集落に着いた。夜遅くになっていた。母熊は八〇キロあったという。

帰りを待っていた家人や村の人たちが二匹の熊を見てどのように思ったかは聞き漏らした。二頭の仔熊は家の中で赤ん坊を入れた籠（イジコ）に入れておいた。

二頭は立派に育てられた。雄と雌である。当時は貴重品の子供用の粉ミルクを村上まで出かけて購入し、哺乳ビンで呑ませた。大きな哺乳ビンに作ったミルクを軽々呑み干したという。小田家では春から夏過ぎまで育てていたが、外の庭に鎖でつないでいてもかわいいもので木に登ったりしては村中の人気者となっていた。夏近くなって熊を飼っていることを知った役場から連絡が行ったものか、保健所の所長が公用車に乗って熊を見に来たという。甚太郎自身も、これ以上大きくなると手に負えないことがわかっていたことから二頭とも手放すことは心に決めていたという。保健所の所長が手を尽くしてくれたものか、黒川村（現・胎内市）の胎内公園で熊を飼ってくれることになったという連絡が入り、二頭の熊は黒川村に連れて行かれた。

翌年の夏に、可愛がった熊に会いに行くと、自分のことがわかったものか、熊は立ち上がって鳴いたという。あまりにも大きく、立派な姿からは、仔熊の頃の面影もなくなっていたという。職員から雌の仔熊が冬を越せないで死んだことを知らされた時は寂しさが募ったが、雄熊の立派な成長が何よりの慰めであったという。

奥三面の小池善茂にこの話をしたところ、奥三面ではとんでもない話だと一蹴した。「仔熊を含め、狩りにおいて授かったものは山の神様からいただいたものである」という。当然、母熊とともに仔熊は命を取られ、奥三面の者たちに与えられた。熊に対する奥三面の禁忌は厳密である。

「寒中は熊を話題にしてはならない。寒中に仔を持つ（仔熊を産む）からである」。

「家の人すべて、寒中にクマ（熊）という言葉を使ってはならない。クロイシシと言った」。

春先の熊狩りで熊が獲れると山が荒れることがあった。クマアレといい、熊は山の神様のものとして天変を起こした。このように、奥三面では熊の厳密な言い伝えが持続していた。ところが、この周辺部の熊狩り集落では同じ大里様（オサトサマと読む。この地の山の神）を奉じていながら信仰形態が変わっていくのである。

最近でも鷹川では、死んだ母猿にすがりついていた猿の子を育てている婦人がいる。農作業に行く時も四ツ輪の手押し車に乗って婦人と同じように前を見つめて座っている姿は人と動物の不思議な交流を感じさせる。おっとりした老婦人の動きに合わせるように猿もおっとり行動していた。

二　熊ジヤ

蔦川の春祭りは雪解けの始まる四月である。熊野神社の祭礼には、近郷の親戚を呼んだ神楽となった。毎年、甚太郎の家の斜め向かいの家に、岩崩から熊ジヤ（爺）が来た。岩崩集落は三面川最上流部の奥三面から三面川を二〇キロほど下ったところにある集落で、奥三面の各家と親戚関係を結んで、交流があった。奥三面の人たちは、村上の町に出てくるときは、岩崩か千縄で親戚関係を結んでいる家に一泊した。岩崩、千縄と蔦川は滝矢川という谷一つを挟んで位置しており、昔から、山深い道を通って嫁婿が往き来した。

岩崩の熊ジヤの家からも蔦川に来た婿がいて、この婿の家に逗留した。昭和一〇年代、甚太郎の子どもの頃の思い出の一つが蔦川に来た熊ジヤのものである。

熊ジヤの顔は片側の頬が削ぎ落ちて、真っ黒くなっていた。見たことのない顔で子供心に焼き付いた。彼が蔦川集落に入ってくると、子供たちが奇異なもの見たさに集まり、「熊ジヤが来た」と、はやし立てたという。甚太郎も物心付いた頃から熊ジヤの顔を眺めていた。熊ジヤは子どもが何人か後を付けてきても、あまり気にしていないふうであったという。彼の顔がこのようになった経緯は蔦川の大人も知っていた。子供たちにも、怖いものではあっても尊敬に似た心情が働いたという。

岩崩の熊ジヤは、若い頃、岩井沢（奥三面の羚羊や熊の繁殖地）の熊穴に入り、春先に目覚めた熊を穴から出そうとして熊に顔面の肉を削ぎ落とされた。山頂近くの岩場には人が入れるくらいの大きな熊穴がある。岩崩の狩人が持っていた熊穴である。

昭和初めの頃、後に熊ジヤと呼ばれるようになる若者は、岩崩の二人の若者と穴見に出かけた。岩井沢の山頂近くにある岩穴で、熊が寝ているところを見つけた三人は、早速熊狩りにかかった。一人が岩穴のすぐ上に陣取り、一人は飛び出してくる熊に備えて、一歩下がった場所で大木の裏に陣取り、どちらも槍を構えた。若者は熊穴に入って熊を出す役目を委せられた。

蓑を着て熊穴に入り、熊の背後に回り込んで脚で押し出すのである。熊は冬眠中は決して穴に入ってくるものを攻撃しないという言い伝えはここにもある。彼が穴に入っていってわずかな時間しか流れなかったという。構えている二人の前に大熊があっという間に飛び出してきて槍を構える暇もなく、熊はいずれかへ走り去った。外で待っていた二人は驚いて、熊の後を追う余裕もなく、呆然としたという。次の瞬間、穴に入れた若者の安否が気になった。

呼びかけても返事がない。二人はあわてて穴に入った。真っ暗闇の中に、若者が顔から大量の血を流して倒れていた。熊に攻撃されて気を失ってしまったのである。穴から引きずり出したとき、若者の顔は二目と見られないものとなっていた。頬の肉が取られ、とても助かると思わなかったという。二人は木で担架を作り、必死で急斜面を下ろし、断崖絶壁のガニバ(1)を伝わりながら岩崩まで運んだ。

どのような治療を施したものか。おそらく、アイスと呼ばれる薬などを使ったものであろう。命を取り留め、傷も半年ほどかかって治ったという。無惨な顔は、熊との戦いの証として残った。これ以後、彼は熊ジヤと呼ばれるようになり、熊狩りから手を引いたという。六〇の歳まで穏やかに生きながらえた。
熊穴に入って熊を出す方法は、奥山の大きな熊穴で行なわれていた方法である。『北越雪譜』にも熊穴に入って熊を追い出す記述がある(2)。

熊捕の場数を蹈《ふみ》たる剛勇の者は一連の猟師を熊の居る穴の前に待せ、己一人ひろろ蓑を頭より被り穴にそろそろと這入り、熊に蓑の毛を触れば熊はみのの毛を嫌うものゆえ除て前にすすむ。又後よりみの毛を障ず、熊又まへにすすむ。又さはり又すすんで熊終には穴の口にいたる。これを視て待ちかまへたる猟師ども手練の鎗尖にかけて突留る。一鎗失ときは熊の一掻に一命を失う。

飯豊山麓小玉川の舟山仲次は、やはり熊穴に入って熊を追い出した。蓑を着て、背中にメンパを付け、後ろ向きに入っていって熊を跨ぐ。熊より奥に体が入れば成功で、こうなると熊は入口の方へ移動し場所を譲る。穴の奥から熊を押すと、熊は穴から出ていくという。穴見での熊の獲り方は、大きな穴の場合、このように人が入って体勢を入れ替え、熊を押し出すことが多かった。奥三面の小池甲子雄はやはり穴に入って熊に手足を囓られ寝込んだ経験を持つ。「熊は穴の中では人を襲わない」という言い伝えは奥三面にもあったと言うが、すでに目覚めている熊の場合は通用しないのである。冬眠中の最も動きの鈍いときにだけ通用する言い伝えなのである。
『北越雪譜』の熊に関する記述には信憑性を疑う向きもあろう。しかし、穴に入る狩人の記述は現在の熊獲りの伝承にそのままつながっており、いずれもこの地で行なわれ、観察され、語られてきたことであり、誇張はない。

甚太郎自身は熊穴に入ったことはないというが、槍で仕留めていた時代であれば、穴に入るという行為は普通にあった可能性が高い。

三　初めての狩り

熊ジヤを哀れみと羨望の眼差しで見ていた甚太郎が熊狩りに向かうのは自然の成り行きであった。薦川の若者にとって、熊を獲ることは春の大切な仕事の一つであった。熊の皮と熊胆は貴重な現金収入であった。

甚太郎に熊狩りを教えたのは同じ薦川の人たちである。薦川は現在二四軒となっているが、当時は一八軒しかなかった。各家から若い者が一人ずつ出て、春先の巻き狩りに参加した。一八軒ではあったが一五人出ることが多く、獲った熊の分配は参加者にすべて平等で、参加しないもの（家）には分けなかった。狩りに行く人数では、一二という数を嫌い、一二人しかいないときは犬を連れて行き、一三とした。これは十二が山の神様の数字だからである。七人という数字が最も良いと言われた。

昭和八年、学校を下がって一二の歳に初めて山に連れて行ってもらった。出かける当日、一五人が全員で野神社の西側高台に住んでいるオヤジで、最初から厳しく躾られた。薦川のヤマオヤカタは熊山の神（大里様）に礼拝した。この時から山言葉しか語れない。甚太郎は言葉がわからないので、黙って付いて歩いたという。手振りで少しずつ理解するようになっていく。若い頃は勢子として、ヤマオヤカタの指示で熊を追う仕事をした。下働きが多く、日帰り山が中心であった。泊まり山は少なかった。

昭和一六年、二〇歳、徴兵検査となり、甲種合格。新発田一六連隊と会津若松六五連隊が一緒になった東部二三部隊というのに配属された。部隊は一〇〇名で湖北省から湖南省、江西省と転じた。酷い場所ばかり転戦させられ、半分の兵が日本に帰ってこられなかったという。戦争が終わってからも中国人の軒端を借りて住んでいたが、昭和二一年の六月に、ようやく鹿児島に引き揚げることができた。二五歳になっていた。

薦川に帰った甚太郎が家の仕事を手伝い、山へ出かけられるようになったのは二七の歳の春であったという。

昭和二三年春、六人で熊狩りに山へ入った。薦川の山で熊が多く冬眠するナベクラである。鉄砲を持った三人が一つのヒラの左側峰を登り、鉄砲を持たない三人が、右峰を登っていった。この動きは左右峰に挟まれたヒラの熊を巻くための定石である。ヒラの途中にササグマノアナと呼ばれる、マミ(ササグマ)のよく入る穴がある。下から登っていったために皆がこの穴の下で一休みしていた。このうちの一人が「熊が入っているかも知れない」からとこの穴を見に行った。穴の下でたばこを吸って休んでいた五人に突然口笛が聞こえた。全員が一斉に立ち上がると、甚太郎は熊穴の上にしゃがみ、銃口を穴の上から向けた。鉄砲を持った一人が穴を正面に見るところへ位置取ろうとしたが、穴の下に一尺ほどの岩棚があるだけで、ほぼ垂直に近い所であった。仕方なく、岩棚の北側で銃を構えた。もう一人も熊が逃げないよう、岩棚の所で銃を構えた。

熊は人の気配を感じて穴の奥に入ってしまった。数刻後、じっとしたまま息を凝らして待ち続けていると、熊は岩穴の前で鼻をひくひくさせながら甚太郎の方に鼻を向けたり谷底を覗く動作をし始めた。そして、人の気配がないと理解して体を穴の外に三〇センチほど出した。この瞬間を待っていた甚太郎は真上から熊の体を撃った。同時に自分も体勢を崩し、近くにからんでいた藤蔓に摑まって穴の上から飛び降り、斜面を横に走って体勢を整えた。しばらく待っていたが、熊に動きがないので穴にそろりと近づくと、岩の割れ目に体をからませ、熊は絶命していた。熊胆が鉄砲の弾でやられていた。三人で初めて獲った熊であることから、マルのまま（解体しないで）村まで運んだ。千縄の商人からマルのまま売って欲しいという申し出があったが、胆は期待できないことから毛皮だけ売って肉は自分たちで食べた。熊宿は初めて三人のヤマオヤカタとなった甚太郎の家である。痩せた雄の熊であったが、自分が手にかけた最初の熊として記念にした。

四　熊を知り尽くした狩人

甚太郎は二七歳でみずから熊を仕留めてから二八年間、五五歳で退くまで薦川でヤマオヤカタと呼ばれる先達《せんだつ》を務めた。彼が指揮して獲った熊は全部で八七頭に達する。この中には、自分が鉄砲を撃って仕留めたものが七割以上ある。熟達した彼の熊狩り技術は近郷でも知られ、毎年確実に獲り続ける名人として名を馳せた。千縄などの周辺集落からも、巻き狩りに行く際には誘いがかかった。最高に熊を獲ったのは一年間七頭という年があったという。

熊胆は甚太郎に頼んでおけば確実に手に入る。熊胆を欲しがる商人は甚太郎に挨拶を欠かさなかった。

甚太郎に熊が多く授かったのは、彼には熊の気配を感じることができ、熊の行動を熊の水準に立って思考する能力を磨いてきたからである。

狩り場の熊の冬眠穴すべてを頭に入れていて、どの山であれば今年はこの穴に確実に入るという予兆までつかんでいた。春先の穴見は薦川から通うことのできるナベクラと日倉山（九六二メートル）を中心とした。春先の熊は雪消えの早い岩クラの穴に入っている。しかも、南と東向きのクラの穴に入っている。日倉山の南面にはバツザワ、バンガタ、イブシアナ、ツグラアナ、ナンジョッペラ、スズミネと呼ばれる穴があった。このうち、バンガタのみが日倉山の南面にあり、残りはすべて東向きのクラである。バツザワは東向きのクラで最も大きい沢で中腹に熊穴があった。このクラは最も早く雪が消えるところで、春先の残雪を踏み分けてこの沢に入ると、地肌を出した岩の黒い部分に穴から出て日向ぼっこをしている熊をよく見かけた。熊は自分と同じ暗い色の地肌でじっとしているという。バンガタは日倉山の頂上直下の南面を指し、ここで熊を獲るには晩にまでずれ込むことからバンガタとなった。イブシアナはかつての熊獲り衆がなかなか出ない熊に業を煮やして、煙で燻したことからついた穴の名である。ツグラアナは岩穴の中が円く、赤ん坊を入れておく藁で作るツグラのような形をしていたことからついた名称である。ナンジョッペラは比較的緩やかな傾斜のクラが何尺も続く地名を指し、スズミネは日倉山の峰が東南の鈴谷に向かう鞍部を指して名づけた。

ツグラアナで獲った熊は大きかった。四月中旬、ツグラアナから熊が出ていることがわかり、この穴のあるクラを若い衆とともに巻いた。途中、熊を見失ったが、甚太郎は再びツグラアナに入っていることを確信した。ツグラアナの上にしゃがみ、熊が穴から飛び出すのを待った。巻いている勢子たちを気にしていた熊は穴の出口でウロウロしていたのである。熊が戻ったり出たりを繰り返しているのを上から見ていたが、熊が一気に飛び出した。この瞬間を甚太郎は逃さなかった。皆が集まって、熊の皮を剝ぎ魂の送りをした。この後解体し、家に着いたときは夜中の一二時を回っていた。

ツグラアナで獲った熊はこれだけではない。ツグラアナを中心に巻くことは多かった。穴に入った熊が、巻いている途中で飛び出して、あっという間に姿を消したことがあった。ブナの大木が根こそぎ谷に向かって倒れている根元に多くの穴ができていて、この中に入っていることを予測した甚太郎は、巻いている若い衆をブナのまわりに集め、飛び出したら撃つように指示した。はたして熊は根元から倒れたブナの幹に沿って谷の下まで移動し、枝が絡まって暗くなっているところに潜んでいた。甚太郎が鉈でこの枝を払っているとき、ここから再び飛び出してとうとう見失ってしまった。仕方なく、この日は山に野宿し、次の日に巻いて獲った。熊は前脚が折れていた。

甚太郎は熊が穴から飛び出して行方知れずとなっても焦らなかった。熊がどこに逃げて次に動く場所はどこであるかを知っていた。各ヒラごとに凹凸、隠れられる場所など、甚太郎の頭に入っていたのである。

五　難儀した狩り

最も難儀した狩りは奥三面集落に入る手前の円吾山（七七一メートル）という岩山を狩り場にした熊狩りである。円吾山は岩山で、奥三面へ行くガニバからまっすぐ上にせり上がった山容をとる。現在は三面ダムの東側に岩山が円く伸び上がっている。ここに取り付くには、岩井沢を溯り、イワイソという縄文時代から続く狩りのスノ場（泊まり場）の岩陰に達する必要がある。長者岩屋岩陰遺跡として発掘が進み、羚羊狩りのキャンプ地として記録されているところである。奥三面をはじめ、薦川、岩崩、千縄の狩人が入った。しかし、熊の数は減らないし、羚羊も多い。大変危険な岩場で、よほど熟達した狩人しかここでは狩りができなかった。イワイソという岩穴は八人の大人が寝起きできる岩陰で、甚太郎は一週間ここに留まって熊の穴見をした。岩陰は焚き火で熱を持ち、温かく生活できた。谷は急で切り立っており、円吾山の頂上に熊穴が集中していた。イワイソの上流で岩井沢は東俣と西俣にわかれ、どの沢の上流にも熊穴があった。どちらも南向きの斜面で人が入れない場所だけあって動物の数は多かった。

図 12　狩場イワイソでトチの花の蜜をとる

甚太郎が五〇歳の時、イワイソに入って三頭の熊を獲った。一週間留まっていたが、この時の熊狩りは最後の一頭に難儀した。

イワイソに泊まって奥のヒラ（斜面）で熊を獲り、二頭とも柴を橇にして雪の上を引きずりながらイワイソまで運びここで雪に埋めておいた。こうすれば三から四日は悪くならない。三頭目は円吾山の穴から出ている熊である。穴から出ていた大熊を巻いて獲ったのであるが斜面がきつく、熊はまくれ落ちてしまった。こうなると仕留めたかどうかもわからない。一緒に行った若者は嫌がったが、沢まで降りて熊を探すよう指示した。大変な急斜面で、熊は沢に流され、滝から落ちたことを報告するものがいた。こうなると誰も熊を拾いに行かない。仕方なく、親方の甚太郎が熊を探しに行くことにした。甚太郎は撃った手応えで熊を仕留めたことを確信していた。滝の上まで来たが、ここから下を眺めても滝壺に熊の姿はなく、この下流は雪のドームの中を水が走るトンネルとなっていた。甚太郎はナデ（雪崩）のついた跡をロープにすがりながら、合羽を着て下まで降りた。しかし、熊の姿はなく、あきらめようとした。しかし、雪のトンネルの中に引っかかっていることを考え、懐中電灯でくまなく照らすと、沢の角に引っかかっている大熊が見えた。滝の上で待機している若者たちに指示し、熊を引っ張り上げることになった。滝の上に結びつけたロープをほどいて、全員で引っ張り上げた。ロープは凍り、大変な作業であったが無事イワイソまで運んだ。

熊を三頭獲った噂はすでに下流の岩崩まで届いていた。岩崩からは鷲ヶ巣神社の春祭りに是非ということで、一人が商いに来ていた。最後に獲った熊をマルのまま六万円で売った。買った人は川舟で岩崩まで熊をおろし、集落の祭りということで村の人たちに八万円で売ったという。熊の肉が春祭りの重要な供物であり、御馳走であった。

六　熊とキノコ

熊獲りの春先にブナの木に出るキノコをワカイという。美味しいキノコの筆頭であった。雪が積もっているところに生えていることがあって熊獲りの人たちも楽しみにしていた。ところが、熊獲りに入る前にキノコを採るのは強く禁止されていた。「コケ（キノコのこと）にされる」といい、熊にたどり着けないというのである。ところが、熊を獲った後であれば何の問題もなく、熊獲りが終了した後にこのキノコを持って帰ると、美味しいキノコと一緒に熊汁が食べられることから大変喜ばれた。

春にはムキタケも生えていて美味しいキノコとして重宝した。キノコのある沢で熊獲りをすることもあり、特に猿田川支流のフスベ沢にはキノコが多かった。

図 13　初春に出たブナヒラタケ

七　熊胆と皮と掌

熊を獲ってお金になるのは熊胆と皮である。熊胆は解体するとすぐに胆管を紐で硬く縛って取り出す。薦川から三面にかけての熊の胆はキンチャク型で袋状に溜まっていた。この状態でメンパ（曲げ物の弁当箱）に入れて持ち帰り、こたつの櫓に吊しておく。二、三日するとまわりの皮が固まってくる。この状態になると板の上に載せてこたつの中に置く。ゆっくり乾きながら平べったくなってきたら上からも板を当てて紐で固定し、二週間こたつの中で乾かす。黒いものより琥珀色になるものの方が上等だといった。

六尺以下の熊の場合、特製の板があり、熊の皮をここに張りつけて乾かした。各箇所を外に引っ張る。広くなるよう力一杯引っ張った。こうすれば、脂も早く乾き、じめじめしたところがなくなればハエも卵を生みに来なくなるからである。八尺以上の大熊になると皮を張るために枠を造り、各箇所から紐で引っ張りながら枠に沿って張った。

一週間も風通しの良いところに張っておくと皮はバリバリに固まる。なめしは米ぬかを使った。バリバリの皮の内側を上にして米ぬかを撒き、この上からワラジをつけて踏み続けるのである。まんべんなくふんでいくと脂がじわっと出て米ぬかに混ざっていく。これを数日繰り返してなめしたのである。

鳥海マタギのシシオジ、金子長吉が私に語ってくれた「熊の手の指は六本」という伝承について甚太郎に話すと、彼は面白いことを語ってくれた。最初は、「嘘だろ」と、私の言葉を遮った。私は、熊の手を剝いだ時に、飛び出した骨がなかったか重ねて聞いた。すると、「確かに熊は走るときに手をつくが、掌の内側に飛び出した骨を持つものが何頭かいたな」という。そして、「爪があるわけじゃないから、指は五本だ」と付け加えている。「この突起は、滑り止めだよ」という話をしてくれた。

熊の指は六本の伝承を求めて、山形県徳網の斉藤金好に電話で問い合わせた。彼は現役の狩人頭である。反応はすばやい。私の説明を聞く前から電話口で「五本に決まってんだろ」と大笑いをして説明さえ受け付けてもらえなかった。これに比べれば、歳を重ねて引退した甚太郎は、笑いながらも記憶を辿ってくれた。熊を解体するとき、掌を巻くようにキリハ（狩人の持つ山刀）を入れて肉を掌から離す。掌の外側も爪の手前でキリハを入れる。だから、掌の形は完全にむきだしとなるのである。よく観察していなかったという甚太郎が「突起はあったぜ」というのが何よりありがたい証言であった。この突起が関節まであれば立派な指である。熊手という道具は爪が平行に並んでいる。ものを掻き取ることから武器に使用されたり、収穫物を集めるのに使われた。現在では浅草の酉の市で縁起物として飾りになって商売繁盛を願う人々が買っていく。熊の掌は人の社会生活でも意味づけがされている。

八　熊を知り敬う

甚太郎の語りは熊をとことん観察理解した者しか達成できない強みがある。熊を敬い、熊の命に育まれてきた者のみが発する言葉の数々がある。

「熊の居る場所はわかる」。

一二歳から熊獲りについて歩いた狩人である。山の地形を見ればどこに熊がいるかわかった。春先の熊は山の斜面のいち早く岩の出たところにいる。温かいところで遊ぶのである。しかも冬眠中は穴の中で掌を嘗めて過ごす。掌は凹凸でぼさぼさになっており、毛も生えている。これが取れて初めて歩くようになるのだが、それまでの間、足馴らしをするために温かい岩の上にいるのである。

「冬眠するときは山の尾根にある五葉松の外皮を剝いで内皮を食べて尻を止める」ことは鳥海マタギの金子が疑念を持つ言い伝えであるが、甚太郎はそのまま語っている。

春先の熊の行動の一つに、冬籠もりの間、食を摂らないことから、腹の中の汚物を一斉に出す。薦川ではツチザクラを食べて熊は腹のものを出すという。同様の伝承は朝日山麓に多く、金目でも言う。ツチザクラとはイワイチョウのことである。腹を下すために食べるベコノシタと呼ばれるヒメザゼンソウやミズバショウの球根がある。彼らの春先最初の脱糞は小山のように真っ黒い糞であるという。尻を止めたものをネンジリと言い、渦巻きになっているという。糞は真っ黒で毛が大量に含まれる。冬眠中に掌を舐め続けることからここに生えている毛がそのまま出ているのであろう。甚太郎はネンジリを拾ったことはあるが、これを薬とすることはなかったという。

「熊がタナカケル（棚架ける）木は栗、クルミ、ブナ、ナラ、ミズキである」。

熊は成り物が大好きで、木に登って棚を架け、ここで木の実を食べる。熊は木に登ると股になった枝の先の二股を利用して、一本の枝を折って二股の間に入れる。この動作を各枝ごとに繰り返すと、平面三角形の水平の枠が木の上にでき上がる。枝は人の腕の太さほどのもので、折れないときは囓りながら折るという。平面三角形の水平の場所ができ上がるとこの枠にまわりの枝を集めて敷き、居場所を作る。まことによく考えられた動作であるという。棚は実に丈夫なものであるという。棚を架けて食べる栗は三〇分食べて休む。奥三面の小池善茂によると、熊は早朝、一〇時頃、三時頃の三回食べるという。消化は早い。食べると休む。冬眠前にはその山の栗とナラの木に必ず上ると言われ、その山の熊穴は翌春の穴見には必ず訪れた。ブナの大木に登ってタナカケルことも多いという。ブナは五年くらいの周期で成り年が来る。この時、ブナの大木に登ってタナカケルという。巨木であることから上を注意している狩人しか知りえないことであるが、熊はブナの実が大好きである。ブナの大木

図14　クルミの実を食べるために熊が作ったタナ
上：股木に折った枝を入れて平面三角のタナにする
中：タナの遠景
下：登った熊の爪痕

に熊の爪の跡がついていることがある。熊は木登りが上手で登っていくときは見事に疵もつけずに上がるのだが、降りるのが下手で、爪を立ててズズッと降りては止まり、また、ズズッと降りては止まるを繰り返す。このために大木に斜め平行に四本の傷跡がつくのである。

栗の食べ方も、熊特有の食べ方があり、青いイガの外からそのまま齧って中の実を食べるために、吐き出したイガがぐちゃぐちゃになっていれば熊の食べた跡といえる。猿は青いイガを一つ一つ剝く。猿の剝いたイガは食べ散らかして捨ててある。

夏にタナカケルのはクルミとミズキである。クルミは渋皮がきつく、毒流しの材料ともなるが、熊はお構いなく鈴なりになったものを口に入れて食べ続けるという。当然、渋皮は吐き出して中の実だけ呑み込んでいるのである。ミズキには細かい実がびっしりなる。これも熊の好物で、熊は木に登って食べるという。奥三面の小池善茂は、夏には沢蟹などを食べていてあまり木に登らないという。熊も涼しい場所で蛇や蟹などを食べて過ごすというのである。

ミズナラのドングリも彼らの大好物である。ミズナラの木には傷口からマイタケ（舞茸）の菌が侵入することから、熊が登った木にはマイタケが生えるとする奥只見の伝承がある。

熊は木の実を消化して休む場所が尾根筋の藪ワラであることを指摘する狩人は多い。尾根筋で自分が軀を隠せる藪をねぐらにして、いつでも見渡せる場所で眠っているという。尾根は熊の移動の道であり、ねぐらであるという。ブナの実を食べているときには同じ尾根筋のねぐらで一週間滞在することもあるという。熊は尾根筋を移動し、次の餌場へと向かう。

熊がタナカケルのに二種類あるという。一つは木の実を食べるために、成っている枝の先まで行ってそこに居場所を確保するものであり、あと一つは尾根筋で日向ぼっこするためのタナであるという。冬眠の前に、尾根筋で灌木を束ねて本結びにした床を作り、ここで休んでいるという。なかには地上から二〇センチほどの高さしかないものもあるという。甚太郎はこのタナをトコ（床）と表現していた。熊はタナとトコを作るというのである。このトコこそ、鳥海のシシオジ金子長吉が言う本物のタナ、冬眠前の甲羅干しのタナであろう。熊は九月上旬にクルミを食べて、ナラのドングリを食べて「体に脂がかからないと冬眠しない」という。

「熊の移動は山に霧靄のかかるときや夜の闇に行なわれる」。

「陽陰れば熊が来る」。

というのは、夜陰に紛れて動く動物であることを指している。ところが昼なお暗い杉の林には熊が入らないという。

「トチの花盛りに熊は檻に入る」。

トチの花盛りは五月末である。この時に檻を仕掛けると熊が入るというのは、檻に蜂蜜を仕込んだことを指している。同時に、日本ミツバチなどが最も活動を盛んにして蜜が溜まり始めるのがトチの花咲く頃からなのである。熊はトチの花の咲く頃を覚えているというのである。

事実、トチの花盛りの頃には蜂蜜を集める業者が来て山で蜜を採る。毎年のことであるが、この箱のいくつかが熊に喰われてしまうのである。

甚太郎が通う狩り場に、朴の大木があり、この根元に日本ミツバチの巣がある。熊は毎日来て、蜂が通う穴を壊そうとする。ところが木が生きていて硬いものだからどれほど爪を立てても穴のまわりの皮を剥ぐくらいで熊の手が入るまで大きくならない。これを見て、熊というのはしつこいものだと感じたという。蜜蜂の巣を狙ったこの熊を獲った次の年、また同じ朴の木の場所に行ったところ、今度は別の熊が同じ行動を繰り返している跡に出くわしたという。しかも蜂の飛び交う穴を囓って広げていることがわかった。彼らは蜜が好きでたまらないのである。蜜蜂が飛んでいる場所の奥に甘い蜜を予感して一生懸命木を削っているのであるから、蜜のおいしさをどこかで学習したとしか考えられない。ところでこの蜜蜂の巣は、三年後、とうとう朴の木に大きな穴を開けた熊に食べられたという。食べた熊は何頭目かはわからない。

甚太郎は夏の彼らの行動範囲は一定であることを語っている。餌を摂る範囲は個体によって決まっているというのである。だから、蜂蜜のありかでも、特定の個体がいなくなるまで、同じ熊が毎年穴の前で同じことを繰り返すのであるという。

熊の行動範囲については甚太郎も、大鳥の亀井一郎も同じことを語っていた。つまり、

「尾根づたいの五葉松の皮を剥いだ場所が個体の行動範囲の境である」。

この五葉松は、熊が冬眠に入る際に尻を止めるために食べるとされているのであるが、皮を剥いだ様子を見ると、それぞれの熊の大きさがわかるという。大熊は二メートル以上のところから皮を剥いでおり、普通の熊は背丈ほどのところに皮を剥いだ跡がある。自分の行動範囲を標示しており、決して同じ木から二頭の熊が皮を取ることはないというのである。

熊の好きな食べ物の中に熊蜂の巣がある。真っ黒い大きな蜂である熊蜂は、土の中に巣を作り、ここに蜜を溜める。これを掘り出して食べているという。また、甘い食べ物が好きで、ヤマイチゴは大

好きであるという。棘のある灌木になる木イチゴは中に種のない黄色い実になる黄イチゴと赤いベリーのヤマイチゴがある。ヤマイチゴの中の特に大きいものを熊イチゴと言い、熊の大好物であるという。棘のある木をひっくり返して食べるという。マタタビも好きで、よく食べるという。

秋田で熊の山菜と言われるサクは山形県大鳥、新潟県薦川ではサイキと呼ばれる。エゾニュウのことである。大鳥では女と男に分けて、花を持つ二メートルにもなるエゾニュウを男サイキ、花を咲かせない低いサイキを女サイキと言っている。甚太郎も亀井一郎もサイキのワラ（群生地）に熊がいることを述べている。熊は腰を下ろして後ろ足で根元を押さえ、前脚で茎をとって皮を剝きぼりぼり食べる。アイヌの人々の食べるシュウキナのことである。

「熊はサクの根本から出る白い液が好きでたまらない」。

ことを教えてくれたのは秋田県打当の鈴木宏であるが、同じことを甚太郎も述べている。

「熊はサイキの根の膨らみから白い液が出ることを知っていてここを囓る」。

エゾニュウとシシウドは別の植物であるが、シシ（熊）が食べていることから、どちらもシシウドと俗称され、雪崩の跡に最初に土から芽を出す山菜である。熊はこの山菜の芽を春先食べ、夏には茎と根の液を摂取する。山ニンジンも同じセリ科の似た植物であるが、これもまた熊の好物で、根からは白い液がでる。

「夏に食べる山菜はアザミが筆頭だ」。

熊は、夏にサイキとアザミをたくさん食べるという。アザミを毎日食べ続けているために口のまわりが渋でいっぱいになっているという。

小田甚太郎の住む薦川は、熊を山から迎える大里様（山の神）と熊野神社があり、熊を敬い、熊に最大限の儀礼を駆使してきたところである（第二部第二章参照）。熊野神社の熊の慰霊絵馬はこの地の人々と熊が深い精神的つながりの中にあったことを示すものである。大自然の神からの裁可を戴くために駒を祀り、熊の供犠の後には絵馬にして慰霊する事例は、熊神へとつながる筋道が垣間見られる。

（1）奥三面へ向かう道の最大の難所。絶壁をカニ歩きで伝わって越える場所。
（2）鈴木牧之、一八三五『北越雪譜』（一九三六、岩波文庫）。

第三章　大鳥の亀井一郎と熊

一　冬眠と目覚め

熊は冬眠に備えて特異な行動を取る。その一つが「尻を止める」と言われるもので、冬眠の間、食を摂らず、糞をしないことから「尻を止めた」状態のままでいる。糞を出さないように、肛門を止めた状態にできるものを食べるというのである。

奥三面の小池善茂によれば、熊は冬眠の前になると必ず、奥山の痩せ尾根に生えている一抱えもある五葉松の幹をかじるという。シリヲトメルといい、かじられた五葉松のすぐ近くに熊の冬眠穴があるという。幹のかじり方で冬眠穴がどの場所にあるか推測できるフジカ（猟の親方）がいたという。

飯豊山麓・小玉川の舟山によれば、やはり尾根筋はナデ（雪崩）がついて土砂が流れることから五葉松のような痩せ地に強い大木しか残らず、このような場所で秋、みぞれの降る頃にかじった跡が見つかると、熊のシリヲトメル行動の印とみて、熊の冬眠穴を探しておいたという。

朝日山麓北側・大鳥地区にある倉沢の亀井一郎（大正一二年生まれ）は、大鳥の熊狩りでヤマサキを勤めた人である。ヤマサキは山親方で、猟の指揮を執る者である。奥三面でフジカと呼ばれる。ヤマサキの呼称は中世に溯ると考えられる。彼は熊が穴に入る前の行動を次のように観察している。

熊が穴に入る前にシリヲトメルことをネンジリといった。春先一番最初に出す糞が捻られた状態で出てくることからネンジリの呼称になったものと考えられる。

ネンジリの行動は、姫小松の皮を牙で起こしてジンを食べるものである。ジンはオニ皮（表皮）の内側にある内皮で、白くて松ヤニの脂を含む層である。

ジンの食い方によって熊が入る穴の方向がわかると言われたが、ヤマサキが亀井の代になった時には穴見が禁止となっていたために、伝承自体が消滅した。以前のヤマサキは穴の場所について的確な情報を持っていた。

白山麓では、松の内皮をかじったものを見つけると、アタリといった。これは近くに熊の入る穴があることを意味している。

熊が穴に入る時期は、「みぞれが降る頃」と伝えているところが多い。ところが、そんなに簡単に入るものではないという人もいる。奥三面の小池善茂は、ノタリオオバカという言葉で熊の穴に入る時期を伝承してきた。

ノタリという言葉はゆったりしているということで、熊はゆったり穴に入るというのである。その時期は、雪が積もって穴に入れなくなる寸前だという。熊は雪の上でも、冬眠前の最後の食料を貪欲に探していて、穴の入口がわかる限りは入らないというのである。熊は冬眠前の初冬、里のすぐ近く、標高の低いところまで来ていて、栗など人と競合するものを食べているという。奥山の食べ物はだいたい食べ尽くし、徐々に下まで降りてくるのである。この時期に雪が降り始める。熊は食料が雪の下になってわからなくなると初めて奥山の自分の穴に向かい始めるという。このような状況下では、熊は雪の上に足跡を残しながら奥山に向かう。この時、経験のない狩人は、熊の足跡を見つけて歓喜し、これを追って獲ろうとする。ところが、奥山に向かって進む足跡は延々何日もかけて奥山に向かい、途中で沢に入ったり、足跡のないところも出てくるため、追っても熊には遭遇できないというのである。このようなことから、足跡を見つけて追おうとする人間を指してノタリオオバカといったというのである。

穴に入るのは、みぞれが降るような一時的な積雪ではなく、根雪となる頃であるという。そして、熊が入る穴は、原則として毎年同じであるという。仔熊は生まれた穴に再び入ろうとする。それぞれの熊も自分の穴をめざして戻っていくものであるという。

熊穴についての伝承は北陸地方から中部山岳地帯を経て東北地方まで類似する。熊狩りの人々が熊の習性を同じように捉えていたことがわかる。その観察眼の共通するところは山人の共通する行動となっていくものと考えられる。山人は熊に対して畏敬の念を抱いて遠く離れて観察していたのである。

「仔連れの熊は沢端のナラの木の穴に入る」。

熊は穴の中で冬に子供を産み、一年間は母熊と行動を共にする。そして、生まれた穴に戻って親子で冬眠するという。小池善茂によれば、仔は二頭の場合雄と雌であることが多く、仔熊が三年目に入って成獣となると、母熊と交尾するという。

「仔を産む熊は、沢筋の土穴に入ることが多い」。

この伝承は、子供を生むと、母熊は咽が渇くらしく、冬眠中であっても穴から出て沢の水を飲むという。このために、母熊は沢筋にいることが多いというのである。仔熊も、咽を潤す必要がある。

「雄の大熊ほど山の奥の内部が乾いた岩穴にいることが多い」。

雄は大型のものが山奥に、小型になるにしたがって麓に近いところで冬眠するという。

木の穴に入る際、根っ子に開いた穴と木の上部に開いた穴では、やはり熊の入り方が違うという。上部の木穴に入る熊は元気のいいものであるというのである。

「ソラフキ穴には熊は入らない」。

熊は雨漏りのする、穴が上を向いているところには入らない。内部に雪が積もったりしない木の穴で、必ず二つ以上の穴がある木の洞にはいるという。熊は頭のいい動物で、逃げるための穴を確保したところでないと入らないといわれている。

「大木が根のまわりの土を付けたまま倒れると根と幹の間に空間ができるが、これを根っ子穴という。このような穴は、母熊などの利用が多い」。

熊の中には、穴に入ることができなくて、岩陰の窪みでじっとしているものもいるという。背中に雪が積もっている状態で冬眠することもあるという。

大鳥の熊が冬眠から目覚めて最初に食べる山菜はヤマセーギ、ツチザクラであった。ツチザクラは岩カガミのような姿をしている。葉の小さなものがイワイチョウで、この植物を指す。ヤマセーギは朝日連峰新潟県側でサイキと呼ばれるエゾニュウのことである。サイキがセーギと訛ったものである。

二　朝日山麓大鳥の熊狩り

大鳥地区では大きく二つの山の領域にわかれて狩りをしてきた。大鳥川最深部の集落の人たちが組を作って入るのは、朝日連峰西端の以東岳に向かって左側、大鳥川右岸を中心とした。倉沢の亀井一郎を頭領（ヤマサキ）とする組は左岸に入ることが決まっていた。

狩りの組織は、頭領がヤマサキと呼ばれ、一〇人前後を統率する。

ヤマサキ　一人。山にあかるい（よく知る）人で、統率できる人。

トリキリ　最低二人。熟練者が当たる。

マエカタ（前方）　最低二人。熊の動きがよく見える尾根筋に配置される。

ウチテ（射手）　シャシュ（射手）とも呼ばれ、熊を撃つ人。

セコ（勢子）　二〜三人。熊を追い上げてウチテの方にやる人。

ヤマサキは、熊のいるクラを見つけると、そのクラが一望できる場所（沢の対岸であることが多い）に着いて、被っていった菅傘を振ってその動きで指示を与える。

最初の指示は、熊の動きを見ながら人を配置することである。ヤマサキは、熊とクラをみて、熊がどこに上がっていくかを判断する。熊がクラから出て峰（尾根）を越えると予想される場所では、上手に上トリキリ、下に下トリキリを配置する。この二人はヤマサキにつぐ狩りの熟練者である。マエカタは熊を追い上げるクラの峰に対して反対側に配置され、セコを兼ねることもある。

熊は下トリキリと上トリキリの間の峰を通って別のクラに逃げようとする。トリキリの中間にウチテがいる。このような配置は、槍で熊を獲った頃の配置と違ってきている。熊獲りを槍一本で行なっていた時代は、ウチテの場所もトリキリの場所も、熟練者を配していた。特にウチテの場所はトッパと呼ばれて最高の槍の使い手が入る場所であった。ちょうど、トッパという地名が熊獲り衆によってつけられたように、トリキリという場所も山中の地名となっている。熊撃ちの人たちが付けた名称であるが、毎年のように熊を追っている人たちからすれば、熊がクラから峰を越える場所は特別の地名を付けるにふさわしかった。

セコとマエカタは原則として熊を追い上げる人たちを指す。セコが熊を見失うことがあれば、尾根筋でみていたマエカタがすぐに参加して熊を再び追い出す。このように片側は動きの烈しい中で熊を追うが、待っている方は動くことが許されず、ひたすら待ち続けるという動作が続く。

熊がトリキリの場所まで来ればウチテは熊を撃つことができる。ヤマサキの亀井はセコ、マエカタ、ウチテ、トリキリの順に経験を踏んでヤマサキになった。マキヤマ（巻いて獲る熊狩り）は、小学校を終えると連れて行ってもらって覚えたものであるという。

熊狩りのクラは、大鳥川に面した南向きの皿淵倉から始めるものと決まっていた。このクラは最も雪消えが早く、ブナが芽吹き始める頃に、他のクラはまだ雪に覆われていた。しかも、行けば必ず熊がいるという状態であった。熊狩りの間じゅう泊まり込む山小屋は、皿淵倉の手前で、大鳥川を渡ったところにあった。四月上旬に小屋に入った。

クラに熊がいるかどうかは、木の芽の出方やコブシの花の咲き方でも判断した。ヤマサキがそのク

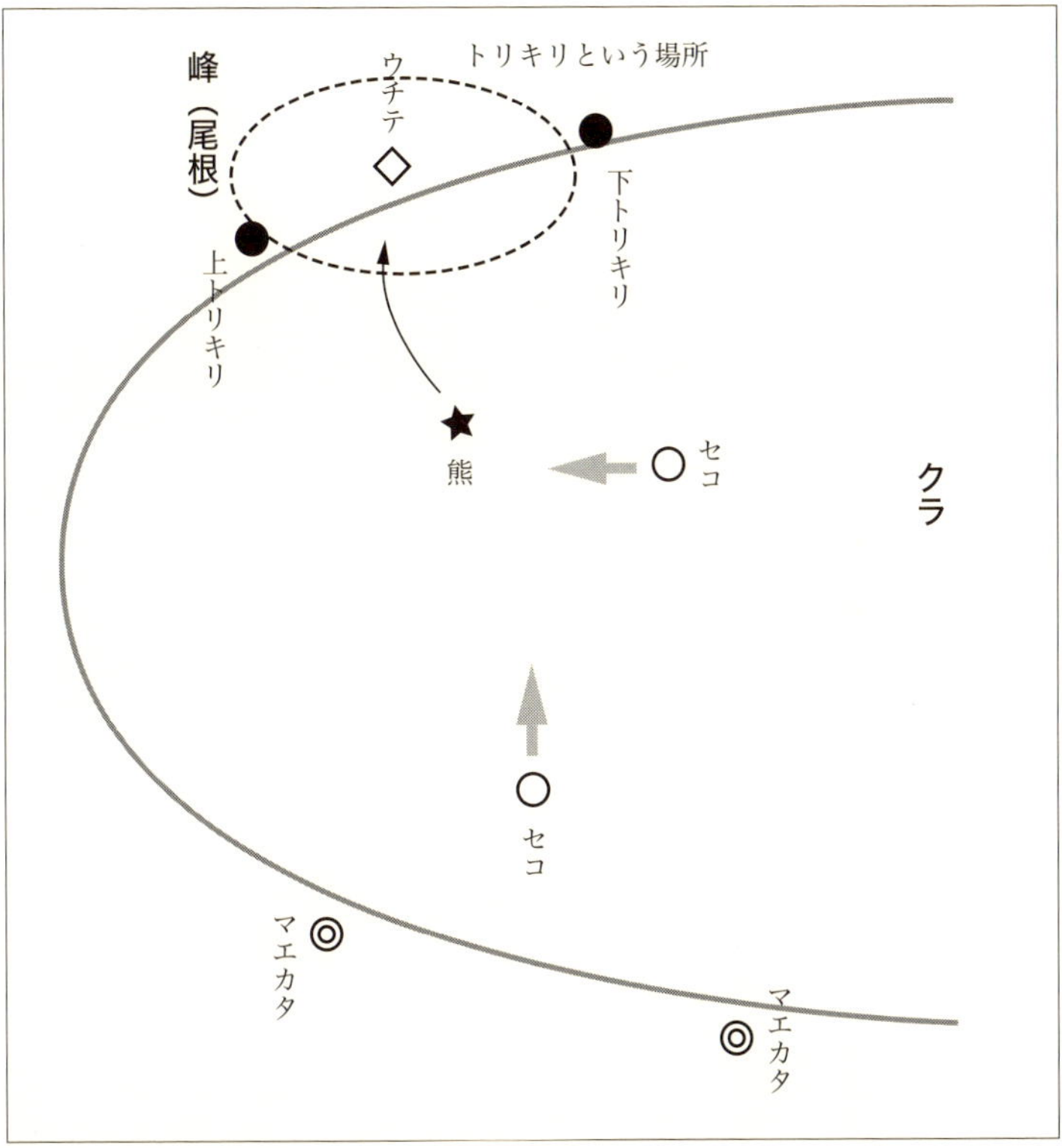

図 15　巻き狩り概念図

ラを一望できる場所に着いた時、最初に見るのは白いコブシの花が咲いているかどうかであったという。この花は熊の大好物で、咲けば必ず熊はこの木に登って花びらをむさぼり食べる。だから、花びらが食べられていれば熊がすでに活発に動き回っていることを意味した。このコブシの花は、熊が貪欲に食事をする際に摂取するものであるといい、コブシの花を食べている熊は胆が小さくなり始めているために急いで獲る必要があった。だから、熊狩りではそのクラのコブシの花の咲く前に獲ることが肝要なのであった。コブシの花びらを食べると内臓に臭いが付いて食べられなくなるという伝承が越後粟ヶ岳や中蒲原の狩人にある。大鳥では、コブシの花びらを食べたからといって熊の内臓に匂いが付いて腸詰めが食べられなくなるという伝承はなかった。

皿淵倉で狩りを終えると、ガンクラ、長ソウ、サンカクグラ、ゲンタンクラ、ニシノクラ、ヒヤミズ、イケノクラの順に上手のクラを巻いていく。一日に一つのクラを巻くのが原則であったが、一日で二つ巻くことがあった。熊は一つのクラに一頭でいることが多いが、まれに二頭いることもあった。また、熊が隠れてしまって出てこない場合は、人を配置したまま、二日がかりで巻くこともあり、このような時は羚羊の毛皮が必需品で、背中に当てた毛皮の暖かみでじっと我慢をしたものであるという。

小屋に入るのは四月の一二日前である。四月一二日は小屋の背後にある山の神の木を拝み、小屋では山の神の掛軸を掛けてここにもお神酒をあげた。

一つのクラを巻いて熊を獲った場合、トリキリの動作で仕留めたかどうかわかった。巻いていたセコたちも、鉄砲の音で判断したという。熊が死んだことを確かめるとトリキリは手を挙げて皆に集まるよう指示した。そして、狩人たちが熊を取り巻くとショウブ・ショウブと唱えた。熊を撃ったトリキリはショウブアッタと発言するのである。決して「獲った」と言ってはならなかった。

鉄砲の弾の当たり方で、熊は血を吹き出していることが多い。このような時は頭を上にして残雪の傾斜に沿って寝かせ、血を一滴も無駄にしないようにワッパに受け止めた。ショウブの唱和と同時にキリハ（狩人の持つ山刀）で熊皮を剥ぐカワタテを行なった。皮を剥ぐことをタテるといった。最初に肛門からまっすぐ咽の付け根に向かって月ノ輪を切って顎まで開く。

次に心臓の上から前脚の両先まで、後脚も両先まで最初のカワタテで開いたところから切る。この状態で皮を剥ぐと背中まできれいに剥ける。剥き身の熊をうつ伏せの状態で残雪の上に置いて、剥いだ皮をヤマサキ以下三名が四隅を保持し、皮を持ったまま廻った。サカサマキという。頭部が尻に、尻が頭部に行くようにして唱え詞を言った。この唱え詞を亀井は忘却したと言うが、部外者に教えられないことが言外に含まれていた。

図16　皿淵倉（右手）と仕留めた熊
（亀井一郎氏提供）

熊が獲れると、かつてはマルのまま（熊の体のまま）持って帰り、村はずれで鉄砲をうって村人に知らせ、村人がお神酒を持って迎えに来るまで、境のところで待機した。お神酒を飲み終わると境を越えて村に入った。この際、熊の月ノ輪の部分のみを切るカワメタテという儀礼を行なって里と区別するところが多いが、倉沢ではこのような記憶はないという。

この後、解体に入る。腑分けは熊の胆を最初に取り出すように腹部を開く。この時、熊の掌（アリカワとかワラジという）を見て、熊の胆の大小を予測する。掌がつるつるであれば冬眠中嘗め続けていた掌を意味し、胆は大きいと判断する。逆に掌がワラジのように毛が生えてごつごつしている場合は穴から出てかなりたっていることがわかる。つまり、腹に大量の食物が入っていることを意味し、このような状態では胆汁が多く分泌されていると判断して胆は小さいと考えるのである。また、「月ノ輪が大きいと胆が小さい」という言い方があったというが、月ノ輪の大小はジグマ（地熊）とタビグマ（旅熊）でも違い、一概に言えないという。

亀井は熊胆について、詳細に伝承している。大鳥の熊胆は三種類あったという。

・越後型↓きれいな下ぶくれの巾着形をしており、キンチャクと呼んだ。
・最上《もがみ》型↓アケビの実の形をしている。アケビと呼んだ。
・地元型↓越後型と最上型の中間である。

この伝承について、朝日山中奥三面に暮らした小池善茂に聞いたところ、奥三面で獲った熊は、すべてキンチャクであったと語っている。奥三面の熊は、ここだけで繁殖を繰り返していたものと推測され、なかには以東岳を越えて大鳥まで出かける熊もいたのである。

大鳥の亀井は、熊の顔の形、特に鼻先を見て、熊の胆の型を推測できたという。最上型は遠くから（山形県最上地方）来るタビグマで、月ノ輪が小さく精悍な顔をしていたという。鼻先が通っているのである。一方の奥三面から来る越後型は、顔が丸くダンゴ鼻だったという。熊の肩にできるこぶが大きく丸形になったものは肉も美味しかったし、胆も大きかった。

菅江真澄の「十曲湖」に、十和田湖近くの赤川という村で成田正吉という狩人から聞き出した熊の胆の話が載っている。「鼻白の熊は琥珀胆なり、皆黒の熊は漆的《うるしで》なり、月輪はことにして鈴胆、茄子胆、出様珊《あけび》瑚胆など……」とあり、熊を見て胆の形や性質を語る伝統はあった。

図17 大鳥のヤマサキを努めた亀井一郎氏

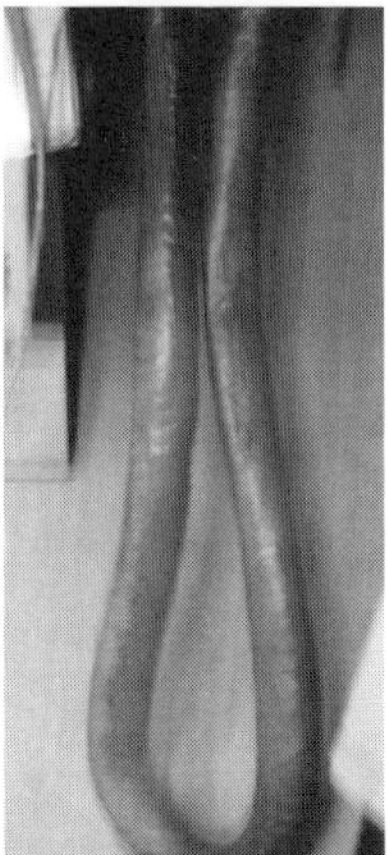

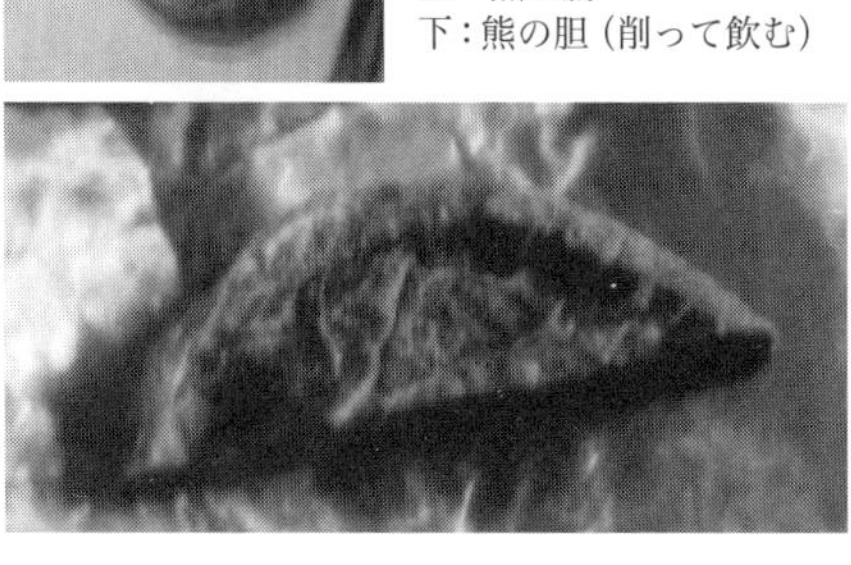

図18　病気平癒のために腰に巻いた熊の小腸と熊胆呑み薬
上：熊の腸
下：熊の胆（削って飲む）

熊胆を取り出す時は中の胆汁がこぼれないように胆管を縛る。熊胆（胆嚢）はワッパに入れて持ち帰った。

大腸を取り出し、雪の上で中に入っている汚物を足でしごいて出し、空にする。この大腸に内臓のまわりに溜まっている血を詰め、内臓に取り付いている脂肪などをともに詰める。これをナジといい、背負って宿に帰り、最初に調理して食べることとなる。

熊の体を喰らう儀式がここから始まる。膵臓を取り出し、トリキ（クロモジの木）で一二に切る。同時にトリキに一二切れの肉片をつけて焙る。皆で円くなってお神酒を飲み、クシザシを食べる。膵臓は美味いなどという代物ではなく、ただ噛んでいただけであるという。

大鳥集落の近くで熊を巻いて獲った場合、勝鬨《かちどき》（獲った印にホーイという）をして集落に知らせる。そして、解体を始める頃に集落の人たちがやってくるので、「熊の血を分けて」やった。一〇人もの狩人がどこの狩り場で熊を巻いているかは大鳥集落の婦人たちが知っていて、獲れる頃になると山の神（山と里の境に立つ）のところで待っていたものであるという。獲れた合図と同時に、婦人方がぞろぞろと熊の血をもらいに来たものであるという。婦人病の血の道に効くと言われ、その場でも盛んに寄ってきて飲んだというのである。また、瓶に詰めて持ち帰る者もいた。

熊の血を飲むとする伝承の分布は、大鳥から西南に峰を越えた新潟県山熊田、高根など朝日連峰・奥只見を南限に、これ以北に分布している。アイヌの人々も血を飲む。かつての日本の熊狩り習俗には厳然としてあった、北方文化につながる習俗である。

残りの血を、腸の内容物を足でしごいて出したものに脂肪分と一緒に詰め、腸詰めとして持ってきてヤジとして食べたのは、熊狩り習俗の中では例外なく広く熊獲り衆の行動として出てくる事例である。いずれも、腸詰めを鍋に入れて塩水で煮込み、時々箸を挿して腸が異常に膨張して爆発するのを避けながら煮込む。こうするとソーセージのように固まり、美味しい食べ物になったという。食べる時はやはり輪切りにして食べるのである。

狩り場で熊のクシザシを食べてお神酒を飲む儀礼が終わると、解体した肉を運ぶことになる。背負うのに必要な木を近くから採るが、ここではトリキやマンシャク（マンサク）を使った。トリキは熊の肉を串に刺して山の神に上げることから、この木をこれ以外の目的で使わないとする地域が多いが、大鳥では匂いのいい木は肉をくるむのに使ったという。

熊の肉を食べるのは、山小屋であった。熊汁に入れたものはアザミ、ウドなどが中心であった。ちょうど温かい日当たりのよい崖には出始めているのである。これを採ってきて熊汁に入れた。ハツヤマ（初山）で初めて狩りに参加した若者はこの場でワラジを食べさせてもらった。ワラジは熊の掌のことである。

ハツヤマの伝承では、庄内田麦俣で、ハツヤマに熊を獲った若者にはその熊の皮を被せる儀礼が報告されている。

熊をマルのまま担いで集落まで来た際、金太郎のように熊の背に村の子を跨がせるという習俗がある。男の子が丈夫に無事育つようにと行なうものであるが、亀井はイモチ（分家）の男の子を熊の上に跨がせた。金太郎のように丈夫に育つことを願うこの儀礼は、新潟県東蒲原の室谷などにもあり、新潟県北部から山形県の山岳地帯にかけて顕著な分布域が認められる。

熊を獲った山で捕獲儀礼をしたものを、マルのまま担いできて集落で食べる場合は、ヤマサキである亀井の家で宴を張った。この場合、熊の各部を欲しがる参加者のために、くじ引きで分配した。ホナ（心臓）、肝臓、脳味噌が多くの人から申し込まれた。脳味噌の申し込みがない場合、皆で刺身にして食べた。熊を食べる場所は、決して家の中の囲炉裏を使ってはならないとされており、煮炊きは家の庭で行なった。四つ脚も二つ脚も囲炉裏で煮炊きしてはならなかった。

家でのナオライ（直会）では、妊婦には熊の料理を決して食べさせてはならないとする禁忌があった。家の者は主婦であっても決して料理に手を下すことはなく、熊狩りの参加者のみが熊の料理をして食べた。婦人に対する禁忌はここでも徹底していた。

熊の慰霊碑は昭和五〇年代に大鳥集落の広場に建てた。

亀井一郎は大鳥の自然を最もよく理解し、自然から最も多くの取り分を得てきた人物である。その体験の中には、熊の食べる食物や熊の体が薬となることなど、深く広く底流する伝承の数々を保持している。第二部で検討する熊と人の精神的つながりを具現させてきた。熊の血を里の女衆に呑ませてやる事例などは、男が呑む熊の血とは別の意識が働いているのであるが、儀礼そのものは男が呑む熊の血の延長線上にある。熊の体を病の治癒・癒しとして使ってきた事象は北につながる事例である。

第四章　飯豊山麓藤巻の小椋徳一と熊

飯豊山の福島県側登山口に川入がある。ここも熊狩りの集落であるが、この西側に藤巻という木地師の村がある。姓は小椋である。ここの小椋徳一（大正一〇年一一月五日生まれ）は、熊狩りの頭領として藤巻をまとめるヤマサキであった。

飯豊山麓の川入と藤巻の周辺では一番槍（熊を仕留めた人）が熊の頭を貰うこととなっていた。熊撃ちの猛者であった熟練者の家には熊の頭骨がごろごろしていた。このように頭骨を一番槍が取るという伝承は、おそらく広く東北地方にかけての熊狩り集落に広がっていたことが予想され、秋田阿仁、岩手沢内、宮城駒ヶ岳、飯豊川入とつながっている。頭骨を納め祀る儀礼は北海道のオホーツク文化の中でも見られる行為で、大陸につながっていくものと予想している。

藤巻では穴見での熊獲りと、巻き狩りの両方を行なった。穴見は冬眠していて穴から出る寸前の熊を獲るもので、仲間二〜三人で実施するものであった。と同時に、村人全員で村が所有する穴から熊を獲ることもしている。穴見の猟は熊狩りの最も原初的なものと考えてよい。

徳一は終戦後、復員してきてすぐに熊狩りに参加した。二三歳の時であった。単発の銃を持っていった。伯父を含めて四人で、断崖の途中にある岩穴を攻めた。入口八〇センチの穴は熊が入ることで知られていた。熊がいるかどうか確認するのは若者の役目であったため、徳一はその任に当たった。革蓑を前にし、鉄砲をおいて穴に入っていく。ピカッと熊の目が光り、生暖かい息がかかった。次の瞬間ブルブルとフーという音が交互にしてきた。熊がいることがわかりあわてて下がり、穴から出て鉄砲を手にした。鉄砲を構えて再び穴に入ろうとした時、熊は月ノ輪が見えるところまで出てきていた。自分が撃つより早く、まわりで構えていた撃ち手が頭に弾丸を命中させた。全長八尺の大熊で、断崖の上にいた三人が綱で引き上げようとしたが上がらず、断崖から下ろした。

穴見は巻き狩りより古くから行なわれてきた。そのことは、多くの伝承から推測できる。徳一も次の話を伝え聞いていたという。

　　穴の中にいる熊を外に追い出す方法は、蓑を着て、熊穴に入り、熊を乗り越えて熊の背後に回り、
　　後ろから押し出す。

熊獲り集落でのこの伝承の広い分布を考えると、かつて、やっていたのであろうという推測が成り立つ。飯豊山麓の小玉川集落、川入集落、藤巻集落で、朝日山麓では奥三面集落、徳網集落、金目集落で直接聞き取りしている。

熊が穴から出るところこれを獲るために巻き狩りをやる。藤巻ではヤマサキのことをメアテといい、一〇人ほどの狩人を統率した。彼は熊を巻くクラの対岸の尾根にいて指示を出す。

山入りは各沢筋の入口にある山の神様の所で全員揃ってお神酒を飲んで参拝した。巻き狩りの手順

は前記の朝日山麓大鳥の方法と違いはない。

熊を獲ると「山の神に向かってのろしをたてる」。これは、里に向かって空砲を一発撃ち、皆で「やー」と騒ぐことである。熊を真ん中に皆で取り囲み、メアテが熊の尻から月ノ輪にかけて一直線に皮を切る。皮を剝ぐと、皮を尻と頭部を逆さにかけて、「センビキ・マンビキ」を復唱する。

この後解体にかかる。熊胆を取りだし、肉は参加者がすべてタイラ（平等）になるように分けた。熊を仕留めたものを一番槍といい、頭を取ることになっていた。獲った人は家の神棚に上げた。川入集落や藤巻集落の熊狩りの特徴はこのように頭部を一番槍が取ることで、腕のよい者の家では、熊の頭がごろごろしていた。

解体していくと血や脂が溜まってくる。大腸を切り出し、その内容物を雪の上で足でしごいて出し、中を空にする。この中に血や脂を詰め込んでいき、腸詰めを作る。これはヤジといい、里に戻って熊料理で直会する時に、塩を入れた水から煮込んで最初に食べるものとなる。

腸詰めを作り終わるとタツ（膵臓）を近くから取ってきた枝に刺して焼く。細かい袋がかたまって三角錐の形になっているタツは火で焙られると撥ねる。この撥ね方をよく見ていて、バーンと撥ねて飛んだ方向に別の熊がいるといった。

山での儀礼と解体が終わると、参加者全員がそれぞれ熊の各部分を背負って集落まで帰ってくる。各家からは熊を見に皆が集まってくる。ここで、熊を仕留めた一番槍が、皆の前でもう一度「やー」と鬨の声を上げる。この後、親方（メアテ）の家で熊汁を作って食べた。料理は台所で行ない、最初にヤジを煮て腸詰めを食べる。美味しいものであった。同時に熊汁を作るが、この汁は熊の肉だけで食べることが決まっていて、味噌で味を付ける以外、山菜や野菜は入れてはならなかった。ただ、肉をすべて平らげた後の汁には大根などの野菜を入れて煮込んで食べた。この料理はすべて男の手で行なうもので、女の人に手伝わせてはならなかった。また、熊の肉は藁のツトに入れて集落すべてに配り、集落外の親戚に配ったこともある。

藤巻の熊獲り衆が、自分たちの領域ではない山の熊を、自身の場所に追い込んで獲ることがある。このような熊は、藤巻のものである印として、「カワメタテ」を行なった。これは、熊を仕留めると、月ノ輪の部分に、縦にキリハで切れ目を入れることである。この印を付けたまま、集落まで運び込むこともあった。

藤巻には霊験あらたかな地蔵様がある。家でのお産が重くなると、家の人がこの地蔵様に詣った。村境にある地蔵様の所には、いつも腹帯がかけてある。地蔵様にかけてある腹帯は熊の子宮を腹帯にしたものであったという。家の者が産気づくと、安産祈願のために、この帯を家まで運ぶ必要があり、地蔵様を背負って持ってきた。しかし、石の地蔵様であるから、半端な重さではない。背負い帯をつけて背中にしばって家まで持ってきたが、「重かった」「重い」という言葉は、お産で苦しんでいる女房・家人のために口から発することができない。人に聞かれても、何食わぬ顔をして、「軽かった」というのが礼儀であった。このように熊が生活の諸相で重要な役目を担っていたことは第五章以降で記録する。

第五章　里と熊

里人に熊が関わる事例では、熊の毛皮や毛が祭礼や儀礼の中で重用され、熊の胆が至上の薬として扱われ、掌が出産に関わっていたことの三つがあげられる。熊が里に下りてきた経緯を考察する。

一　熊と領域

熊の行動領域は広い。朝日山塊・飯豊山塊・鳥海山塊ごとに地熊と呼ばれ、その地で繁殖している熊がいる。一方、この間を渡り歩く雄のワタリ熊もいる。山は熊の大地であった。ロシア沿海州のナナイの集落は、アムール川に沿った闊葉樹の森に囲まれた高台に点在している。シカチアリャン村の民家の前には人を象った標示が建てられ、人の住む空間や領域がこの標示によって明示されていた。標示の中に熊を象った像が民家の入口に置いてあった。

つまり、熊の大地の中にある人の生活空間は人がみずからの居住空間を囲うことから始まった。絶対的な大自然の中で人が生存場所をいただいたのが原初の形なのである。

本来は熊の大地であったところに人が入り込んできた。人はみずから生存を確保するために、大自然の中を分離する方策を考え出した。これが境界を作って山のまっただ中に別の領域を設定することであった。別の領域はサト（里）と呼ばれて大自然から分離されていく。境界は厳密に設定された。

例えば、ロシア沿海州ハバロフスク州のアルセネボ村では、闊葉樹の大自然の中に村が営まれ、ウデヘの人々の集落は円形に配置されて、内側に各家のジャガイモ畑と広場で構成されている。環状に配置された家の外側は、アムール虎や熊（アジアクロクマ）の大地であった。

日本国内でも阿寒アイヌの人たちの村落構成は阿寒湖などの畔に集合され、大自然の中で営まれてきた。ここでも境に記念物を設置して人の生きる場所を標示した。

境は人の力の及ばない絶対的な大自然と、人が力を合わせて家族がまとまって暮らす村（里）を厳密に分けていた。この厳密さを示すものが標示の起源である。

山と里の境界はどのように意識されたか。東北・中部地方では次のように山の神が祀られ、里との境界となっている。

岩倉　山形県小国町徳網では、狩りに行く際、山入りの場所に比高差六メートルの巨大な一枚岩があり、この中央部に山の神の祠が作られている。御神体は粘板岩で太刀の形をした岩である。ここで狩人がお神酒を飲み、山の神様に祈りを捧げた。ここから里と山を区別する山言葉となる。新潟県岩船郡蒲萄集落の境に矢葺明神という比高差十数メートルの大岩が屹立している。この岩を本来聖なるものとして祀った神社であるが、ここは峠の境である。金丸集落も熊狩り集落である。集落を見下ろす高台に大蔵神社が祀られているが、社殿の横に大石が置いてあり、注連縄が飾られている。ここが山の神の在所であり、集落から山へ入る境である。薦川の熊野神社の境内には、南西一〇〇メートルにお里様（この地の山の神）の在所があり、熊野神社に拝礼に来ても山の神に向かって祈りを捧げるのが先であったという。この神社の外れには、一抱えの石が置いてあり、この石が山の神様を指し示すといい、この石を拝むことが多くなってきた。

このように、山の神は動かない岩倉を在所にしていても、岩や石に籠められて水平方向に移動することができる。

三本股木　福島県奥只見では集落から山に入るどの沢筋にも三本に枝が分かれた股木がある。この巨木（多くはブナ）を山の神の木として境界にした。狩人が熊狩りに出かける際は、この木の前で駒形を奉納する。参加した人数だけの駒形を束にし、駒の首筋に短刀を突き立てて山の神の巨木に打ちつける。山形県小玉川でも集落から山に入る沢筋の三本股木は山の神の木といい、ここを境に山となった。新潟県粟ヶ岳周辺の村でも、三本股木が山と里の境を意味した。岩船郡も同様に、沢筋の三本股木は山の神の木という。村境の三本股木の下には

図 19　熊の彫刻による境の標示

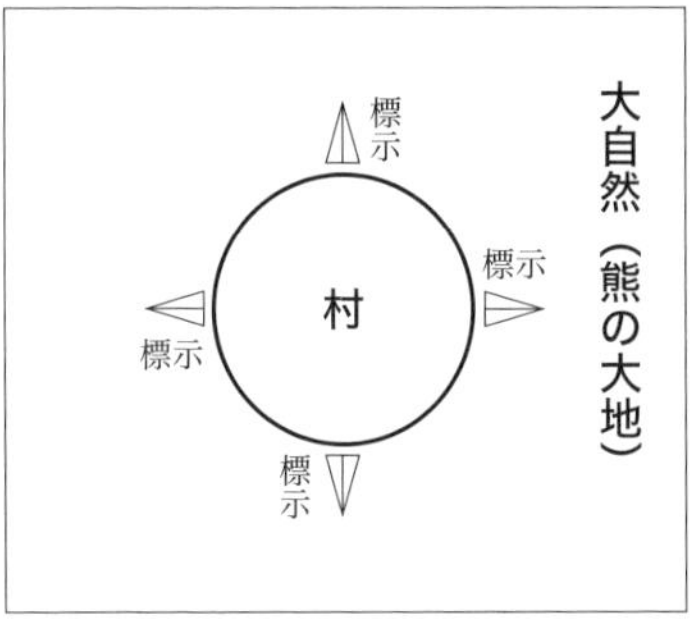

図 20　境界の概念図

賽の神や庚申が祀られている。木はブナ、楓、桜、朴など落葉広葉樹である。

森　山形県小国町の石滝集落は山に入る場所（境）が杉のこんもりとした森となっている。森の中に小祠があり、太刀形の石を御神体とした山の神が祀られている。三本股木の大木がなかったのか、それとも境を移動する必要性に迫られたのか判然としないが、杉の木を植えたことは間違いない。落葉広葉樹の極相のまっただ中にある集落である。杉は余所から持ってこなければ自生しない。杉の巨木で森を作って山と里の境としているところは新潟平野の縁に沿って広く分布している。そして、各集落の鎮守として集落内部に神社が祀られるようになっていくと、杉の森は神を宿す場所となっていく。このように山の神を祀る場所は山の神と共に水平方向にスライドする。

男根　峠に男根を飾る場所がある。日光街道の金精峠には石の男根が飾られている。山形県大鳥川流域の集落境に石の男根を飾っているところがある。飯豊連峰への上り口の一つ、梶川尾根の下に山と里を標示する山の神の石碑があり、石でできた一対の男根がある。木でできた男根も山と里の境に建てられている。新潟県朝日村柳生戸集落へ向かう峠に木の男根を奉納した社がある。集落境である。この男根を山の神様と呼んでいる。

このように、山の神の記念物は里と山を分ける境に祀られるという、山と里との関係性において立地した。

現在の日本のように、どのような奥地（山地）でも人が入った痕跡があって境が決められている社会にあっては、かつては境界に祀られていた山の神は集落のまん中に移動する傾向がある。境にあった山の神の記念物は別の神を祀ったり、ただ境界の碑として残されたりしている。

朝日連峰南麓の広大な山地のまん中にある金目集落は、熊狩りの村として存続してきた。金目集落の山の領域は熊狩りの領域であることから、熊狩りのために周辺の集落よりも早くからここに住み着いた人々がいたことが予想される。熊狩りを生業の一部としてこの領域を確保してきたことが予測される。そのことは隣接する熊狩り集落、五味沢との境界に如実に表われている。

金目の境は南にユウオン峰、東に明沢との境に屹立する長松山・荒沢山・孫守山・柴倉山そして朝日連峰西境の祝瓶山の稜線を辿り、西に祝瓶山の稜線を下った石滝との境を辿って古田・石滝集落に接する。古田集落の上手境にある神明神社は金目に向けて建てられていて、かつては境を標示する山の神であったと考えられる。古田集落が金目から下流に分村したとされている。石滝集落の山の神は金目境の山の神と双方の山人から認知されているもので、境界の山の神として最後まで残ったものである。

図21　山との境に立つ山の神
上：山形県温身平，下：山形県大鳥

そして、金目集落の中央部上手には十二山神神社があって広大な狩り場を背景に村を見渡す位置にある。この神社こそ、境にあった山の神の印を一つに集めたものなのである。境の山の神を水平方向にスライドさせて村の中央部に持ってくればいちいち境に出向かなくても済む。金目の十二山神とは、十二支の方向すべてにある境の山の神を中央（集落）に集めたことを意味するのであろう。

奥三面の「十二大里山神」は全方位で十二支を意味し水平方向に集めた山の神と、天から降る山の神である大里様の両方を意味した（大里様が天から降る山の神であることは第二部第三章「山中常在で去来しない山の神、大里様と熊」参照）。一二の方向を意識した心意は、山形県小玉川の熊祭りでも一二色の梵天（壇上、藁の輪に挿された一二色の御幣）にもみられる。秋田阿仁地方の熊送りに伴う祝詞に一二の仏様の件があるが、元は一二の方向を指すものであると考えられる。各方向に仏を当てはめたものであったろう。狩りの流派に日光派と高野派があるが、ここでも一二の仏で解釈している。

鳥海山麓、子吉川最深部の秋田県百宅では切り立つ山の裾に集落が立地し、集落の内側平地は田や畑となっている。山に向かう細道、山の境にはかつて山の神を祀っていたのであるが、現在は集落の中央部に大山祇神社（山の神）を設けてここに集約している。山形県小国町の熊獲り集落でも状況は似ている。徳網では集落の中央背後の山の入口に山の神社をまとめている（狩りの秘伝巻物の十二仏は、後の創作である。本来は一二の方向の神が村境を守っていたのである）。

このように、本来境界にあった山の神の標示は集落の中央部に移されていく。一所で拝む形になっていく。

小玉川では飯豊山塊を見渡す高台でかつては春のお日待ち（熊豊猟の予祝）をやっていたが、現在

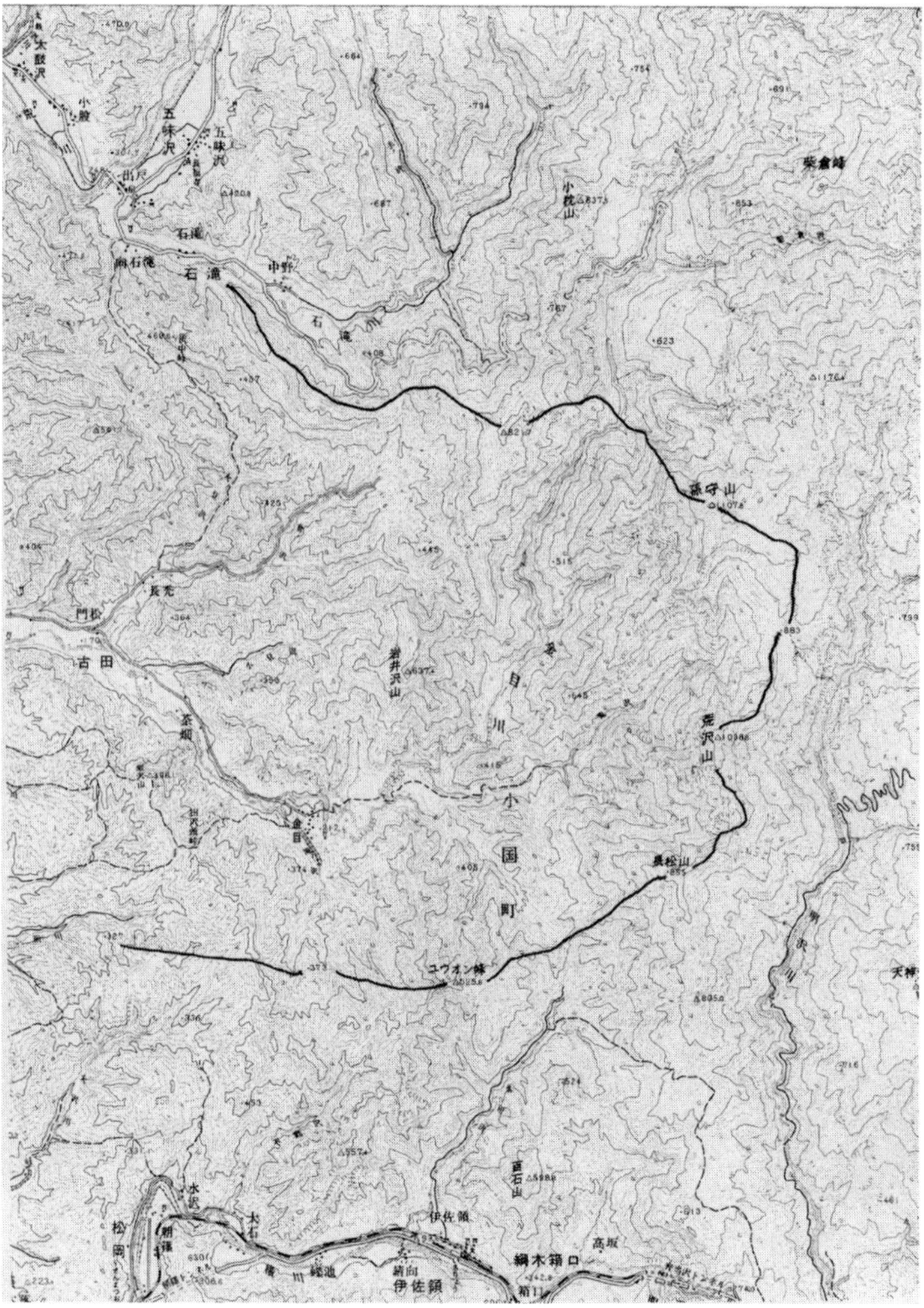

図 22　金目の範囲（国土地理院発行，2.5 万分の 1「五味沢」）

は観光化して熊祭りの名称で広場を使っている。かつての春のお日待ちで注目すべきことは、熊狩りに入る飯豊の山々が一望できる広場が熊の魂を祀る場所となっていたことである。これもお山の遙拝できる範囲の境を意味していたのである。

境を越えて山に入ると、里とは違う世界があることを意識した。ここでは山言葉が使われ、里と画然と区別された。

多くの熊狩り集落では、山に入ると狩人は山言葉を使った。里と違う言葉で話さなければならなかった。薦川の甚太郎はハツヤマ（初めて熊狩りに行くこと）では下手に里古葉を使うと強く叱られるので、おし黙って付いて歩いたことを語っている。多くの狩人が同様の話を伝えており、うっかり里言葉を使って家に帰された者や、間違いに気づかずに里言葉を使い、水垢離を取らされた者の話は枚挙に暇がない。

アイヌの社会でも同様の事例を伝えている。川筋に奥地まで入ってアイヌの人々の生活を克明に記録した松浦武四郎の『東蝦夷日誌』第五編に次の記述がある(1)。

此山中に忌言葉有て皆別名を以て呼ぶ。其一二を記に塩・フウナ、海・トウ、昆布・シトカプ、船・キッチ、鱈・チライ、鮭・チェップ、鰊・ホンチェップ、茶碗・チョイベイ、酒・ワッカ、会所・ホロチセ、和人・アチヤホ、味噌・トイトイ、席・チランコフ、水豹・エシヤマニ、鯨・ヘロキなり。惣て海の品も海の名も呼ざる習はしなりという山では海のものの名を嫌い、海では逆に山のものの名前を忌む。山では人語自体が禁忌となっていたことを更科源蔵は記録している(2)。この心意は本土の山の神と海の神が喧嘩してどちらが自身の眷属が多いか争う話でも伝承されてきた。沖言葉と山言葉はアイヌ社会とつながる思惟が基層にある。越後荒川には川言葉もあり、これもアイヌの川言葉と通底する。このように山言葉は本来、海（水）の世界と山の世界を区別したものであった可能性がある。これが里と山という対称にすり替わってきたと考えられる。

秋田阿仁、新潟・山形県境の朝日・飯豊山麓、福島・新潟県境の奥只見や田子倉の三カ所を抽出して山言葉を比較する。狩猟研究では正確な聞き取り調査が行なわれたところであり、現在では聞き取りできない事象が多い。田子倉では皆川喜助から、朝日・飯豊山麓では小池善茂や舟山仲次から話を聞いている。秋田阿仁は引用に頼った。阿仁との比較から始める。

アイヌ語との共通性　ワッカ（酒とか水）・セッタ（犬）が確認できるのみである。しかも、この二つは阿仁までである。

阿仁から朝日・飯豊山麓までの共通性　アカキモやアカフクが熊の肺、サジが死、ハッケが熊の頭、ヘラやヒラタが女性、バンドリがむささび、マタギが猟師、ワシやワスが新雪（表層）雪崩。

阿仁から田子倉までの共通性　アマブタは猟に着用する編笠、オビが雌熊の子宮、クサ・クサノミやタグサが米、ツムが食べる、セタキ・サタキ・サタテ・サッタテは同じ言葉と推測して男の謂。

朝日・飯豊山麓から田子倉までの共通性

鍋をクマゴ、鉄をクロ、サイで水など、この地域の共通性は秋田より濃い。

表1を検討する。秋田一〇九項目のうち、五例が田子倉まで南下している。わずか四パーセントの山言葉しか田子倉との共通性が認められない。言葉そのものに相関関係はないと考えるのが妥当である。秋田阿仁から朝日・飯豊山麓まで見渡しても、八項目が追加されるのみで、一〇パーセントの類似しかない。

この状況から仮説されることは、特定の山言葉のみ伝播し、多くは狭い地域(山塊を中心に)で独自に語られてきたものではなかったか。つまり、山言葉に関して検討しなければならないのは伝播を前提に、遠くの地方との比較に力を注ぐよりも、特定の地域で山言葉が成り立っていることを考察すべきだということである。米をクサとかクサノミ・タグサと呼ぶのは、田に生えている植物という状態を言っているにすぎない。男・男根のサタテはサッタラやセタキに派生するが、タテ(棒・男根)を持つ者という意味では、誰でも思いつく言葉である。山言葉は山に入った者が里の言葉では語れないことから別の言葉を導いたのである。当然のようにその言葉の意味を考えて、別の表現をしたのである。熊の子宮をオビ、膵臓をタチというのは、形状での表現である。事柄の起源や形態から山言葉が導かれたのは、言葉本来の成り立ちとも言える。

そこで、山言葉の成り立ちを分類する。

表1　山言葉

秋田県阿仁		新潟県奥三面（赤谷郷）		福島県田子倉	
山言葉	日常用語	山言葉	日常用語	山言葉	日常用語
アカキモ	肺	◎アカフク(同)	肺		
アガラカス	火を焚く	(オテラシカケル)			
アブキ	四肢	●エダ（同）	四肢		
アブケ	熊の毛				
アマブタ	猟の編み笠	◎アマブタ(同)	笠	◎アマブタ	笠
アモ	握り飯	(デッチ)			
アンブケト	獲物の足跡	(トアド)			
		アタマ	和尚		
イカネ	家	(エゴヤ)		●サイダレ	家
イグシ	火	(シカリ)		モミ	火
イタズ	熊	●シシ(クマケラ)	熊	コシマキ	熊
イラカカチョ	小さい入れ物				
イラカブ	胎児	●サンゴ			
イラカヒダキ	子供	(コマタギ)			
イマ	山				
イミム	休憩	(サズム)			
イグスキ	薪	(タツキ)			
イグシダテ	火箸	(ホドムシリ)			
エカネハムシ	にわとり				
		エツグ	鉤のハナ	●クマッカギ	自在鉤
		エラクリ	火ばし		
オオノビ	狼	▲オツボ	狐		
オビ	子宮	◎オビ		◎オビ	子宮
カツグ	着る				
カッパ	着物	(オオガタ)		ケンガ	着物
カッポ	衣服類の総称				
カチョ	食器類の総称	(イシゴキ)			
カネモチ	米粉の非常食	(オッタテ)			
カラセダキ	怠け者	●セヤミコキ			
キバ	歯				
キラ・ケラ	カモシカ	●サツチシ(アオケラ)	カモシカ	●カゴ	カモシカ
クサノミ	米	◎クサ	米・飯	◎タグサ	米
クラマル	山を横に歩く				
クロツキ	妖怪				
クワナカ	飯	●クサ	米・飯		
クロツベ	鉄製器具			ツモノ	飯
		クマ	鍋	◎クマゴ	鍋
ケド	狩小屋	●イズ	山小屋		
ケボカイ	皮を剥ぐ神事	●サエヘグ	解体する		
ケマシ	熊の子宮袋	(ハラオビ)			
コヨリ	皮剥用小刀	コゴワイ・コワイ	皮剥小刀	コガタナイモシ	小刀
ゴス	かんじき				
コマタギ	若マタギ	(ハツマタギ)			
コダタキ	携帯用雪ベラ				
		コッツ	曲物弁当箱		

秋田県阿仁		新潟県奥三面（赤谷郷）		福島県田子倉	
山言葉	日常用語	山言葉	日常用語	山言葉	日常用語
サギ	みそ	●ズッパイ	みそ	ツブラ	味噌
サジドレ	死ぬ	◎サジナウ	死ぬ	●カリマイタ	死んだ
サゼ	不潔				
サタテ	男性性器	◎サシタテ	男根		
サヨ	熊の舌	●ナメズリ	舌		
サンカネ	タテ（槍）	●ナメ	槍	●イモシ	槍
サンベ	熊の心臓	●ホナ　（オマル）	熊の心臓		
サンゴ	塩			シホップラ	塩
シカリ	狩りの統率者	●フジカ	狩りの統率者	スクマ	熊山の太夫
ショウブ	捕獲の呼び声	（タヨタヨ）		トナゴイ	勝ち鬨
シルベ	火縄銃	（カナテゴ）		●カリヤス	鉄砲
シロベ	風			ソヨゴ	風
スイトリ	耳	（キコイ）			
スマル	寝る	◎スノ　（フシ）	陣取る	サイップス	眠る
スネ	猿	●ヤマノアンニャ		バイ	猿
スアツララ	顔				
セタ	犬	◎　（セタ）		●シシノコ	犬
セタキ	男性			◎サッタテ	男全般
ゼンブクロ	背負い袋	（ナブクロ）			
ソツカ	皮				
タカジ	馬	（オビキ）			
タタク	撃つ、槍突き			●ゴサキ	撃つ
チヌシ	糞	●カリハズス(ステ)	脱糞する	◎ステ	糞
チム	食物				
チムシブクロ	胃腸	（オオダンス）			
ツクリ	草木				
ツノカラ	牛				
ツム	食べる			◎ツム	食べる
テックリケヤシ	皮製手袋	●コンドリカ	手袋		
トダ	熊の脂肪			●ハラサメ	内臓脂肪
ナガムシ	蛇	（ゾヨ）			
ナガサ	山刀	●キリハ			
ヌックルミ	皮製の足袋	●ケタビ・ヒケル	皮足袋		
ノジ	山犬				
ハンバキ	すね当て	（アテカワ）			
ハッケ	熊の頭	◎ハッケ	頭		
ハナカラ	豚				
ハムシ	山の鳥	（ナトリ）		●サライ	鳥
バンドリ	むささび	◎バンドリ			
ハツマタギ	初のマタギ	（ヤマカケナライ）			
ヒイカア	年寄				
ビイ	肉				
ヒカリ	金銭				
ヒカリサズイ	銭がない				
ヒダリ	熊の血	●マカ	熊の血	ナイガリ	熊の血

秋田県阿仁		新潟県奥三面（赤谷郷）		福島県田子倉	
山言葉	日常用語	山言葉	日常用語	山言葉	日常用語
ブッパ	射手の場所	◎　（トッパ）			
ブンヌキ	盛り切り飯				
ヘモク	はぐ			フワケル	皮を剥ぐ
ヘラ	女性	●サツピラ	女	クマアナ※	女性
ヘラサタテ	女性性器	◎　（ヒラタ）			
ホロ	たくさん				
ホロカチョ	大きい入れ物				
ホロニツマセイ	おごる				
ホロビダキ	大人				
ホリツナリ	細引き縄	●タナワ	科の細縄	●ニナワケネ	荷縄
マタギ	猟師	◎マタギ			
マメ	腎臓	◎マメ	腎臓		
マヨジ	眠り				
マワツカ	清酒	●ウタイ(イワイ)	酒	イサミ	酒
マブ	雪庇	（フッコシ）			
ムキ	胆	●タマリ			
モチグシ	儀礼の串挿肉	●ヤナゴシ	串挿肉		
ヤウチ	仲間				
ヨドミ	臓腑	（アブラワタ）			
ヨロ	鉈			コダ・ツントウ	小鉈・大鉈
ワシ	新雪雪崩	◎ワシ・ワス	新雪雪崩		
ワシハシゴク	雪崩	●ナデ			
ワッカ	酒・水など	●サイ	水	◎サイ	水
ワバカシ	煮る			サイツクグリ	魚
				オオデラシ	太陽
				コデラシ	月・星
				クモッチネ	雲が懸かる
				シナイ	雨
				ホウデ	雪
				ツマイ	口
				シキシヤリ	足
				カシワテ	人
				ハヤドリ	手
				イゴ	熊の一年仔
				ヤライ	熊の二年仔
				ソヨギ	蓑
				ミチギ	道
				テラシ	灯火
				モミカス	灰
				トナ	頭
				トナアテ	枕
				イクサ	山の神
				イクサギ	神木
				サカミ	神

◎広範な地域で類似する言葉
●一つの山塊で語られている言葉
▲意味の推測が困難な言葉
（　）内は意味が近似する言葉

(1) **事象の働きや起源からできた言葉**　〔田子倉〕灯火をテラシ、笠をアマブタ、太陽をオオテラシ、月や星をコデラシ。松をトボリというのは灯の材料になったことの連想であろう。〔飯豊・朝日山麓〕酒をイワイやウタイ、熊の胃袋をオオダンス、荷縄をオネジリ、細縄をコネジリ、剃刀をカラムキ、耳をキコイ、しゃもじをグンバイ、鉈をコタタキ、炉鉤をサゲチョウ、糞をステ、餅をタタキ、火をヒカリ、寝ることをフス、しゃもじをヘラ、針をムグリ、熊胆をタマリ。〔阿仁〕火を焚いたり点けることをアガラカス、衣類全般をカッポ、餅をタタネ、脛当てをハンバキ、表層雪崩をワシ。

(2) **物の形態や状態を表わす言葉**　〔田子倉〕風をソヨゴ、鍋をクマゴ、鍋蓋をクマゴブタ、皮を剝ぐことをフワケル、内臓脂肪をハラサメ。〔飯豊・朝日山麓〕肺をアカフク、熊の内臓をヨドミ・アブラワタ、熊の四肢をエダ、熊の臨終のうなり声をウンナリ、馬をオビキ、熊の心臓をオマル、剃刀をケズリ、蚊をコトリ、熊の腹仔をサンゴ、雪降ることをシラダ、熊の腎臓をセマル、蛇をゾヨ、薪をタキ・タツキ、包丁をトガリ、熊の腸をヒャクヒロ、女をヒラマタ、しゃもじをヘラ、炉をホドカル、脾臓をレンゲ。〔阿仁〕肺をアカキモ、編み笠をアマブタ、鶏をエカネハムシ、熊の子宮をオビ、鉄の器具をクロツベ、雪道の鋤をコナギャ・コナガイ、食料を入れる背負い袋をゼンブクロ、牛をツノカラ、蛇をナガムシ、山の鳥をハムシ、腎臓をマメ、臓腑をヨドミ。

(3) **(1)と(2)の複合語**　〔田子倉〕明かりをテラシと言い太陽をオオテラシという。水をサイと言いサイツクグリで魚。椀状の物をカーツと言いメンパカーツ、チャワンカーツ。頭をトナと言い枕をトナアテという。〈飯豊・朝日山麓〉旦那様のことをオオマタギと言い子供をコマタギという。熊の毛皮を剝ぐことをカワメタツと言うが人が着物を脱ぐ時にも使う。熊の心臓がマルで腎臓は背中にあるからセマル。煙管はハナザオ。女性はヒラマタギ。雪水をユキサイという。〈阿仁〉女性をヘラと言いヘラサタテは女性性器。大きいことをホロと言い大きい器をホロカチョ。同様にホロヒダキが大人を意味し、小さいことを意味するイラカをつけてイラカヒダキで子供。アンブケトは足跡の意であるがアンブは熊でケトは足。家に泊まることをイカネスルと言うがイカネが家でスルは泊まる。イグシダテは火箸のことだがイグシは斎串でタテは槍である。食物をチムと言うがチムシブクロは胃腸になる。

⑷ 里言葉に接頭・接尾語をつけて山言葉にしたもの〈田子倉〉雲をクマクモというのはクモの言葉をそのまま使えないからである。〈飯豊・朝日山麓〉アオザイは羚羊《かもしか》のことであるが、アオが羚羊でザイは獣である。岩のことを山言葉ではイワカルと言う。コオリマツは焚き付けにする松を意味する。サイモモヒキは股引の意味であるが、サイという接頭語をつけている。〈阿仁〉ハツマタギは初めて参加するマタギ狩りのことである。

以上のように、山言葉は事象の起源・働き・形態・状況を別の言葉で述べたものが九〇パーセントを占めている。わかりづらいのはその地の古くからの言葉を使っているからである。朝日山麓でのスノ・スノバ・スノダテ・スノクサという言葉を並べれば、小屋・小屋場・小屋作り・屋根葺きとわかるのである。同様にサイモッコ〈麻の着物〉・サイテンゴ〈麻で編んだ入れ物〉・サイイト〈麻〉・サイムシロ（筵）・サイワラジ（草鞋）・サイオケ（手桶）・サイモモヒキ（麻の股引）と並べれば、サイは麻のことであることがすぐにわかる。そして、サイナワと呼ばれる漁撈の綱があるが、これなどは麻で作ってあることが推測される。そして、麻のことを意味する山言葉のサイが水を意味するようになったのは、麻の繊維が水ときわめて強く結びついているからであると推測できるのである。麻の繊維は水に漬けておいてここから取り出すし、水切りがよくて、網などに使用され続けてきた。サイという言葉一つをとってもそれが古くからその地で育まれてきたことがわかるのである。

山言葉はその地の古語を集成した古層に潜む伝承であることを私は確信している。里人が山に入るに際して、人の住む里（新しい囲い場）での言葉を拒否したのが本来の意味ではなかったか。山には重なる古層の塊（歴史）が意識されていたのである。里とは新しい概念であり、山とは相反する場所なのであった。熊は人から歴史の縦軸を生き抜いてきた動物と意識されたのである。これを狩ることは山の神が保持する歴史からの裁可を得る必要があった。山で猟をすることは歴史の猟なのであった。山とは現実世界（此方）に対する歴史的世界（彼方）であり、霊魂がたどっていく山の世界は霊魂の歴史的集積場でもあった。熊はこの中で生きていたのである。

そして、(1)から(4)を検討してわかってくることは、重層した歴史の中から生まれてきた精神性を山言葉として使っている事例のあることである。女の人をクマアナと言う山言葉がある。熊をコシマキという山言葉も同様の心意から出たものであろう。クマアナは熊が穴に籠もりここから再生する動物であり、女性の出産を連想させるものであると考えられたのではなかったか。これが、熊の母系としてトーテムとしても扱われる。コシマキは女性器を被うものであり、魔を退散させるものとして古人の信仰の対称となったものである。アイヌの人々の貞操帯と同様の心理が本土の人にも働いていた。熊は黒いコシマキをまとった女性であると意識されたのである（第二部第一・二章参照）。

二　桙

海で魚を追う人たちに強い信仰を持つ山形県善宝寺の旗は、船から掲げられた長い竹竿の上に翩翻《へんぽん》とひらめき、神の依代《よりしろ》となっている。奥会津地方の盆には、各家の軒端に長い竹竿が建てられ、先に杉の葉が付けられ、神となった先祖の降臨の場となっている。

祭りに建てられる幟《のぼり》は、やはり神の降臨の印であった。天に向かって長い幟や竹竿・棹を建てる行為は天から来る神降臨を促している。

狩人が山中に建てる祠がやはり神降臨の場所となる。杉の葉を固めて人一人が入れるほどの祠を設置して山の神を祀った場所は山の神が降るところである。

収穫後の藁を重ねたニオ、ニュウをクマと呼ぶことがある。ニオやクマは神の降る標山《しめやま》であることを考えたのが折口信夫である。毎年、収穫ごとに移動する山なりの人工構造物に神を呼ぶことができると古の日本人は考えたというのである。

長野県伊那谷豊丘村に神稲と書いてクマシロと呼ぶ地名がある。天竜川流域に形成された河岸段丘突端の地である。中央・南アルプスを望む絶好の場所である。神の降る場所に稲を重ねた標山を作ったとの推測は成り立つ。クマシロのクマは、『和名抄』に久万（クマ）は神に奉る糧（米）となっていて供物の米を意味している。

標山は特定の領域で可動し、毎年同じ場所であるとは限らない。越後平野で稲刈り後の束を円柱形に立ち上げたニュウは、やはり頂上部分を笠にして標山としたところがある。神の依代として意識している人もいた。石川県白山麓鳥越の焼畑で、でき上がった粟穂や稗穂をアマボシと呼ばれる壇に立ち上げ、収穫物の上に熊の頭骨を置いて祀った記念物がある（第二部第六章、図46）。現在は石川県立博物館にレプリカがあるばかりであるが。アマボシのクマはやはり可動する神の招代《まねきしろ》であり標山となった。これもクマである。糧《くま》は米でなくてもよい。クマは大自然を支配する神への供物を意味したのである。

折口信夫は「田の畔の稲塚に樹てた招代から転移した呼称」がニオで、そのもとはニフであったという。そして「稲むらのにほが其にふで標山のことであらう」「にへ又はくまを以て田の神に捧げる為に畦に積んだ供物と見る(3)」と述べているが、おそらくその通りであろう。つまり標山がニホで糧となるものがクマなのであろう。

ニホはその構造物が神を籠めるものと意識されてきたのである。構造物の内側は隈である。この形態もクマで表現された。神は隈に宿る。山の神が祀られる山中の境界には、こんもりとした隈が作られる場所があることを述べた。岩倉、森、三又の木など。暗く籠もる場所がクマであり、このクマを被う物がニホであった。

現在、神を招く代は御幣や区画された祭壇などであるが、可動する。祀る側の都合で神を呼ぶことができるのである。海の彼方から寄り来たる神は岩に籠もって海底から出現したり、海岸の暗い場所が神の来たるところであったりした。永代的な記念物である必要はなく、動くものでも神が宿る。祇園祭りや高山祭りに限らず、祭礼に登場する笠桙《かさほこ》は幔幕《まんまく》を張って人が入れるほどの空間を一本の桙のまわりに作るが、神をとどめておく物である。桙は招代《まねきしろ》と考えることができるのである。

山にいる動物が神の宿る招代となることもある。熊は山にあって神の招代であり標山となったのであろうと私は考えている。熊の皮に対する人々の扱いから、クマという可動する神の依代を被うニホとして皮があったと考えなければならない事例が数多くある。糧のクマとは、人に食べられてしまうことも意味した。

皮に対して、山人は異常なほどの禁忌をもって接している。奥三面の小池善茂は、熊皮を敷いた上に座ったり、尻当にするなどはもっての外であったことを述べている。現在はこの禁忌が薄れてきたが、そう遠くないかつての時代にあった彼らの思考を深く斟酌する必要がある。月ノ輪の白い部分を切り取って煙草入れにした物を岩手県の沢内マタギや田子倉の皆川喜助から見せてもらったことがある。自身の身につけておくことで縁起物として大切にしていた。飛驒では山人の親方が熊の尻皮をつけて人足を使っていたところを見たことがあるが、一つのステータスシンボルであった。また、親鸞聖人の姿を描いた「熊皮の御影」は奈良国立博物館にあって人目を引く。親鸞聖人が敷いているのが熊皮である。鎌倉末期の製作とされているが、この時代に熊の皮を敷いたところに座ることの意味があったはずである。

アメリカインディアンにも熊の皮をかぶって儀礼を行なうシャーマンの報告がある。熊に対する強い信仰のあるロシアでも、熊皮の外套は特別なものであった。ドストエフスキーの『カラマーゾフの兄弟』に、地位の高い医者が熊皮の外套を着て往診に来る場面が描かれている。(4) イギリス、バッキンガム宮殿の近衛兵がかぶる帽子は熊の皮である。カナダ産のアメリカクロクマのものであるという。高身長の近衛兵の上に載る熊の山高帽は、人の熊に対する信仰の背景を示すものであることが考えられる。

日本でも、群雄割拠の時代に熊の皮を付けた旗竿や旗が自身の所在を示すものとして重宝されてきた事例がある。この中でも熊皮の桙は神に関わる棹であった。

蒲生家のさし物が熊の棒（蒲生軍記）或は熊の毛の棒（古戦録）と言う名で、其猛獣の皮が捲いてあったという事実は……まとい、自身たて物の源流らしいものがあった事を仄めかせて見せているのではなかろうか。(5)

マトイ、タテモノなどの戦場の旗ものは棹に伝わって降りてくる神を意味する標であるというのである。大切なのは棹に付くバレンや張り籠ではなく熊の毛が巻き付いた棹なのである。空高く建てられた棹が籠もりのニホである。これに神の標であることを示したのが熊の毛皮なのである。天から降臨される神の依代が熊の毛皮を巻いた棒で、標山となったことが意識される。

熊の毛皮についての古い記録は、九二八（延長五）年『延喜式』の二十三巻民部下に出羽国から来た熊の毛皮のものがある。「熊皮廿張。葦鹿皮。(6)」、熊の皮二〇枚と羚羊の皮である。『延喜式』に見える熊皮の記述はきわめて少なく、いずれも出羽からの出となっている。皮の奉献は鹿・牛・馬なら全国からあるが。

　出羽国北部を中世に治めていたのは安藤氏である。豊臣の全国統一に応じ、伏見城築城や朝鮮出兵に杉を供給している。この秋田家文書の中に受け取り側の豊臣秀吉朱印内書がある。「熊皮五枚遠路到着……六月廿九日秋田藤太郎宛」[7]。貴重品であったことが推測される。

　熊皮は中・近世に武士の装具として使われている。文禄元（一五九二）年、秀吉の行なった朝鮮出兵の出陣式に伊達政宗が馬上、黒い熊毛陣羽織を着用して現われたという話は口碑に残るダテモノ（伊達者）の語源の一つである。また、住吉大社の夏休み渡御行列では道を先導する猿田彦の後についた露払いに奴《やっこ》が付いている。長い棹を五組の者が持つが、挟み箱・笠箱・大鳥毛・熊毛・小鳥毛である。熊の毛のついた槍状の棹を持った。新潟県岩船神社の大祭で御輿と共に船霊を先導する玉槍一四本の中に赤熊《しゃぐま》（赤く染めたヤクの毛）を持つ者がいる。元は熊の毛であったものであろう。奴さんの持つ棹といえば近

図 23　熊皮の帽子（イギリス，ロンドン）

図 24　神を招く熊毛の玉槍（新潟県岩船）

世の大名行列を先導する長い棹を思い浮かべるが、ここでも奴の中に熊毛を棹の先端に取り付けたものがあった。島根県松江で一一月三日に行なわれる時代行列の毛槍奴がやはり槍の穂先に熊毛を付けている。このように先導者が持つ熊の毛皮は、蒲生家の棹と同じ働きをしたものである。そして、深層では次節で述べる方相氏《ほうそう》の熊皮とつながる。奴の持つ熊皮の棹は先導して魔・悪鬼を払うものとして意識されたものである。

熊毛は出羽佐竹藩初代藩主義宣の兜前立にも付いている。前立は武将が兜の飾りとしたもので、星月や蟹などの意匠が見られる。熊毛をここに置くのは戦闘に際して熊にあやかる意識（魔を払う）の表われであろう。明治維新、官軍の武将が被ったものに赤熊・黒熊《こぐま》・白熊《はぐま》がある。毛は熊のものではないというが、熊皮を被るところに、勇猛な熊にあやかる心理も垣間見られる。ロンドンで衛兵の被る熊の帽子と心理的なつながりがみられる。

徳川美術館には徳川家康が使ったとされる熊毛植黒縅《おどし》具足、そして尾張家九代治行の所有となる熊毛沓《くつ》が収納されている。そして、徳川慶喜も元治元（一八六四）年、禁門の変の際に、腰に熊毛尻鞘の太刀をつけた。太刀に熊皮を使うのは勇猛の標でもあった。

このように、熊の毛皮を使う場面はきわめて限定されていることがわかる。遠路国の端から熊の毛皮を求めて政《まつりごと》が行なわれるだけの理由があった。熊の毛皮は政や年中行事、信仰生活の中で最も象徴的な場面で登場していたのである。

このように、熊皮は近世になると権力層（武士階級ら）と結びつく。熊皮に古くから特別な意義を理解していたのは、日本だけではない。大陸の熊皮に関わる伝承は広い。

熊の毛皮が可動する標山となっていく過程は長い年月を経たと思われる。古代中国の方相氏《ほうそう》と言われる人の働きを手がかりに論を進める。

三　方相氏と隈《くま》

葬送のとき、俄に大風ありて、往来人を倒す程の烈しき時、葬棺を吹上吹飛す事あり、其時守護の僧数珠を投かくれば異事なし、若左なきときは、葬棺を吹飛し、其屍を失う事あり、是を火車に捉れたるとて大に恐れ恥る事なり。……

火車に捉れたるといふは、和漢とも多くある事にて、是は魍魎《もうりょう》という獣の所為なり。魍魎とも方良とも書く。

酉陽雑俎に「周礼方相氏敺罔象。好食亡者肝。而畏虎与栢。路口致石虎為此也。」此獣葬送の時、間々出て災をなす。故に漢土にては聖人の時より、方相氏といふものありて熊皮をかぶり、目四ッある形に作り、大喪の時は、柩に先立て墓所に至り、壙に入て戈を以て、四隅をうち、此獣を敺事あり。(8)

『酉陽雑俎』は中国唐代の本草学書である。葬送の時、死体を魍魎といわれる獣に取られないように方相氏は熊の皮をかぶって先導し、埋葬の場所に到達したら、墓穴の中に入って四隅にいるとされる罔象《もうりょう》を矛で退治する。

方相氏は『周礼夏官』に見える周代の官名である。「黄金四目の仮面をかぶり、玄衣朱掌を着用し、手に矛と盾を持って悪疫を追い払うことをつかさどった(9)」。

これがわが国に入ってきて追儺《ついな》の行事となり、方相氏は鬼となって節分で役を演ずるようになる。志摩では今も節分を年の暮れに行なうが、これが本来の姿なのである。

追儺は七〇六(慶雲三)年に日本に伝えられ、宮廷の年中行事となったという。一二月晦日の大祓に次いで行なわれ、悪鬼を払い、悪霊を退け疫病を除く行事となった。

平安時代初期、追儺は次のように行なわれた。大舎人で体格のいい者が方相氏に扮する。方相氏は熊の皮をかぶり四つ目の仮面をつけて、黒衣に朱の裳、桙《ほこ》と盾を持って振子(童子)を引き連れて中庭に参入する。陰陽師が祭文を読み終えると方相氏が大声を上げて桙で盾を三度うつ。取り囲んでいる群臣は桃の木でできた弓と葦の矢で悪鬼を追う(10)。

『延喜式』巻十三大舎人に追儺の記録がある。

年終追儺。前一日供事官人舎人等名録省申。及東御殿装所舎人十人進當日戌刻。官人追儺舎人等率。承明門外候。省処分待。配四門(東宣陽門。南承明門。西陽明門。北玄暉門。)

亥一刻舎人門叫。其詞曰。儺人等率参入止某官親王門候止申。即方相首親王已下。次随入中庭立。陰陽寮儺祭畢。親王已下桃弓葦箭桃杖執出宮城四門儺。(東陽明門。南朱雀門。西殷富門。北達智門。)其方相仮面一頭。黄金四目。後帔赤両面(11)。

『延喜式』によれば、中庭で四門に追儺をしている。方相氏は舎の一人が黄金四つ目の仮面をかぶって後帔赤《うしろちきりかぶりのあか》両面四尺を着用していた。仮面と後帔赤は熊の皮から変化したものであろう。現在も京都左京区吉田神社で行なわれる二月二日の追儺の際、方相氏は四つ目の鬼の面をかぶって登場する。『延喜式』民部下に出ている熊皮は、追儺にも使われていたものではなかったか。延長年間の記録に熊皮は出てこないが。熊皮の宮中での使用はきわめて限られていた可能性がある。

桙はここでも重要な働きをしている。方相氏が桙で突くのは悪鬼で、それは各四隅の門になっていることに注目しなければならない。

四隅というと、四つの隈《くま》である。隈に祀るものでは、古代中世考古遺跡の資料に言及せざるをえない。日本海にほど近い新潟県寺泊町の寺前遺跡（中世の鉄生産遺跡）を発掘したことがある。ここの水場遺構の四隅から刀子《とうす》と木簡が出土した。木簡には蘇《そ》民将来《みんしょうらい》の墨書がある。木組みを支える一番重要な杭の所に刺した状態で刀子が、その横から木簡が出た。方形の井戸では四隅から刀子が出ている。同様の発見は全国の中世遺跡の発掘で相次いでいる。多くは木組みの井戸枠の隅、柱列の隅、生産遺構の隅から刀子や木簡が出ることが多い。「急急如律令」の墨書木簡も木組み構造物の隅から出ている。出てくる場所はほとんどが構造物の隅からであるというのはなんらかの説明を要する。

ここで振り返らなければならないのは、方相氏の行ないである。四隅に向かって儺を行なう。中国では墓坑の四隅を桙で打つという。魍魎という獣を退治するというのである。魍魎は日本の火車（夜叉）である。隅に生きる悪疫なのである。この隅を支配できたのが熊であった。

方相氏は熊の毛皮を着て葬列を先導し、魔を払う役目をしたのが中国での本来の姿であった。魍魎という化け物に死体を取られないようにしていたのである。葬列で死体を取りに来る魍魎の姿は日本で火車となり『地獄草紙』(12)に描かれている。火車は生前悪事を犯した罪人を乗せて地獄に運ぶ。葬送の時に、にわかに風雨が起こって棺桶を吹き飛ばすことがあることを一種の妖怪の仕業とみたことを指していう。

『北越雪譜』に火車が描かれている。「北高和尚」という魚沼郡雲洞庵の高僧が火車を退治した話である。

寺にちかき三郎丸村の農家に死亡のものありしに、時しも冬の雪ふりつづき吹雪もやまざりければ、三四日は晴をまちて葬式をのばしけるに晴ざりければ、強ていとなみをなし、旦那寺なれば北高和尚をむかえて棺をいだし、親族はさら也人々蓑笠に雪をしのぎて送りゆく。その雪途もやや半にいたりし時猛風俄《にわか》におこり、黒雲空に布満て闇夜のごとく、いづくともなく火の玉飛来たり棺の上に覆かかりし。火の中に尾はふたまたなる希有の大猫牙をならし鼻をふき棺を目がけてとらんとす。人々これを見て棺を捨、こけつまろびつ逃まどふ。北高和尚はすこしも惧《おそ》るるいろなく口に咒文を唱大声一喝し、鉄如意を挙て飛つく大猫の頭をうち玉ひしに、かしらや破れけん血ほどはしりて衣をけがし、妖怪は立地に逃去りければ、風もやみ雪もはれて事なく葬式をいとなみけり。(13)

群馬県群馬郡赤城村では火車に遺体を奪われないように天に向かって矢を射る。福島県檜枝岐村では葬式の時、担いでいる棺が急に重くなることがあると、カシャといわれる魔物が死骸を取りに来たと言った。

熊皮を着た方相氏が葬列を導く伝統のない日本でも、魍魎は悪疫、悪鬼、火車、夜叉となって生き延びていた。追儺行事の方相氏は熊皮の着用から、仮面と帷子着用に変化し、方相氏は鬼となって儀礼を取り仕切った。そして追儺の行事が節分行事となると、人から追われる悪鬼へと零落してしまう。つまり、方相氏という優れた霊能者が渡ってきた日本では鬼という境遇で永らえることとなった。

新潟県蒲原平野のハサ木は広大な水田地帯に並んで空高くそびえる標である。ここに稲を干した。集落で死者が出ると火葬にすることが多かった。水位の高い場所での土葬を嫌ったのである。人一人を焼くにはハサ木一本を切ることが許され、集落で割り当てられたオニ（鬼）と呼ばれる男の人がハサ木を切って薪をこしらえ、遺体を載せて一晩かかって焼いた。このオニは、一晩中赤々と燃える火葬場の脇にいて、眠ることも許されず、きれいな骨になるまで付き添ってオニの役を果たした。遺体を夜叉から守るためである。ここでのオニは方相氏により近い。

日本の葬送儀礼に関する伝承の中には方相氏が紛れている。現在でも遺体に引導を渡す際に、四方に向かって錫《しゃく》を振り下ろす曹洞宗の儀式がある。追儺の四門が元となっている悪鬼を払う儀礼である。そして、寺に和尚がいない時でも悪鬼が入らないように壇が本尊の前の部屋に置かれている。四方を悪鬼から守るためであるとされている。

また、通夜の際に親族が遺体と共に一晩眠らずに過ごす民俗が広く全国に見られる。これなども遺体を火車から守るためであったと解釈できるのである。

このように四門の追儺は四方向の隈を固めることを意味している。平安時代初期の追儺は方相氏が熊の皮をかぶり四つ目の仮面をつけて、振子（童子）を引き連れて中庭に参入した。そして方相氏が大声を上げて桙で盾を三度うつと、取り囲んでいる群臣は桃の木でできた弓と葦の矢で悪鬼を追った。取り囲んでいる群臣の「桃木の弓と葦の矢」は四方固めの意味を付与されていくようになる。

越後奥三面の最も厳格な猟、スノヤマでは入山の最初に行なう儀礼が四方固めである。これから行なう猟の範囲の四方を固め、ここに獣を固定することから始まる。ところが、この四方固めがうまくいかず、獲ってはならないとされている獣が四方固めした範囲に入り込んでしまうことがある。三種の熊（爪白、川流れ、仔を持つ母熊）である。このうち、最も気をつけなければならない熊が三妙シシ（サンゴジシ）と呼ばれる腹に仔の入っている熊である。

三妙シシを誤って獲ってしまった場合、狩人はお詫びの儀礼を執り行なう。この儀礼でフジカ（猟師の頭領）が唱える言葉は次のようなものである。

モモの木のゆみにやつめのかぶらやをとりすいてひよふんとひてなせばむとやさきにあぐまたまらぢあぐまきたらぢまだもものきのゆみによもぎのやとりするてまたよしのやをひてはなせばあぐまたまらぢ一日に三度つつ祈念すべし七日七夜の間心経百巻内山神の小ま百巻御あらがみじんめそわか四くのもん百巻七日七やすぎでそないものとも丿をすてるときの問ニゆわくわかさとを見れば三月花の頃鹿の伏シとはここにこそあれ三月花の頃鹿の伏とはあトニコソアレアトニコソアレ十二へんゆなり

山の神しやヲ百巻

光明真言

オンアボキヤ　ベロシヤノウ　マカモダラ　マニ　ハンドマ　ヂンパラ　ハラハリタンヌン　ソワカ

四句之文

諸行無常　是生滅法　生滅々已　寂滅為楽

此ノ句軽急ニ心得猥リニ吟咏スベカラズ

この唱え詞は民俗学者、森谷周野が奥三面の猟の伝承を調査したとき、文言を忘れないようにするための備忘文書にあったものである。奥三面のフジカ、高橋利八が受取人となっている文書である。

『延喜式』追儺の行事にある桃の木の弓と矢の描写（「桃弓葦箭桃杖執出宮城四門儺」）である。「桃の木の弓で八つ目の鏑矢を引いて放せば悪魔たまらず来ることができない。また、桃の木の弓で蓬の矢をとって放せば悪魔はたまらない」。これを一日に三度ずつ七日七夜の間唱える。山の神への唱え詞、オンアボキヤからソワカまでを同じように唱える。四句も同じように追加する。しかも、これを四門（四方を固めているので）に向かって行

図 25　四隅を塞ぐ

なうことになることから、四方向で唱えるように命じているのである。

奥三面の猟では、この四方固めが最も厳格かつ秘伝として行なわれてきた。周辺の山形県金目の狩猟文書にも四方固めが載っている。

このことから明らかなように、山の神に四方固めの範囲で狩りをすることをお願いし、裁可を得たと確認できて初めて山に入って狩りをしたのである。ここに挙げた文は四方固めしたにもかかわらず裁可を得た範囲に入ってしまった、獲ってはならない熊に対して許可を戴く言葉であることから、より四方固めの意味がわかりやすくなっている。

ちなみに山入りの際の四方固めの文言は門外不出で記録されていない。この言葉を唱えて次の儀礼を執行して初めて三妙シシの肉を食べることができた。

トリキを三本切って、一本を下に、あとの二本を逆さに立てる。熊の頭を二つに割って片方に一本ずつのトリキを抜いて刺し、片方ずつ、それぞれ峰を挟む両谷に投げ込む。

ロシア沿海州、ナナイの人々の住むトロッコイ村でヤマグアル（二五九頁図40）という熊の置物を拝見した。家に不幸などがあると、シャーマンが来て、家の暗くなった各隅を点検し、悪いものが籠もっている場所に掌に載るほどの熊が半身を起こした様子を彫ったヤマグアルを置いて祈ったという。すると悪いものが退散したというのである。ここでも隈を悪疫の場所とする思考が流れている。ロシアのシャーマンの役割をしたのが中国では方相氏であったものだろう。ロシア沿海州と中国周時代の風習につながりを感ずる。熊の毛皮をかぶって四つ目にしている姿は、四隅をくまなく睨んでいることを意味する。墓穴の四隅も家の四隅も、日本古代の四隅もすべて悪いものが籠もる場所として意識されたものではなかったか。

隈は蔭になる場所として悪いものが籠もり、悪魔の出入りする場所であった。これを退散できるのが熊である。四隈は熊の支配する場所であった。

四　本草の熊

熊は人の精神世界に深く入り込み、畏れ、不安を払う役割を方相氏とともにこなしてきた。熊は人にはない力で人の生存を助けるものであった。熊が人を襲う怖い恐ろしい動物であるという意識が広まったのはごく最近のことなのである。本来は魔を退散させる動物として意識されていたのである。少なくとも方相氏が熊の毛皮をかぶっていた時代には人は熊から危害を受けるという意識では見ていなかった。熊に対する尊崇の気持ちの方が強かったものである。

尊崇の元になった一つの要因として、熊の体の一部が薬として使われ、人に尽くすことがあった。熊胆である。熊皮と熊胆に関する信仰は古代から現代社会まで一貫して人と熊の関係を取り結ぶ重要な要素である。

江戸時代の百科事典といわれる『和漢三才図会』(14)は熊について、生態・熊胆・熊皮を記述している。熊の項の冒頭で「『本草綱目』（獣部、獣類、熊）に次のように言う」とあり、中国の書物から引用した内容であることを記している。

『本草綱目』は一五九六年、明の李時珍が初版を刊行した。この本が一六〇四（慶長九）年に日本へ渡ってきて本草学（博物学）の元となる。

中国では『本草綱目』にまとめられるまでの学術の動きが記録にある。二世紀後半、後漢で『神農本草経』が成立した。三六五品の薬物が記載されているという。三から四世紀にできたのが『名医別録』で、七三〇品の薬物が記述された。五〇〇年には『神農本草経集注』、六五九年には唐の蘇敬らが『神農本草経集注』を増補して『新修本草』を作成。この後宋代には『開宝本草』『嘉祐本草』『大観本草』『政和本草』などが作られる。これらが元になってでき上がったのが『本草綱目』であった。[15]

『本草綱目』は一六三七（寛永一四）年に和刻本が刊行された。これにしたがって江戸時代に本草学が取り入れられる。本草学は薬用となる動植鉱物を扱う学問であるが、自然界から人の取りだしうる物を探る学問として博物学を指すことが多い。日本では百科図鑑として一六六六（寛文六）年、中村惕斎《てきさい》の『訓蒙図彙《きんもうずい》』が刊行される。一六九七（元禄一〇）年には食べられるものを集めた百科事典、人見必大の『本朝食鑑』が刊行される。一七〇九（宝永六）年には貝原益軒の『大和本草』が刊行された。一七一二（正徳二）年には寺島良安の『和漢三才図会』が出る。

『和漢三才図会』の熊胆の記述は「時気熱が激しく変じて黄疸となったもの、または暑月の久痢心痛のものを治す。諸疳、驚癇、小児のひきつけを治し、熱を退け心を清くし、肝を安らかにし目をはっきりさせる」となっている。そして、偽物が多いことを記している。

> 熊胆と称するものに偽物が多い。真偽を見極めるには米粒ぐらいを取って水中に投じたとき、それが飛ぶように回転すれば本物である。他の胆も回転はするがずっと穏やかである。……熊胆の

膜は八重ある。

この記述は、中国の『本草綱目』が元になっている。ところが『和漢三才図会』は日本での事例を取り入れて変更を重ねていることがわかる。『本草綱目』では、

頌曰熊胆蔭乾用、然偽者多、但一粟許以水中滴、一道線若散不真為

となっていて、粟粒大のものを入れると、まっすぐ沈下し、もし沈下の筋が散るようなら偽物であると言っている。これは日本のものと矛盾するようであるが、『和漢三才図会』に、熊胆を点ずれば「光った黄黒色の一線を引く」の記述があって、中国書を受け継いでいることがわかる。『本草綱目』にいろいろな日本の内容を付け足して、知見を加えていったものであることがわかるのである。津軽の大熊などの記述がそれに当たる。

中国では、いつから熊胆が薬用として意識されたものなのか。そして日本では。これが難題なのである。

貝原益軒の『大和本草』巻之十六に次の記述がある。

熊　遍身黒色或黄白ナルアリ胸上有白毛ノ如月ノ形ノ倭俗謂月ノ輪常ニ手ヲ以掩之熊膽往々ニ猿膽ヲ以偽称シテウル真偽ヲ弁スル法本草ニ見エタリ深山ニ居ル

貝原益軒の時代には、熊胆の真偽が本草の興味の半分を占めているのである。偽物に猿胆を用いていることもわかる。『和漢三才図会』には偽物の作り方も載っている。墨と油を混ぜて煎じたもので紙を染め袋を作る。別に熊の骨、キハダ、ヌルデを濃く煎じて先の袋に盛り、軒に吊るして乾かし平たく広げて熊胆のように作る。

管見で熊胆と皮を巡る伝承を拾い出してみると面白い事実が浮かび上がる。阿仁マタギの根拠地であった根子集落では、熊胆や薬草を全国に売り歩く仕事が中心であった。根子から出た人たちが製薬会社を作り、行商で全国を歩いて薬としての熊胆を広めた。かつて私が話を聞きに伺った際に、佐藤区長さんから厳しくくぎを刺されたことがあった。

根子を有名にしたのは戸川幸夫だ。彼はこの村を熊獲りの村として小説を書いた（『マタギ・狩人の記録』）。しかし、本当は昔から薬を作って行商して暮らしてきた村なんだ。君はこの村のことを書く時、熊獲りだけで生きてきたような書き方だけはしないでほしい。

事実、根子の人々は関西圏まで出かけて薬の行商をしている。秋田マタギが旅マタギとして中部地方まで行ったのも、熊胆と皮を現地で売って生活したのだ。何も熊の獲り方を教えて見返りで稼いだわけではない。暮らしとはそういうものだ。

鳥海マタギの金子長吉は仲間と青森県境の山本郡に出かけて熊を獲った。彼は熊を獲ると熊胆と毛皮を里に持っていってここで売りさばき、肉は塩をして持ち帰ったという。里との交渉は熊胆と毛皮だけであり、売ったお金で自身の食料を買い求めた。

奥三面も状況は同じである。熊を獲ると熊胆と毛皮は里の商人が買い取り持っていった。このお金で塩や米を購入していたのである。

熊胆と皮は奥山の熊獲り衆と里人を結ぶ交易品であった。しかも、一般民衆にはとても手の届かない貴重品であった。そのことは落語の「熊の皮」でも語られている。

頓兵衛さん夫婦は典型的なかかあ天下。何をするにも妻のお伺いを立てる。周囲の人は彼をからかうが、当人はいっこうに気にせず、たまに夫婦喧嘩をしながら楽しく暮らしていた。

そんなある日、妻が「角のお医者さんにお返しを持っていって」という。お殿様からの頂き物のお裾分けをもらったお返しだという。「勝手にくれたのにお返しなんて」と、ぶつぶつ言いながら言われたとおりに医者のところに出かけた。

医者の家でお茶とお菓子を出されて機嫌良くしているうちに用事をすっかり忘れてしまう。俺は何をしに来たのか考えているうちに、隣の部屋に敷かれた熊の皮が目に入る。「先生、あそこに熊が寝そべっていますよ」。「あれは上様からいただいた熊の敷物だ」。

「敷物というのは何ですか」と聞く頓兵衛に「尻の下に敷くものだよ」と、医者が説明する。これでわかった。「女房がよろしく申していました」。

熊皮は殿様の持ち物である。その熊皮を殿様からいただく。それを敷物として使うという習慣は庶民にはない。女房の尻に敷かれる頓兵衛と敷物の熊の皮がかかり、落ちとなる。

中世から近世後半まで、熊皮の所持は藩主が独占していたと考えられる。越後村上藩の元和八年の記録に「堀主膳、病気治療の医師帰府ニ付、虎皮・熊皮渡」という文書がある。病気がちの藩主の治療に来てくれた医師に対して、薬代の他に虎皮と熊皮を届けている。落語のストーリーそのままに事態が展開しているのである。快気祝いとして殿様から医者に贈る品であったと思われる。

現在、熊の皮を敷物にしている薦川の小田甚太郎は熊の皮には決して蚤が付かないことを述べている。蚤になやまされたそう遠くないかつての時代には重宝したという。熊狩りの頭領だから敷くことができた。親鸞聖人の「熊皮の御影」も、聖人だからできたことなのである。

ここで、山の生き物である熊の皮と胆が、里の人々と歴史的にどのように結びついてきたのか考察しなければならない。

近世の記録でも、熊の皮を最も欲したのは領主である。元和七（一六二一）年、高田藩代官石原九郎左衛門が越後三山を抱える新潟県中越地方山間村に熊の皮の納入を命じている。熊の皮はすべて藩に納めるべき小物成の一つであった。大皮米一石、小皮米五斗となっている。前記のように武士にとっては武具や鎧兜に熊皮を使用したのである。

元和八（一六二二）年の皆済目録では熊小皮に米五斗、寛永元（一六二四）年五月の皆済目録では「小熊皮二枚」に「矢代」として米七斗五升、「熊大皮一つ」と「胆一つ」で米一石八斗八升を与えている。承応三（一六五四）年熊の皮一枚に代米一石五斗である。中越地方の山間部から求めた熊皮と熊胆は代米を何割増しかで受け取っている。熊皮が貴重品で代官所までなかなか手に入らないために代米を増やして納入を促した。

山深い会津領入広瀬村は奥只見に隣接する。山年貢、林年貢、川役（鱒）などがあった。この他に記録されているのが羚羊役、山蠟《ろう》実役、熊皮役などがある。しかし、なかなか熊の皮が手に入らないことから次の文書が残されている。

熊皮御用ニ付、陸奥・越後右両国御預所村々之内、右皮所持者有之候ハバ、此度御買上ニ相成候間、皮数何程有之候哉、皮之大サ寸法等注文書ヲ以、先達而申達置候通り相心得、村々より有無之儀申出次第早々可被申聞候、且、右所持之他ニ当冬之内取候皮、別而宜敷候間、当冬取候分茂可成丈ケ御買上ニ相成候間、右は来春早々御勘定所へ相廻候様村々へ急度申渡、当冬取扱皮之分は、来春早々御勘定所へ相廻候様可被取斗候、以上

九月

右之趣安食与五左衛門殿被仰渡候

右之通御紙面ヲ以被仰渡承知奉畏、当村々小前吟味仕候得共、所持致候者ハ勿論、去冬取候者一切無御座候、仍而御請書奉差上候、以上

広瀬六ヶ村

文政七年申二月

大白川や大白川新田は山稼ぎが中心である。目黒家所蔵文書によれば寛文九（一六七〇）年七月、次郎左衛門が前年秋に仕留めた熊の皮一枚を藩に納入して三斗の米を受け取っている。同時に熊の胆と羚羊《かもしか》皮を納め、代銀六匁五分を受け取った。熊の皮と胆は一緒に扱われている場面が多く、熊が獲れて皮が入手できることがわかると、熊の胆も取引対象となっていったものと考えられる。

文政六（一八二三）年に出された類似の文書が、会津藩領であった入広瀬の浅井家文書にも残されている。藩から何割増しかで買い上げるという通知が入っても、なかなか手に入らなかったことがわかる。

ところが、入広瀬では嘉永から安政、幕末には熊胆・熊皮の取引文書が増大する。安政四年の浅井家文書には熊狩り記録が頻出するようになる。「ししやま懸金」「山手銭取立覚書」などから、近世後期のこの時期から組織的な巻き狩りが行なわれるようになったことが推測される。当然、狩られる熊の数も増えた(16)。

藩主は熊皮と熊胆を求めることから山深い山中の村々の存在価値を認めていた一面がある。本草の熊は皮と胆の二つで時の藩主と結びつき、この時期にはまだ、里人にまで広く人口に膾炙されるには至らなかったことが推測される。

五　熊胆の里

奥山で狩られた熊は貴重な薬を提供してくれるものとして、また特異な皮を授けてくれるものとして、権力者に意識され、人の役に立つ動物として方相氏の時代から敬われてきていた。

奥山という場所が、里人に母性を意識させて人のために多くの働きをなす母なる力を蓄えていることを認識させたのは熊という動物であった可能性がある。その強靭な生命力は山に対する畏れを人に意識させたとしても不思議ではない。

本来、奥山は人の手の届かぬ魑魅魍魎・もののけの世界と認識されてきた。この世界観は里人が普通に抱く心理である。死ねば霊魂がお山（奥山）に向かい、お山は死後の世界との接点との認識があった。人の日常の意識を表とすれば、緑滴る峰や森は裏（深層）で人の精神世界を支えた。ここに棲む熊はそう遠くないかつての時代の日本人や中国人にとって魑魅魍魎の中で生き抜く見事で聖なる動物であり、人を獲って喰らう魍魎そのものという意識はなかったのである。むしろ、みずから魍魎と対峙し、人を守護するものとして認識されてきた。熊に対する尊崇の心根はわずか一〇年ほど前まで人々の共通認識であった。

『和漢三才図会』の熊の記述には、人を獲って喰らうというような書き方はない。むしろ、愛すべき熊の姿が描かれている。

熊は山谷に棲息している。大きな豕《ぶた》に似て竪目。人のような足をしている。黒色。性質は軽捷で、攀ることを好み、高木に上ったりするが、人を見ると顚倒《てんとう》して自分で地上に落ちる。冬は穴に蟄居し、春になると出てくる。春夏になると肥えて皮が厚く、筋肉はだぶだぶしている。いつも木に登ると大気を身体中に吸い込み、あるいは地に堕ち心持快さそうにしている。俗に跌《てつ》ひょう

（くまあそび）という。冬に穴ごもりすると物を食べず、飢えたときは自分の掌を舐める。つまり栄養は掌にあるので、これを熊はんと《ゆう》いう。熊は山中を数千里行くが必ず石巌枯木に跧伏《はらばい》する場所をもっており、これを熊館《ゆうかん》という。穢れものや傷つくことを忌む性質がある。それで熊を捕えようとするものは、穢れものを穴に置く。熊は穴の中でこれに会えば自ら死ぬ。あるいは棘が刺さり傷がつくと穴を出て、骨に達するまで傷口に爪を立てて倒れ死ぬ。塩を悪む性質があり、これを食べると死ぬ。

記述の中に熊に対する脅威、恐怖が描かれている箇所はない。ただ一カ所、次の記述があるのみである。

陳眉公（明の文人）の「秘笈」に次のようにいう。熊は人を捕えると人の喉か腋を掻いて笑わせて仆《たお》し、舌で顔面の血を舐めるのを快としている。人が気息をしなくなると棄て去るが、再三もどって来て伺いみる。人が蘇生して起って逃げ出すと、追いかけてきてつかまえる。山民はこの熊の習性をよく知っていて死地を脱する、と。

この記述のように熊は描かれているのである。「熊に会ったら死んだふりをしろ」という世間の常識は、この時代にすでに一般化していたのである。熊は人を笑わせてくれるほどに度量の大きい生き物であったことは間違いない。

この熊が藩主の政《まつりごと》に伴う皮の需要によって行政機構に取り込まれる。これに伴って熊胆の需要が起こる。熊胆を使用できたのは藩主とその行政組織の上位にある者であったことは、秋田の佐竹義命候日記（北家日記）から明らかである。

熊胆のお触れ　寛延二（一七四九）年二月廿四日

久保田より便有之ニ三右衛門申上候、従御会所被仰渡候由、熊胆所持申候者有之候ハバ可指上候、尤代銀ハ可被下由右胆ハ以宿継可被指上由申来候、就夫同廿五日民部殿へも御手紙ニて被仰越候、右熊胆与下並御家来ニ所持申候者有之候ハバ以宿継久保田へ可被指出由被仰越候……

熊胆はこの段階から皮と一緒に奉納されていたのかどうか。前記秋田の事例が江戸時代中期である。新潟県で熊胆の奉納が出てくるのがやはり江戸時代中期からである。記録の上では熊皮より後になる。『延喜式』の時代から宮中で使われてきた熊胆は、近世藩主の薬として権力者に細々と伝承されてきたものであったのではないか。

では、一般の里人がこの薬を使い始めた時期はいつか。これが難題なのである。熊が獲れる山にいながら、皮も胆も上納しなければならなかった人々が、熊胆の著効を知って里人に譲り渡したことは考えにくい。入広瀬の熊胆取引の中に、山師に売り渡す証文がある。鉱山師が購入しているのであるが、入広瀬に入ってきた外部の人に譲ることはあった。

菅江真澄の秋田仙北での記録に、熊の種類と熊胆の形態について述べている箇所がある（第二章）。

熊を獲っていた人たちにとっては、熊胆の琥珀色と黒色が選別されている事実は、獲った熊の状態や個体の姿から分けられた物であっても、区別に値する事実があったはずである。ここでも、藩主側の意向が熊胆の価値を決めていたのではなかったか。

里人が熊胆の効き目を強く意識するようになったのは、ごく近い過去のことではなかろうかと推測するのである。

富山の置き薬にある熊胆《ゆうたん》薬は熊胆を使い高い評価を受けてきた。農家で使われたものに熊胆円《ゆうたんえん》がある。全国に行商網を張り巡らしている富山の薬は、最近までどこの山村農家にも行き渡っていた。かつては田植えが終了するサナブリの季節になると、富山の行商人が各家を回って置き薬を補充していたものである。この中で、最も高価で農家ではなかなか呑む機会のなかったのが熊胆円であった。胃腸薬・整腸薬となっているが、本物の熊胆は使われていない。黄蓮・黄柏・ゲンノショウコ・赤目柏・センブリ・牛か豚の胆を配合した練り薬である。ふだん胃腸などの調子が悪いときにもっぱら飲んでいたのはクレオソートの匂いのする正露丸であった。正露丸が効かない症状が出ると赤玉になり、それでもだめなときに初めて熊胆円の登場となった。そして人がもんどり打つように苦しむ病気を克服する薬がかつてはあった。反魂丹《はんごんたん》である。

「越中富山の反魂丹、鼻くそ丸めてじろりん(仁)丹」という言葉遊びは、越中富山の行商人が来るときに囃子詞としてあったし、友人が病気をした時などに歌われた。

富山の売薬では江戸時代初期から熊胆が頻繁に使われるようになったという伝承がある。熊胆の主成分はタウロ - ウルソデスオキシコール酸であるという。富山の水橋(現・富山市水橋町)が海上交易の拠点として熊胆を集積したという。中国では熊胆が『神農本草経』で謳われていた。中国ではアジアクロクマとヒマラヤクマそして羆（ヒグマ）の胆嚢を干したものが熊胆となった。中国で獣の胆を薬用とするようになったのは、西域や北方からの伝播であろうことは容易に推測できる。内臓に薬効を認めたのは狩猟や遊牧など獣とかかわり合っていた人たちからであったことが考えられるからである。

日本の記録では、一〇世紀初め、宮中への諸国進年料雑薬に美濃国から次の薬が運ばれている。『延喜式』に「大黄・竜胆・獺肝・熊胆・猪蹄・鹿茸・熊掌」とある。典薬寮は医療を司ったところである。この記述からすると、すでに宮中では熊胆の薬効が認められていたことになる。大黄・竜胆は苦を代表する薬草である。中国の『本草綱目』がこの国に入る以前に、宮中ではすでに苦い薬を使っていたことがわかる。

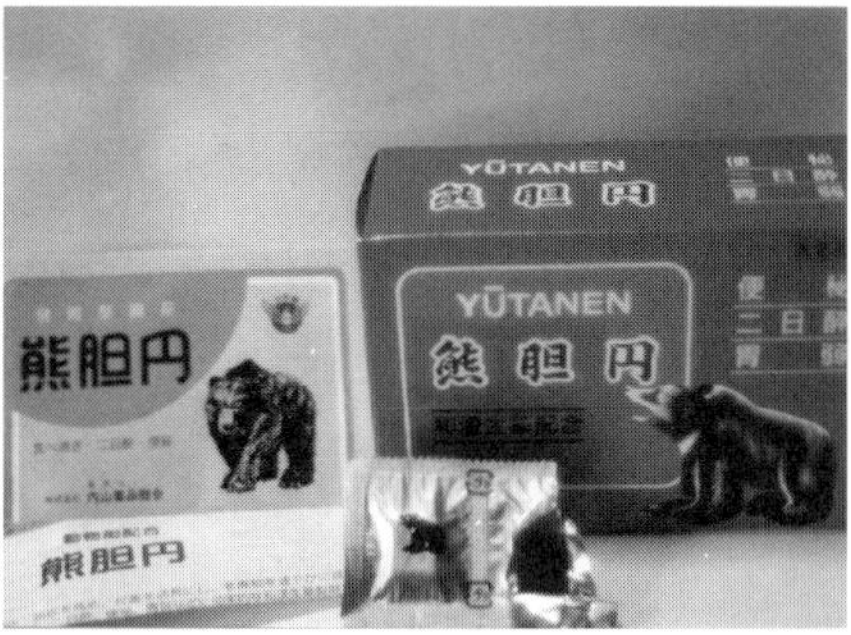

図 26　熊胆円

ところが、わが国の多くの民にとって、奥山の魔を払う貴重な動物の胆嚢が薬になることは知らなかったと考えるのが普通である。中国から来た『本草綱目』の情報に触れた一部の権力者や里人だけが知りえたと私は推測している。慶応三（一八六七）年、秋田藩御製薬所が根子の七之丞から来た熊胆を買い上げている文書からは、藩が熊胆を上納させていた村々の断片的姿を垣間見ることができる。藩にとって重要な薬の供給地であった。

少量で最も価値の高かったものが熊胆と熊皮であることは強調できる。深山幽谷の地から持ち運んで交易できるものは交通事情から限られている。一握りの熊胆が莫大な価値を付与されているのであれば、大量に価格の低いもの（材木など）を山から送り出すよりは価格の高いものを出した方が合理的である。熊胆が奥山に住居していた人々と里人とを結ぶ交易品となっていくには幕藩体制が崩れるまで待たなければならなかった。

六　内臓の行方

ここで検討しなければならないのが、熊胆の著効と並んで動物の内臓が薬になるという言い伝えが広く世界に行きわたっていた事実である。地理的な広がりを口承伝承で探ってみる。

東南アジア全域にかけて「猿の肝」の昔話がある。粗筋は次のようになっているものが多い。竜宮の王が病気になる。猿の生き肝を食べさせれば治るといわれ、亀が猿を連れて来るために岸辺に行く。木の実を食べている猿に「竜宮にはもっとたくさんの木の実があるぞ」と、騙して背中に乗せて帰る。途中で亀が猿の生き肝の話をしてしまう。猿はとっさに、「私の肝は島の向こうの木にぶら下げてある」ことを語る。亀は仕方なく元の場所に戻って架けてある肝を取ってくるように言う。元の場所にたどり着くと猿の仲間に亀はやっつけられてしまう。

インドの話は懐妊した鰐が猿の心臓の肉を食べたいというので猿を捕りに行くが、たくらみを知った猿が体を与えるふりをして鰐の背中から逃げる。

中国民間故事では「亀為猿被謀語」という昔話になっている。ここでは亀が狼となり、猿は狼にいったん捉えられるが、木に架けた肝を取ると騙す。狼が手を離した隙に逃げる。

日本では『今昔物語』第五巻二十五話にある。[17] 懐妊した亀が難産を予測し、猿の生き肝を食べれば「身平らかにして汝が子を産む」と、夫の亀に猿の生き肝を要求する。亀に騙された猿はやはり肝はここにはないと言って難を逃れ、元の場所まで送らせて亀をひっくりかえし、酷い目に遭わせる。

沖縄粟国村などにもあり、類話は猿の肝が薬として位置づけられている西アジアで分布する。この話が元になったかどうかはわからないが、日本昔話の「灰坊」がある。継母が召使いに継子の肝を取るよう命じるが召使いは継子を逃がし猿の肝を持ち帰る。継母から逃げる継子が亡き母から扇子をもらってこれで扇ぎながら難を逃れる。話は、北方ユーラシアまで続く「三枚の札」の昔話構成を取っている。前半部分は猿の肝で東南アジアの色彩が強いことがわかる。

中国の「西遊記」には、一一一一人の子供の肝を薬として取ろうとする白鹿の化身の道士の話がある。日本でも「安達ヶ原の鬼婆」が人里離れた岩屋に住み、姫君環の宮の病気を治すのに必要な生き肝を取るため、訪れた若い女の腹を割く。

生き肝は病を治す医食として、広く語り伝えられてきたのである。熊の山中捕獲儀礼に熊の肝臓を供えた例がある。里に戻って熊鍋を囲む際にも、熊の肝臓は必ず入れた。内臓の中では最も美味な部分である。鳥海山麓百宅では焼いて食べた。

「元文四年十二月二十一日、本日久保田へ狐之肝以宿継今又右衛門所へ嘉右衛門被遣候」という文書は秋田の佐竹藩に送られた狐の肝である。狐の肝を薬として使った。製薬所に集められたことが記されている。『延喜式』の獺肝《かわうそ》も地方から集められたものであろう。

山形県大鳥の狩人の話では、「巻き狩りで槍突きをして熊を獲ったところが、槍が熊胆に達していて、内臓に苦みが移り、食べられなくなったことがある」という。

熊胆が苦みの象徴なら、肝臓は甘み・とろみの象徴であった。古い時代にあって、人は苦みなど要求していなかった。美味に飢えていた人たちにとって、甘くとろけるものこそが薬であった可能性が高いのである。昭和三〇年代、どこの農家でも家畜を飼っていた時代がある。兎・鶏・山羊・羊・豚・牛など、ありふれた動物であった。豚や牛が病気をしたとき、当時の薬は、重湯のように穀物を煮た汁や黒砂糖の塊であった。人間も、病気をして最初に口に入れられたのが片栗粉や葛粉を溶かしたとろみの液体であった。甘み・とろみは薬であった。

葬式の引き出物に砂糖がある。現在もこの伝統が続いているが、砂糖が貴重な品であり、当時の人々にとっては大切な薬の位置づけであった可能性がある。つまり、肝臓はグルコースの塊として、砂糖同様、甘みやとろみを代表する薬であったと考えられるのである。

肉食獣が獲った獣を食べるとき、最初に食べるのは内臓であるという。内臓は栄養の塊であり、獣の生存にとって大切な場所であった。感情で判断できない獣にとってはみずからの体の欲する場所が内臓なのであろう。

甘みやとろみが象徴する薬がある一方、苦みが薬になるという伝承は熊胆の苦みが薬となることからでき上がってきたのである。ここには多くの動物の肝臓の甘みやとろみを求めることとは別の意識や伝承が関わっているのである。

胆を薬として使うのは熊胆から始まったと私は推測している。日本の伝承の中で、苦みを薬としてきたのは菜草からの発想か、それとも熊胆からの連想であったか議論が分かれる。『延喜式』典薬寮にも薬草の黄蓮《おうれん》・黄蘗《おうばく》が記録されている。[18] そこで、もう一度『和漢三才図会』の熊胆の代用品についての記述を繙く。

防己《つづらふじ》、地黄（薬草）を悪む。
……猿の胆も線を引くが（熊胆のように）ぐるぐる廻らない。
……黄柏《きはだ》、五倍子《ぬるで》を濃く煎じて膏とし……

ここに出ている防己、地黄、猿胆、黄柏、五倍子はすべて苦いことで有名である。地黄は漢方薬として今も栽培され、胃腸薬として使われ、黄柏はこれも黄色い肌の木の内皮、黄檗で胃腸薬として有名である。つまり、熊胆の代用品として薬草が使われている。古くから知られた薬草は熊胆に及ばなかったのである。熊胆が苦を代表する薬として、最上の位置を築いていたことは明らかである。そして、熊胆を超える薬草はなかった。

　里人にとって熊胆は至宝であったからこそ金と並び称されたのである。そして、古来の薬草を従える最高位の薬となった。甘くとろける動物の肝臓という薬さえも下位に置くほどの効き目が人口に広く膾炙されたのであろう。

（1）松浦武四郎、一八六〇『東蝦夷日誌』第五編（秋葉実編、一九九七『松浦武四郎選集』一、北海道出版企画センター所収）。
（2）更科源蔵、一九八二『アイヌの民俗上』みやま書房、六四頁。
（3）折口信夫、一九一六「稲むらの蔭にて」『郷土研究』第四巻第三号（『折口信夫全集』第二巻、一九七五、中央公論社）。
（4）ドストエフスキー『カラマーゾフの兄弟』下（原卓也訳、一九七八、新潮文庫、八二頁）。
（5）折口信夫、一九一八「まといの話」『土俗と伝説』第一巻第三号（『折口信夫全集』第二巻、一九七五、中央公論社）。
（6）国史大系『延喜式』中篇、一九八四、吉川弘文館。
（7）東北大学付属図書館蔵。
（8）茅原虚斎、一八一九「茅窓漫録」（日本随筆大成編輯部編、一九七六『日本随筆大成』第一期二二、吉川弘文館、三五三頁）。
（9）『日本国語大辞典』一九七五、小学館。
（10）山中裕、一九七二『平安期の年中行事』塙書房。
（11）国史大系『延喜式』中篇、一九八四、吉川弘文館、三八二―三頁。熊の皮を儀礼に使用したり、人が着用する民俗（皮かけ儀礼）は西の猪にはなく、北方文化とのつながりであることを野本寛一氏は指摘している。事実、野本氏の調査によると山形県田麦俣では、初めて猟に参加したマタギが熊を仕留めると、この熊の皮を仲間が本人の体にかけたという。同様の事例は、大井沢でも報告されている（野本寛一「大型獣捕獲儀礼の列島鳥瞰」『季刊東北学』第十号、東北文化研究センター）。
皮かけの儀礼は、朝日山麓北部の西川町を中心に報告されている。初めて猟に参加したものが行なう儀礼に山の神を喜ばせるために男根を出して踊る儀礼が新潟県・秋田県で報告されている。ハツヤマとも言い、山の神に対する裁可の呪いであることが指摘される。しかし、田麦俣の皮かけ儀礼やハツヤマで熊掌を食べる大鳥の事例などは、山の神に対する裁可とは別の説明が必要であり、研究が遅れている。狩人からの聞き取り調査を急ぐ必要がある。

関口明、二〇〇六「日本古代社会とクマ信仰」(『ヒグマ学入門』北海道大学出版局)も方相氏に注目している。クマ信仰が鬼伝承に至ることは筆者の民俗調査からも明らかである。

(12)『餓鬼草紙・地獄草紙』八七六(貞観一八)年(『日本の絵巻』七、中央公論社)。

(13) 鈴木牧之、一八四一『北越雪譜』(一九三六、岩波文庫)。

(14) 寺島良安、一七一二『和漢三才図会』(平凡社東洋文庫)。

(15) 国立国会図書館特別展、二〇〇六『描かれた動物・植物』江戸時代の博物誌。

(16) 民俗学者・佐久間惇一が一九七八年に出した『民俗資料選集狩猟習俗II』国土地理協会には入広瀬の古文書資料を載せている。浅井家文書については近世史家の本山幸一も一九九八年『入広瀬の近世』(『入広瀬村史』)で言及している。熊皮を求める藩主と、無くて困っている村人の返事が載っている。

(17)『今昔物語』福永武彦訳、一九九一、ちくま文庫。

(18) 注6参照。また、斉藤功他編、一九九四『日本のブナ帯文化』朝倉書店など。

第六章　熊と食

一　食の年間サイクル

越後粟ヶ岳で熊狩りをしている狩人、小柳豊と信州に旅行したことがある。乗鞍岳の麓や上高地を歩いているとき、「ここの山には熊はいないわ」と漏らしたことがある。理由を尋ねると、木の種類が越後や東北の山とまったく違うという。誇張した言い方であるが、ナラやブナが主体を占める彼の狩り場と、これらの木がきわめて少ない中央高地の観光地では、画然と熊の生息環境の違いが見て取れたのである。北陸から東北地方日本海側の森林はブナ帯で、ここは熊の絶好の餌場であった。しかも落葉広葉樹の植生は枝についた葉が落ちることから光が地表面まで届く。春先に一斉に芽吹く下草は熊の最高の御馳走であった。

狩人から聞き出した、熊（ツキノワグマ）が食べている動植物を時期ごとに並べてみる。

冬眠開け　ヒメザゼンソウ（葉）、ミズバショウ（球根）、ザゼンソウ（花房）、シシウド（芽）、イワイチョウ（葉）、イワカガミ（芽）、ブナ（芽）、フキノトウ（芽）、コブシ（花弁）。

春　ウド（茎）、アザミ（茎と葉）、ミズ（茎と葉）、イタドリ（茎）、ニリンソウ（花と茎）、エゾニュウ（茎と葉）、ヨモギ（葉）、フキ（茎）、オオウバユリ（球根）、シオデ（芽）。
夏　沢蟹、蛇、蟻、蜂蜜、蜂の子、エゾニュウ（茎）、アザミ（茎）、ウワミズザクラ（実）、シシウド（茎）、木イチゴ（実）、チシマ笹（筍）、サルナシ、松皮。
秋　ブナの実、ナラの実、コクワの実、栗、クルミ、アケビ、マタタビ。

ヒメザゼンソウは雪解けの水辺にミズバショウやザゼンソウと共に芽吹く春一番の山菜である。熊は冬眠から目覚めると、水を飲むために水場に降りてくるが、冬眠からの覚醒が進んで食を摂るようになると、冬眠中、排泄しなかった消化器官内の内容物を出すために大量の山菜を摂る。ミズバショウの球根は毒があって激しい下痢を起こすが、これによって熊は自身の消化器官内の物を排出してきれいにするという。ヒメザゼンソウはミズバショウと同じ場所に生え、同じような姿形をしているために狩人の間でさえ混乱がある。しかも、花はミズバショウの花を半分にしたような姿であることから、ミズバショウと認識する人が多いのである。狩人への聞き取り調査の際に、葉の特徴を事細かく説明して植物の特徴を語るとヒメザゼンソウであることが多い。奥会津でベーゴノベー、山形・秋田でベコノシタ（新芽は巨大で牛の舌に形が似ている）、新潟でサイシナ、北海道白老アイヌでシケレペキナという。いずれの地でも熊の大好物という答えが返ってくる。しかもこの植物はアイヌのイオマンテ（熊送り）の祭壇に乾燥して供えるほど羆とも関係が近い。そして、熊が食べていることから人も食べることを学んだ筋道が山形県金目の調査から明らかとなっている(1)。ミズバショウは葉を茹でても匂いがきつくて食べられない。ところがヒメザゼンソウの葉は茹でると軟らかくなり、食べると味はホウレン草と変わらない。

　山形県の熊狩り集落、金目では身欠きニシンと共に煮付けて御馳走としていた。私も茹でて食べた。えぐみが強く、口に含んでいると舌の両側がしびれる感覚になるが食感としては新鮮である。翌日の便通も良好であった。

　春先のザゼンソウの開花期に熊は花房を中心に食べるが、葉は匂いが強くて食べているのを見た狩人はいない。花房は筒状に太く立ち上がった雄しべと雌しべで、雪を割って顔を出してくる。

図27　コブシ・イワイチョウ
（冬眠明けの食べ物）

　冬眠から目覚めた熊が最初に食べる植物に、地面から二〇センチほど五弁の花が立ち上がり、狩人がツチザクラと名づけているものがある。山形県置賜地方から秋田県阿仁にかけての狩人が口にする植物である。この植物は水辺で白い五弁の花が立ち上がり葉はイチョウの形をしているという説明から、イワイチョウであることが判明した。標高の高い場所にまで分布する。

　熊狩りに最初に入った山で狩人

が最初に目を付けるのがコブシの花である。人が山入りできるようになった雪解け時には必ず黄色いマンサクと一緒に咲いている白い花である。熊はコブシの花弁が好きでたまらないという。コブシの大木のある場所には、熊がいれば必ず登って食べるため、花弁の食べ跡があるかどうかで熊の存在を知った。花弁を熊が食べているのであれば人も食べられるはずである。私は大きな花弁を取ってきて食べてみた。味はミントの香りがしてすっきりした食感であった。ただ、食べ過ぎると気持ち悪くなる。この花びらは熊にとっても胃をすっきりさせるのではないかと予想された。

熊狩りに行った狩人が注目する春一番の植物はこのように花を伴っている。熊を探す巻き狩りの狩人が花を一つの指標にした。

熊の春の食には多くの山菜がある。ウド（茎）は雪消えの沢筋に大量に生える。芽も茎も軟らかい。アザミ（茎と葉）は夏にかけても食べ続ける山菜である。雪消えの土から一番早く生えてくる植物の一種である。地域によって多くの種類があり、日本には八〇種類ほどあるというが、いずれも食用となる。熊はアザミとエゾニュウの芽生えが大好きで、必ず食べる。ミズ（茎と葉）は水のかかる沢筋で群生するが、この植物は熊以外にも食べられている。羚羊がミズの原でじっと食べているところを見たことがある。イタドリ（茎）は芽生えの茎が柔らかい。ニリンソウ（花と茎）は林の下草として、他の植物が繁茂するまでの間、群生する一〇センチほどの植物である。白や水色の花は可憐で美しい。人はこれをおひたしにして食べるが癖がなくて美味しい。熊が食べるのもわかる。ヨモギ（葉）、フキ（茎）は山の二次林など、森を開いたところで日光が差し込むようになると繁茂する。代償植生の指標となる植物で、量も多い。オオウバユリ（球根）は葉の形がヒメザゼンソウとそっくりの植物で

春＝上右：ザゼンソウ（花房），上左：ブナ（新芽），下：ニリンソウ（花）

図 28　春・秋の食べ物

秋＝ブナの森とブナの実

ある。花を付けるようになるまでは葉が群生する。葉脈に赤っぽい色素が付いているものが多い。夏になると熊はこの球根を掘り出して食べるという。シオデ（芽）は山のアスパラで一〇センチほど芽が直立して出てくる。

春、熊の山菜は、人にとっても大切な山菜である。人は自然界から多くの山菜を選択して口に入れてきたが、熊が食べることで知った山菜でもある。越後山熊田では、熊祭りの熊汁に入れたものとして、アザミを挙げている。アザミはその地にあるものの中で、味の良いものを人が選抜したことが予測される植物である。例えば、山形県小国では薹《とう》の立たないゴボウアザミがある。これは、ゴボウの味がして特別美味しいことで人が大切に採取してきた山菜である。熊も特に好んで食べるという。また、飯豊山麓の小玉川では飯豊アザミと呼ばれる種類が存在する。採りすぎで数が減っているが、多くの人が味を覚えて採り始めたからであるという。これらの地域には、アザミだけでも三〇種類以上が生えていて、熊はアザミだけでも莫大な食として摂取できるのである。金目にはヤチアザミ、ゴボウアザミの二種類が人のアザミとして選抜されたが、ヤチアザミは繁殖力が強く大きな株になって生えるために人が保護しようとはしなかった。ところがゴボウアザミは皆が採るために数が減少し、今では畑に作っている状態である。

山菜には熊が人に食べられることを教えたと予測されるものが多い。熊が食べていれば人が食べても安全だという心理があったものだろう。ただ、ミズバショウの球根のように、食べた人が死ぬほどの苦しみを味わう場合には、特定の位置づけをして人の山菜から除外したのだ。冬眠開けに熊が食べる山菜にこの傾向が強い。熊がザゼンソウの葉を食べるとする記述が一部にあるが、ザゼンソウの葉は、ヒメザゼンソウの葉と違って匂いが強烈で食べられない。私自身、ザゼンソウの群生地で熊が花房以外の部位を食べた形跡に出会ったことはない。

似たことがキノコにもある。大木に生えてくるブナハリタケなどのキノコを熊は食べるが、決してツキヨタケは食べない。羚羊も同様である。毒キノコか否かは熊や羚羊などが人に教えた可能性が高いのである。

夏は冬と共に食に困る時期である。春先の萌えいずる山菜の群れが硬く直立して可食部が芽の周辺だけになり、秋の木の実の季節までは遠い。夏に熊が沢筋で蟹や蛇を捕るという話を狩人たちからよく聞くが、夏は緑に覆われたブナ帯は日の光も閉ざし、下に生えてくる植物もまばらとなる時期なのである。ただ、蒸し暑い中で活動が活発となるのが昆虫類である。山中の大蟻の巣を掘って、掌に蟻を張りつけて口に持ってくるという。熊の掌のことをアリカワというが、でこぼこした掌のひだに蟻がびっしり張り付くという。冬眠中の熊が餌を摂らなくて、掌ばかり舐めていても死なないのはこのアリカワのせいだという伝承が広くある。掌を舐め続けて春を待つ冬眠熊の生態から来たものである。アリカワは冬眠から目覚めた時はきれいな掌のままである。熊は掌が薄くなっていることからくるのか、しばらく温かい黒っぽい岩の上で日向ぼっこをして少しずつ歩く練習をする。熊を獲った狩人は最初にアリカワを見る。ここに毛が生えてもじゃもじゃしていて皮が厚くなっていれば穴から出てかなり行動し、餌も大量に摂っていることがわかるため、熊胆は諦める。消化のために胆汁を使ってしまっているからである。ところがアリカワがきれいで掌に長い毛がひょろりと生えているような状態であれば穴から出て間もないことがわかり、熊胆も大きいと判断された。熊は沢蟹を沢筋で石を動かしながら探し続けるという。蜂はニホンミツバチの巣が見つかれば、まわりを壊してでも蜂の巣に手を突っ込んでこれを取り出すという。甘いものがどうしてわかるのか。蜂蜜は熊の大好物で、巣を見つけると蜂の子は食べ、蜜はとことん舐め尽くすという。エゾニュウは高さ二メートルにも達するセリ科の植物である。熊はしゃがんだまま茎を折って上手に食べる。大鳥の亀井一郎は大量の糞をしながら食べ続けている姿を見ている。この植物は人も食べることができる。

木イチゴは棘がある。一メートルほどの放射状の枝に赤い実のなる熊イチゴ、黄色い実のなる黄イチゴがある。夏に実をつけるが、赤い大粒の熊イチゴは熊が食べることからついた名称なのかどうか不明であるが、夏の母仔熊の別れを象徴するイチゴである。

チシマ笹の筍は奥山では夏頃まで繰り返し出る。熊はこの筍が好きでたまらないといい、笹原は熊に遭遇する危険なポイントとの知識が山人に広がっている。越中立山の熊獲り衆は熊汁を食べた後、熊の頭骨を笹原に置いてくる。

サルナシは小さな青リンゴ状の実が枝にたくさん成る。これは猿も大好きであることから猿の梨として名前が付いたのだろう。熊も大好物である。人が食べても美味しい果実で、漬け物にする人もいる。

松皮は、峰に生える五葉松の幹から取れる。外側の鬼皮は乾燥していてぼろぼろ剝けるものであるが、この内側の内皮は、幹に張り付いた薄皮のことである。この皮は飢饉の時に人が取ってきて臼で搗いて食べた。甘いのは夏で、この時期は薄皮も容易に剝けるという。熊が自身の境界を標示するとされる、松の皮を剝いだアタリと混同されているが、冬眠前の標示であるのか、夏だけの食料として剝いだものなのかはっきりしない。今後の研究課題である。

秋の木の実の食べ物は狩人の語りに必ず出てくる。ナラの実とブナの実は冬眠前に満腹にさせる食料であった。

熊の行動について、狩人は採餌のために移動していることを語る人が多い。冬眠から目覚めて最初に食べるヒメザゼンソウ叢生場所は多くの熊が集まる場所である。熊狩り衆がここから熊狩りを始めたというのも肯ける。ヒメザゼンソウは六月には枯れてしまう。三月から六月まで、熊にとって大好きなこの植物の群生地では、いつも熊が目撃されている。

この植物がなくなると付くのがエゾニュウである。サイキと呼ばれる植物は夏に大きな花を咲かせるものと咲かせないものがある。咲かせない方をいっしょうけんめい食べている。

岩手県沢内マタギは熊の山菜と呼んで親しんでいる。秋田ではサクという山菜で、塩漬けにして食べるが、ほろ苦くて美味しい。そして、夏になって花を咲かせるものが二メートルもの大きさに立ち上がってくると、みずみずしい茎を食べるようになる。花を付けないものは茎が硬くなるのである。

最も餌のない夏でさえも、このように植物の生育サイクルにしたがって熊は移動を繰り返し、採餌している。狩人の多くは、時期を言えば、熊のいる場所を指摘できる。

二　羆の食

羆の食については、詳細な研究が、北海道の研究者から発表されている。(2) 羆が夏に食べる山菜を、本数の多い順に並べた資料である。それによると、次のような傾向が見て取れるという。

札幌　オオブキ・エゾニュウ・アマニュウ・オオハナウド・オオウバユリ(3)
天塩・中川　オオブキ・ミズバショウ・ザゼンソウ・エゾニュウ・ウド・エゾイラクサ(4)
知床　オオブキ・ミミコウモリ・マルバトウキ・エゾオグルマ(5)
森　アマニュウ・オオブキ・オオダイコンソウ・ヨモギ・オニシモツケ・エゾニュウ(6)
大雪山　ハクサンボウフウ・ミヤマイラクサ・タカネトウチソウ・シラネニンジン・ウラジロタデ・ミヤマキンバイ(7)

オオブキが優越しているが、二番目にセリ科の茎が立ち上がる植物が好まれている。エゾニュウ・アマニュウ・オオハナウドは熊（ツキノワグマ）も好んで食べる植物である。

門崎・犬飼(8)の研究報告では、オオブキ・ヨブスマソウ・アザミ・オオバセンキュウ・シャク・ミヤマセンキュウ・エゾニュウ・アマニュウ・ウド・ミツバ・オオハナウド・オオカサモチ・ハクサンボウフウ・チシマニンジン・オオアマドコロ・オオバタケシマラン・ウバユリ・キツネフリ・ツリフネソウ・オニシモツケ・ヘビイチゴ・ネコノメソウ・クロクモソウ・ダイモンジソウなどをあげている。これらの他に実のなるものとして、ヤマグワ・ヤマブドウ・コクワがある。木の実はブナ・ミズナラ・コナラ・カシワ・ナナカマド・ハイマツ・オニグルミなどがある。

これらの調査結果は夏を中心に食べている植物の記録である。冬眠から目覚めた後、冬眠前などの細かい記録が今後待たれる。熊の採餌とは食物となるものを追うことであり、食べ頃の食物の場所に適切な時間で到達する必要がある。採餌と熊の行動に関する研究が必要なのである。

オオブキは秋田蕗として有名だが、北海道のオオブキは人にとっても貴重な食料であった。エゾニュウ・アマニュウ・オオハナウドは熊（ツキノワグマ）のシシウドと汎称され、近似の種である。セリ科のこれらの植物は根にも多くの澱粉を含むものらしく、猿などの動物も採餌する。二メートルにも直立した木のような山菜が食べられることを人に教えたのは熊であると私は考えている。秋田でサクと呼ばれ岩手沢内で熊の山菜といわれるこの植物は明らかに熊狩り衆が熊の生態を観察していて見つけたものである。近似のセリ科植物が食べられることを知ったのもその一つであったろうと考えている。羆が掘り返して球根を食べるというオオウバユリは、熊も同様に食べる。ミズバショウ、ザゼンソウが羆でも指摘されているが、この植物のどの部位を食べているのか知りたいものである。ミヤマイラクサは人も食べる美味しい山菜である。

熊の食べている山菜の多くがセリ科であることは、なんらかの説明を必要とする。人がセリ科の植物を野菜として摂取するようになってきた一つの筋道として、熊との交渉を予測しているのである。

三　熊と人の食の交渉

エゾニュウ・アマニュウ・オオハナウド・マルバトウキ・ハクサンボウフウ・シラネニンジン・シャクなど、羆の食べるセリ科の山菜は本土の熊も同じように食べている。

松浦武四郎はアイヌの人々の食べる山菜について詳細な記録を残しているが、この中にもセリ科植物の記録がある。(9)

鹹（松前ニウ）　シイチシホヤイ　イマキナ

土人茎を折りて生喰す。是は羌活《うど》の種也。エトロフにては、此根ニ玉有を取て麹に合し、釀《にごりざけ》を作るといへり。土人また干置て喰とす。惣而此種（セリ科）八丈草、藁末本（カマモト）、前胡（ラタナ）、土当皈（ハナウド）、ヨロヒグサ、羌活（シシウド）、当皈（ゴマセリ・ヤマセリ）、大葉川芎（オオバセンキュウ）、防風（ボウフウ）、女葛（オムナカヅラ）、蛇床子（ゴマニンジン）、徐黄（スズナセリ）、いぶきせり、蜘蛛香（タケセリ）、うどたらし。

ニウはニュウなどと呼ばれて北海道に近い青森や秋田で呼ばれているセリ科の巨大な山菜の名称である。ニホとニウ・ニュウは同じ状態を指す言葉として、折口信夫が高く立ち上がった桙《ほこ》状態の神の依代《よりしろ》で標山《しめやま》と考えたものであろう。稲藁のニホも、高く立ち上げた構造物であるが、このような状態のものがニュウやニウと呼ばれてきたものであったろう。

松浦武四郎もセリ科に注目しているのは、人の丈を超えるほどになるこの植物がアイヌの人々の食に重要な菜となっていたからである。麹と混ぜてセリ科の植物の根から酒を作る話は今後の調査が待たれる事例である。根に澱粉が溜まることから、根元を折ると甘い乳液が出る。これを吸うためにシシウドの叢生する場所に熊が集まる話を秋田のマタギから聞いている。

セリ科植物の利用はアイヌの人々で特に優れている。これは羆の食べる山菜と重複し、本土の熊の山菜と類似する。

ニンジン・セロリ・セリ・クレソン・アシタバ・パセリ・ハーブなど、芳香性の癖があるとされる植物の多くがセリ科（Apiaceae）である。世界中の人がセリ科の植物を懸命に野菜として選抜してきた歴史がある。山野から採った食べられる植物は世界的にも広く利用され、これを元にしてきたのである。セリ属・ニンジン属・シシウド属・セロリ属・ミツバ属などがあり、人の身近な植物となった。シシウド属（Angelica）はトウキ・シシウド・アシタバなどがある。刻みの入った巨大な葉と太い茎

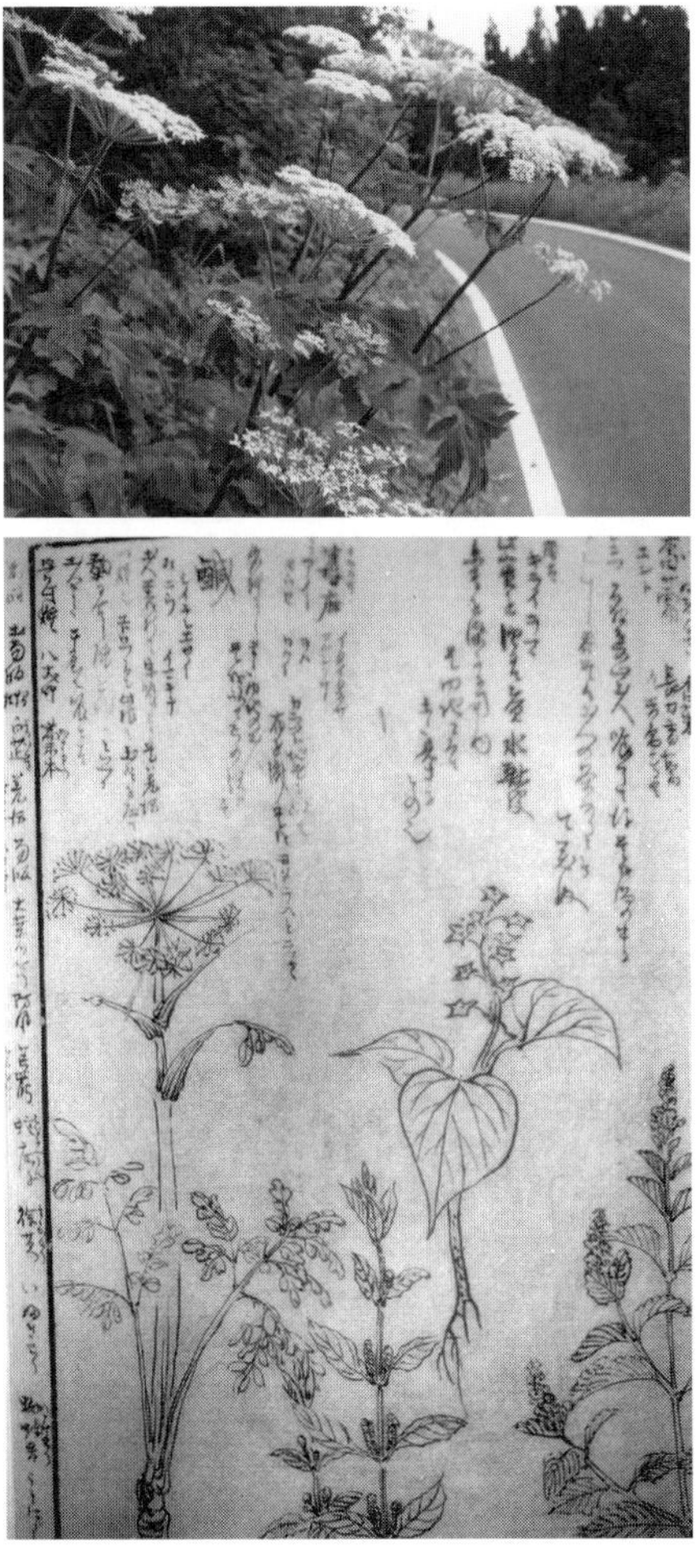

図 29　ニュウと松浦武四郎『蝦夷名産図会』

が食べられる。北ヨーロッパでもアンジェリカとして食用になっているという。寒さに強く、根に溜めた澱粉で冬を越すこれらの植物は春先に一斉に芽生える。そして、秋まで生長を繰り返しながら株を太らせる生命力がある。ロシア、ハバロフスク州では枯れた花についた実をボルシチの香辛料として入れる。また少数民族にとっては薬として使われたという。朝鮮半島では根から澱粉を取り糊を作る。

ヒメザゼンソウとエゾニュウは熊に関わる山菜として人が熊との交渉の中で見つけてきた食べ物であることは以前に報告した(10)。このうちセリ科植物は熊のエゾニュウの利用から人に広がったものであろう。エゾニュウ・アマニュウの茎も人は熊から食べることを学習したと考えているのである。しかも、これらの植物は一見見分けがつかないほど似ていることが多く、同じ植物と考えられていたことが推測される。例えばエゾニュウのことをサイキという地域がある。新潟から山形にかけての山間部である。秋田・岩手ではサクという。そして、オオハナウドを新潟でサクナという。わずかな違いを言葉の音や文字で表現してきたのである。

熊の食べている山菜は、二つの例外を除いてすべて人の食となるものであった。二つの例外はミズバショウの葉や球根、ザゼンソウの葉の二種類しかない。しかもこの二種類は冬眠から目覚めた春先に食べるという特色がある。熊に下痢を促すものである。

キノコも同様のことが言われていて、熊が食べないキノコは人も食べられないという。毒キノコのように、直接人の生死に関わる場合、それが可食か否か決めたのはやはり動物が食べているかどうかが判断材料の一つであったことは十分考えられるのである。熊の食は人の食の規範であった。

（1）赤羽正春、二〇〇一「熊と山菜」『採集――ブナ林の恵み』法政大学出版局。

（2）青山智彦・日野貴文、二〇〇六「ヒグマと人の関わりをめぐって――日本のヒグマを追う」『ビオストーリー』五号、生き物文化誌学会、昭和堂などで詳細な調査研究報告が行なわれている。また、北大クマ研や北海道の行政（生活環境部自然保護課）でも、ヒグマの生態調査を進めている。

（3）坂本敦、二〇〇四「札幌市近郊に生息するエゾヒグマの生態に関する基礎的研究」『ひぐま通信』四〇。

（4）青山智彦、二〇〇四「北海道大学天塩研究林におけるエゾヒグマの個体数回復に伴う夏期ハビタット選択」『ひぐま通信』四〇。

（5）竹元博幸ほか、一九九二「一九九一年度知床半島ヒグマ生態調査報告」『ひぐま通信』三七。

（6）青山大輔、二〇〇三「森町におけるヒグマの採食ハビタット」『ひぐま通信』三九。

（7）伊藤勇樹、二〇〇二「大雪山におけるエゾヒグマの食性」『Bears Japan』二一。

（8）門崎允昭・犬飼哲夫、二〇〇〇『ヒグマ』北海道新聞社。

（9）松浦武四郎、一八六〇『蝦夷山海名産図会』（秋葉実編、一九九七『松浦武四郎選集』二、北海道出版企画センター、三九一頁）。

（10）注1前掲書参照。

害獣駆除で割り当てられる頭数を獲っている現在の熊狩猟では、捕獲道具の目覚ましい発展によって熊は人以上に知恵のある立派な獣であるという認識が薄れつつある。このきっかけとなった道具が鉄砲である。

火縄銃の所持は江戸時代に村中で限定されていて、藩の許可によって保持した。この銃が熊を獲るために使われるようになった経緯は、秋田阿仁や新潟大白川の文書から、熊の毛皮と熊胆を藩主が入手するためであったことは述べた。越後奥三面でも、近代になると火縄銃の所持が本家筋に集中した。

この後、単発の村田銃が使われる。ライフルが熊狩りに使われる昭和三〇年代まで、一つ玉の鉛を弾丸とした。ライフルは銃身に刻まれた螺旋で弾に回転が加えられる。弾丸は空気を切り裂いて進むため、飛距離が飛び抜けており、照準に沿って進む。このため、熊狩りにも大きな変化が起こってきた。巻き狩りに多くの人を必要としなくなった。遠くからでも望遠鏡で見つけた熊を対岸の山から撃ち殺すことができるのである。ライフルの登場は熊に尊崇の心を持っていた狩人たちをさえ、嘆かせるものであった。

一　命のやりとり

飯豊山麓小玉川の舟山仲次（二〇〇五年物故）は槍を突いて熊を獲った最後の狩人である。巻き狩りで熊が追い上げられて、ショウブをする場所にいつもいた。村田銃とタテ（熊槍）を持っていた仲次は、目の前に熊が現われた時、村田を棄ててタテで勝負した。熊は怒ると毛並みが逆立ち、数倍大きく見えるという。足を踏ん張り熊の体を横から突いた。タテ一本に全体重をかけて、助けの二番槍が来るまでじっと耐えなければならないという。熊はなかなか弱らないものだと語っていた。

村田銃を棄ててタテで勝負した理由について、仲次は「熊に申し訳ないから」と語っている。熊槍で熊を獲っていた時代、人と熊は文字通り、命をかけて勝負していたのである。

巻き狩りの集団猟が行なわれる以前には、熊が冬眠している穴を伺う猟、アナミが主体であった。狩人にとっては穴に潜んでいる熊を獲ることが最も危険性が低く、確率が高かったのである。穴から出始める時に行なう熊猟は、熊が穴から出なければアナミ猟で、出てしまえば巻き狩りをして確保したのである。

『北越雪譜』には熊を獲る方法が詳細に描かれている。(1) 鉄砲のない時代の獲り方には人が知力を尽くしていることがわかる。

熊を捕るは雪の凍たる春の土用まへ、かれが穴よりいでんとする頃を程よき時節とする也。岸壁の裾又は大樹の根などに蔵蟄《あなごもり》たるを捕には圧《おし》という術を用ふ、天井釣ともいふ。その製作は木の枝藤の蔓にて穴に倚掛て棚を作り、たなの端は地に付て杭を以てこれを縛り、たなの横木に柱ありて棚の上に大石を積ならべ、横木より縄を下し縄に輪を結びて穴に臨す、これを蹴綱といふ。此蹴綱に転機《しかけ》あり、全く作りをはりてのち、穴にのぞんで玉蜀烟艸《たうがらしたばこ》の茎のるゐ熊の悪む物を焚、しきりに扇で烟を穴に入るれば熊烟りに噎《むせび》て大に怒り、穴を飛出る時かならずかの蹴綱に触れば転機にて棚落て熊大石の下に死す。

この方法は、『日本山海名産図会』にも、洞中熊を獲るとして図入りで解説されている。(2) 穴に木の枝を入れて行くと熊が引き込んで熊の居場所がなくなり出てくることが書かれている。ちなみに同書には熊獲りの記述として落とし(天井釣、ヲシ、ヲス、オソ)が載っている。

長さ二間余の竹筏のごとき下に鹿の肉を火に燻べたるを餌とす、また、柏の実シャシャキ実なども莳也、上には大石二十荷ばかり置くものなれば落ちる時の音雷のごとし落て尚下より機《おし》を動かすこと三日ばかり……

この方法は奥三面、岩手県沢内、秋田県阿仁、山形県小玉川、金目など、熊狩り集落で行なわれてきた方法である。奥三面ではオソの場所が各家の財産としてあり、分家には決して譲らない取り決めがあった。ここで獲れた熊が豊かな財(熊胆と皮)をもたらしたからである。オソ(オシ)バにはオ

ソ（オシ）という道具を拵えて設置する。オソバは熊が夏過ぎから秋にかけて歩き回って遊ぶ場所に設置する。熊の行動は山の峰伝いに動くことが知られており、ここで遊ぶ。そして、山の頂上近く、別の尾根に移る時に、藪の場所から隠れる場所のないところを通りたがらず、向かう尾根の暗い藪の場所に向かって最短距離を取る性質があるという。この場所がオソバである。熊が暗い藪から明るい場所に出る所と、明るい場所を短時間で横切って取り付いた尾根の暗い藪がオソバである。この藪の中に木で組んだ柵を拵える。奥三面は熊の通り道に沿って箱形に四メートルほどの回廊に沿って柵を建てる。

人の腰の高さほどにして、上の釣り天井には大量の石を乗せる。石は盆休みに各家で運び上げておく。そして、熊がこの中に入って仕掛け縄に触れると、支えている天井が落下する。熊は大量の石の重みで圧殺されるが、熊も強い動物で、二日

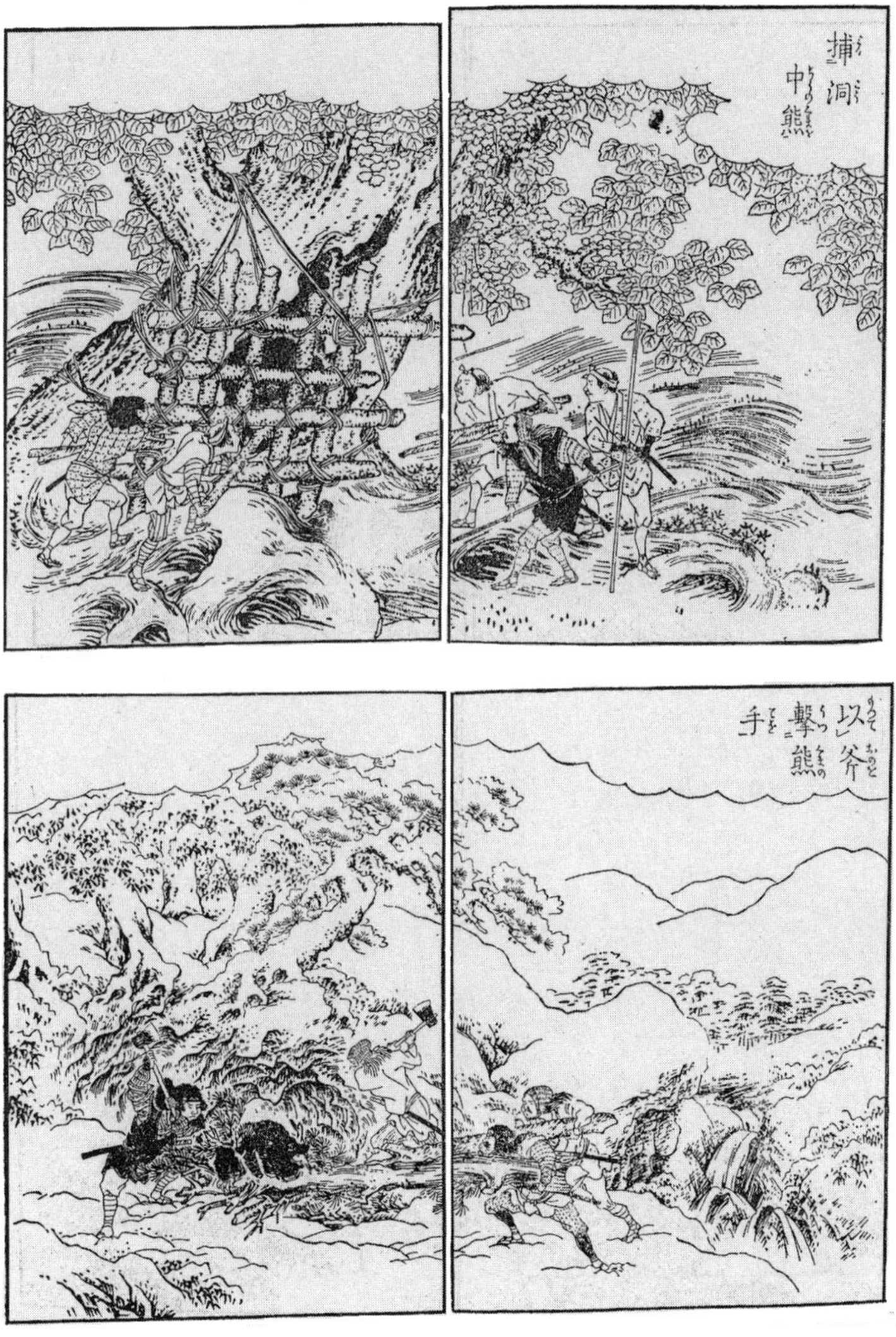

図 30 『日本山海名産図会』

くらい踏ん張るものもいるという。奥三面の小池善茂はオソで毎年二から三頭の熊を獲ったという。オソにかかった熊は石の重みで苦しむという。このような時には、熊の胆が大きくなっていく傾向があるという。盆過ぎると熊は木の実を求め始めて動き回る。本来であれば、胆汁が消化に使われるため、熊の胆は空っぽとなっていることが多いのに、オソで捕る熊には胆汁が逆流して溜まるのではないかというのである。

飯豊山麓小玉川のヒラは、片屋根形である。熊の通り道、各家が権利を保持するヒラバの熊の道（水平方向）に沿って杭を立て、山側には地面から斜めに組んだ柵の上に大量の石を乗せる。熊は谷側に垂直に建てられた柵に沿って入り、片屋根形の仕掛け縄に触れると大量の石が落下する方式となっていた。舟山仲次（故人）は石を背に踏ん張ったまま二日もじっとしている熊を見つけ、早く楽にしてやるために、木の枝から鉤形の棹を作り、踏ん張っている熊の後脚にかけて引っぱってやったという話をしてくれた。小玉川の家の中にはヒラ見回りの棒があり、踏ん張る熊の脚を引っかける道具であったという。やはり熊の胆と皮が良い値段になったという。

金目の齋藤熊雄（故人）は、権利を持っているヒラバ五カ所は毎年熊が獲れる場所であったという。良い場所を確保した家は自然と身上も上がったという。私の聞き取り調査には全面的に協力してくれる人であったが、ヒラバの場所と熊穴の場所だけはどんなに聞いても教えてくれなかった。

『日本山海名産図会』には、穴の外に斧を持った二人の狩人が待機し、熊が穴から飛び出てくる時に熊の上体が起きるようにさせて、両側から斧で手首を切り落とす方法が載っているが、私の民俗調査では、このような事例は寡聞にして聞かない。私が会ってきた狩人の多くはこのような卑怯な手は使わないと思うのだが。そのように考えると、『日本山海名産図会』の落としの記述も気になる。まわりに柵がなく、大石を設置した釣り天井の下に熊が入っても、熊は獲れない。オソ（オシ）のまわりの立ち上がった柵こそが熊を逃さないための柵であり、大石が転がってきたところで熊は石を除いて逃げてしまうものである。

二　命を育む熊穴

冬眠中の熊は人を襲わない。この言葉は今まで聞き書きしてきた狩人のすべてが例外なく述べた言葉である。

人が熊の穴に入って助けられる話は第二部で述べるが、熊穴は人の命も育む場所であったことを語り伝えてきた歴史があることを私は感じる。

『北越雪譜』の熊穴に入って人が熊を獲る記述は小玉川の舟山仲次、薦川の小田甚太郎、奥三面の高橋源右ヱ門などの証言があり、事実であることがわかっている(3)。

この方法で熊を獲った体験談を私は聞き出して記録した(4)。ヒロロ蓑を着てこの上に曲げ物のメンパを縛り付け、股を開いて後向きに熊穴に入っていく。熊を跨いで背後、穴の奥へ体が入れば成功である。ここで熊の体を入口に向かって少しずつ押すと徐々に動いて入口の方へ行くという。外で待っている槍突きは、冬眠状態でふらふら出てきた熊を突き獲るのである。この方法は飯豊山麓で行なわれていたものであるが、牧之の越後三山の方法と同じであり類似に驚く。同様の話は奥三面から秋田にかけてもある。アイヌの人々には熊穴で人が暮らす話まである。

このように、命を育む熊穴に人が入る話はユーラシア大陸から北アメリカにかけて多く採話されている。これらの語りは熊穴に入って熊を獲る行動と併行して伝えられてきたと考えられる。

三　飛び道具

アイヌの人々の生活を道具と共に記録した松浦武四郎は『蝦夷訓蒙図彙』で羆獲りの弓と矢に言及している。網走アイヌと釧路アイヌで実見したものである。羆獲りの矢をマーテと記録している。「マーテ、熊をとる矢、ラップ（矢羽）・カレ・コレ・ロー（鏃）」[5]とある。矢の各部を四つに記録している。矢にはアイヌの狩猟に関する知恵が凝縮されている。犬飼哲夫は次のように記している。[6]

> 矢の先端すなわち鏃（ルム）は扁平でくまざさを鋭く尖らせ、中央に矢毒を塗る溝をつけ、やじりと矢軸（アイスップ）の接目の所は、矢に重みをつけ獲物に深くささりこむために、鹿の脚骨の固い部分を紡錘形にした物（マカニット）をつける。矢尻（アイスップ）に矢羽をつけることは一般の矢と変わりないが、矢羽の材料は地方によって異なり、まがも（真鴨）の翼の羽やわし（鷲）の羽を使った。わが国の古来の矢羽にはわしの尾羽を珍重したが、アイヌは翼の風切羽を珍重した。

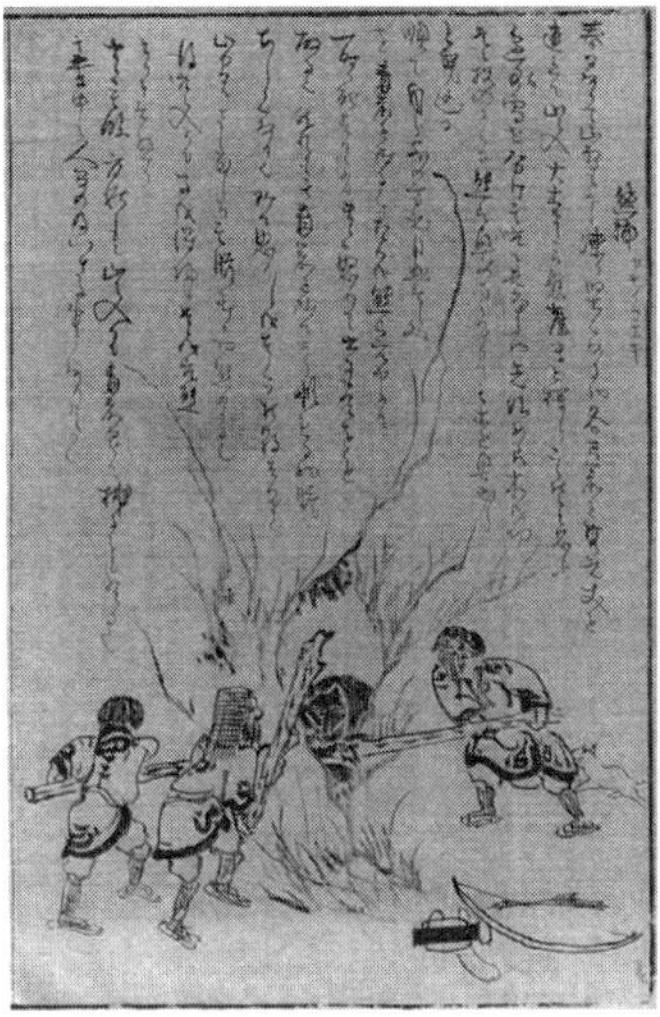

図31　トリカブトの花と『蝦夷訓蒙図彙』
右：美しい花ではあるが根茎には毒がある
左：矢毒にトリカブトを使う

松浦武四郎の記録したラップを犬飼はアイラップと報告している。マカニットはコレである。道東から北蝦夷地（サハリン）にかけて採集したアイヌ言葉に違いはあるが、矢の作り方の基本は同じである。矢のカレから後はくまざさを八月に切って炉の上で長く乾燥させた物を用いた。

弓について松浦武四郎は次のように記している。

北蝦夷島部落諸夷弓　弦は鯨のすじ也。内は馴鹿の筋、中ハ樺木、外は鯨の髭也。其長四尺五尺に及ぶもの有。[7]

犬飼哲夫は使われる樹種について記録している。十勝地方ではハシドイまたはイチイ（オンコ）を用いたという。材料の生木で弓の大体の形を作り、これを炉の上の棚に載せて長い間に徐々に乾燥させたという。[8]

鏃に付ける毒はトリカブトの根茎からとった。

晩秋に採取して束にしたまま火棚の上で乾燥させる。これを石の上で搗いて唾液を加えて泥状にするという。また、海で捕ったアカエイの刺針をそのまま保存しておいて利用することもあったという。

羆獲りについて松浦武四郎の「熊捕（カモイコエキ）」の記録を引く(9)。

春になりて山雪も少し凍り堅くなるや、各弓箭を携え犬を連立て山ニ入、大木または懸崖等を探し、ここぞと思ふ辺の雪を分け、其（熊）穴《ちせ》ニ見当るや、先始めは木を切穴に投入るるに、熊は奥の方ニ有りて其木を奥え奥えと曳込むに順て、自ら前の方え自然出し処を、毒箭を附る也。左候哉熊は穴中にて一時ニ死するも有、また怒りて出るも有をも取る也。然れども、其毒箭を附てより暇どるや、胆悪しくなる也。附て怒りしをすぐに打殺すか、また山中にてさし留しは、其胆至って功能有る也。後穴ニ入りて子を得帰る。是を穴熊とりと云へり。また其余、夏秋ともニ山に入りて、毒箭をもて捕ることも有る也。其業中々人間の及バざる事なりける也。

アイヌの人々にとって毒矢は穴羆獲りでも用いられていたことがわかる。この他に、羆の通り道を見つけるとここにアマックウと呼ばれる仕掛け弓を設置したという。やはり毒の付いた鏃で弓を設置した。弓矢という飛び道具で羆を獲るのはこのようにアイヌでのみ行なわれてきたもので、熊（ツキノワグマ）を矢で射る伝統は管見ではない(10)。

（1）　鈴木牧之、一八四一『北越雪譜』（一九三六、岩波文庫、三九頁）。

（2）一七九九『日本山海名産図会』（一九七〇『日本庶民生活史料集成』第十巻農山漁民生活、三一書房）。
（3）鈴木牧之、一八四一『北越雪譜』（一九三六、岩波文庫、四〇頁）。小田甚太郎の熊狩りの項参照。
（4）赤羽正春、二〇〇一『採集――ブナ林の恵み』（ものと人間の文化史一〇三）法政大学出版局。
（5）松浦武四郎、一八六〇『蝦夷訓蒙図彙』（秋葉実編・一九九七『松浦武四郎選集』二、北海道出版企画センター、一二四頁）。
（6）犬飼哲夫、一九三八「熊猟」『北方文化研究報告』北海道大学。
（7）注5前掲書、一二四頁。
（8）注6前掲書。
（9）注5前掲書、九四頁。
（10）北アルプス、立山の熊は、狩人が放った矢に傷つきながらも本尊のところに案内したとする伝説がある。また、日光派・高野派の縁起に、始祖が弓矢で獲物を射ることが出てくるが、熊狩りの実際を考えると、人の前に姿を現わさない熊がどうして矢の攻撃を受けたのか不思議でならない。巻き狩りでも弓矢を放つ狩人の伝承は皆無である。熊と人が同じ土俵で生きていることを認識していた狩人は、「熊の命を頂く」という心理が強く、飛び道具使用を潔しとしなかった節がある。

第八章　狩りの組織と村の変貌

熊狩りの組織は、現代社会の中でどのように位置づけられるのだろうか。今まで研究に接したことはない。なぜ研究を怠ってきたのか。

日本社会が明治以降の社会の工業化、人口を集結させた都市化、会社組織による人の雇用などの形態に比較的順調に移行できたのは、近世に人口で八割以上を占めていた農山漁村社会の産業形態を徐々に壊しながら、都市の工業や会社組織が農山漁村人口をすくい上げてきたことによるのは歴史的事実である。時々の政策が農山漁村のまとまりを崩す方向で執行されてきた。現代社会の萌芽は、すでに農山漁村社会にあったからこそ、順調な変革が可能であった。

狩人の村でも、この社会変革の流れに沿ってきた村が多数を占めるのであろうか。体制側に抗する狩人の村はなかったのだろうか。狩りという命のやりとりをする仕事は、武力を行使することから暴力、戦争などと結びつきやすく社会変革の担い手と考えがちである。ところが、日本の狩人集団がこのような野蛮な行為に走った例について聞いたためしがない。二・二六事件などでは多くの東北農山村出身者が下士官として参加したというが、狩人の話は聞かない。

ロシア革命での日本軍シベリア出兵時、日本の軍隊がアムール川の河口、ニコライエフスクで狩りに長けたパルチザンから酷い目に遭ったように、狩りを生業とする彼らは、体制側（ロシア政府・ソビエト革命政府）の代表者であった一面がある。(1) 日本軍はロシア革命時の混乱に乗じて現地人を味方に付けようとしていた。しかし、この試みはことごとく失敗する。狩りに長けたパルチザンは日本軍を籠絡するばかりでロシアを裏切ることはなかった。

大陸でも日本でも、熊祭りを精神的支柱にしてきた村がある。ここの社会組織と社会変革への過程について考察する。

一　狩人と戦争

越後奥三面の高橋源右ヱ門家は奥三面に三家（高橋・小池・伊藤）あった草創家の一つとされている。二〇〇〇年にダム建設で水没したが、この村は現代社会に大きな警鐘を鳴らし続けているので、ここから論を進めたい。

奥三面の狩人は、フジカと呼ばれる統率者の下、一二という数にならないよう（十二大里山の神から集まって狩りに出かけた。フジカは世襲ではないが、三家の本家筋の中で最も利発で面倒見の良い人格者が受け継ぐことになっていた。分家からは決して統率者は出ない。また、駒形（第二部第五章参照）の版木を持つ家は四家あり、いずれも本家筋である。離村時四二軒の集落で、狩りの組織には本家筋の支配関係が色濃く残っていた。本家筋が重立《おもだ》ちとして狩りを取り仕切るのである。このような村の組織は固定化された状態で累代に及んでいた。本家筋の一つ、高橋家には戦争での手柄話が伝えられている。

現在の高橋源右ヱ門の祖父、二代前の源右ヱ門は、日露戦争に従軍して金鵄勲章を貰ったことで有名であった。彼は奥三面の山で鍛え、狩りで見事な実績を上げていた。伝説となっている話に、一晩に奥三面から大鳥岳まで行って帰ってきたという話が伝えられている。どんなに健脚でも一二時間での往復は相当きつい行程であるのだが。日露戦争に徴用された者は奥三面から数名いたという。源右ヱ門は夜間の斥候で敵の位置を正確に割り出し、大きな戦功を上げた者として語られている。

そして、奥三面は近世村上藩の重要な番所が置かれていて、小池大炊之介家と高橋家、伊藤家は村上藩の仕事をしていたことが記録されている。明治になってからも、外部の人間が奥三面に逗留する場合には、高橋家が面倒を見るしきたりとなっていた。狩りの重立ちが村の重立ちと認知されていた。大蔵大臣、日銀総裁をした民俗学者の澁澤敬三も昭和八年に高橋家に逗留して八ミリフィルムの記録を残している。高橋源右ヱ門家と当主が写っている。

体制を維持する立場にあった彼らにとっては、それが中国大陸でのロシアとの戦いであっても国家を支える一員としての矜持をもって戦った。

北海道平取の萱野茂（故人）も、父親の戦争従軍を語っている。狩猟民族としての誇りを持った彼らも、やはり国家の敵を倒す側で戦ったことが語られている。

このように、狩人が立つのは体制側である。彼らは軍隊に入って教育を受けたから功を上げたとばかりは言いきれず、狩人の組織というものが、村の中ですでにヤマサキの命令一つで動くものとして各自の体に行動原理が刷り込まれていたようである。山での行動には、自分本位の理屈は通らない。

熊を狩るには、村の重立ちが務めるヤマサキに従う以外の方法はなかったのである。

越後薦川の小田甚太郎は日中戦争後も大陸に残され、中国共産党軍と戦火を交えてきた。彼が復員してきたのは終戦一年半後である。太平洋戦争終戦後も中国に残されて戦い続けた。彼にとっての体制とは戦争で負けた側であった。負けた側であるにもかかわらず武装解除を拒否し、中国大陸で共産党軍と戦い続けた。甚太郎たちは、現地での上官の命令を忠実に守っている。不思議なのは、戦う必要がなくなっている（日本は降伏）にもかかわらず、共産党軍と戦火を交えていることである。熊狩りに長けた彼が敵味方入り乱れた複雑な戦場で生き延びたのは、熊狩りで鍛えた勘と体であった。薦川で鍛えられた熊狩り組織での動きを軍隊で敷衍したのである。

戊申戦争の際、秋田県山間部のマタギ集落は秋田藩の指示に従って官軍と戦った。藩主から出た指示に彼らは忠実に従っている。

このように、狩人はとことん体制側に服従する良き戦士であり続けている。熊狩りの組織が戦士を育ててきたのであるとしか言いようがない。戦士を育てる組織は、狩りの組織にすでに現われていたことが強調できる。

狩猟研究では熊狩りの組織に高野派と日光派の二つの流れがあったことが指摘されてきた。巻物を保持し、系図を辿る心理は狩りという行為に対する後ろ盾が欲しかったのであろう。ところが巻き狩りの方法に違いはない。峰で囲まれた一つクラ（倉）を単位に、ここで狩りをする。狩人の呼び方・配置する人の名称は違うが、巻き狩りの方法はクラの中にいる熊が越える峰を予測し、ここに熟練者を配置して勢子が熊をここに追う。熊は熟練者によって獲られる。巻き狩りは近世終わりに始まったと推測される地域が多いことは、熊皮と熊胆の需要の増大の面から、前章で説いた。日光・高野派いずれに属していていなくても熊の習性から同じ巻き狩りの方法が編み出されてきたのである。鉄砲が狩人各自に行き渡るようになってからは熟練者の配置が変わった（第一部第二章参照）。しかし、巻き狩りの組織は先達や親方の命令一つで同じ動きをすることに変わりはない。熊の巻き狩りは狩人集団の組織を誕生させ、育てたのである。

鉄砲は貴重な武器である。藩という体制側が武器を渡した人たちはとことん体制を支持する人として育て上げられていった。文書もそれを裏付ける。例えば、越後奥三面の小池大炊介家は国境の庄屋として藩の支配機構に組み込まれていた。火縄銃は藩の命令で小池家に貸与という形で渡されている。同様の事例は、秋田佐竹家の文書から文政年間「又鬼鉄砲心得」なる文書が出ていることからも裏付けられる。ここでは熊胆と熊皮を藩に供給することを目的として渡されていた鉄砲についての記述があり、熊狩りという行為が藩の支持のもとで行なわれていたことがわかる。マタギにとって鉄砲は藩からの借用という形を取っている。熊狩りは、時の権力、藩体制に沿った営みであった。

羚羊や熊の狩りを伝えてきた奥三面がダム建設を受け入れ、離村を決める経緯には、筆舌に尽くしがたい苦しみの中での選択があった。彼らは最後まで体制と戦う選択はしなかった。ダム受け入れ・離村の決断にあたっては、村人の総意を重視した。話し合いは繰り返され、全員の意見の集約をみるまで民主的な話し合いが進んだ。しかし、村の総意は取り付けられなかった。新潟県庁での調印式には本家・分家筋の両まとめ役がダム建設合意の印鑑を押した。この事実は重い課題を提出した。分家も本家も離村に伴う補償では平等の権利を得た。一見、体制側に沿った結論と見ることができる。

ところが、山間の村で続いてきた本分家の諸々の拘束は経済価値に換算できないものがある。例えば熊を獲るオソバ（オソを設置して熊を獲る場所）は本家筋が持っている。ところが、この場所は村の総有であり入会山である。現実的に補償が諮れない。補償を提示する体制側も、平等に換算できないのである。一体オソバは本家筋のものと言い切れるのか。入会山の中にあるのに。離村した現在でもこの問題は残り続けている。体制側でさえもどうしてよいかわからない問題に対し、狩人の村で取った行動は、村人一人でも不利益を被ることがないように、全員で補償したことであった。みずから解決策を話し合って、その決定に従う。矛盾するようであるが、狩人の組織は内部では民主的な営みが繰り返されているのである。

村が戦い（ダム建設のように離村を迫られた場合）の場になった時、狩りという生殺の場を差配する重立ちは、その力によって体制に逆らうことがあってもよさそうなものだが、そのような例は寡聞である。全員が不利益を被りながらも体制に従っている。同じように水没した村は全国に多い。マタギ集落の津軽砂子瀬や秋田森吉ダムのために離村した人々の決断も、同様であった。狩りの行為はとことん体制に沿った営みなのである。

太平洋戦争に従軍した人たちの中には、狩人だから命を落とした人たちの伝承が今も残る。激戦のガダルカナルに送られた人たちの中には新発田連隊に所属する狩人が多くいた。私の義理の伯父は生き延びて帰還したが、勇敢な狩人は持ち場から逃げることはなかったという話を聞いた。まるで、巻き狩りの各自の役割を暗示している。

ロシア沿海州、シホテアリン山脈のただ中にあるアルセネボ村でも、ウデヘ、ナナイの人々の住むところに、スターリン時代にウクライナからロシア人の一群が強制的に移住させられてきた。現在、闊葉樹の原野に四〇〇軒まで増加した村では狩りや漁撈で多くの動物を獲っている。熊祭りをしてきたウデヘ・ナナイの人々も、居住地は異なるが同じ村で生活している。先住民である彼らが、ロシア人を排斥した話はついぞ聞けなかった。狩人は体制側の選良であることを印象づけられた。

二　熊祭りの村の社会組織

越後山熊田や日出谷、岩崩、千縄のように、春一番に熊を獲り、この血と肉で祭りを執行している村では、村人全員が熊狩りに関わり、祭りに関わる。このような狩りの組織では狩りのヤマサキが村人全員の総意によって選ばれている。

村は山間に独立した社会を形作っている。村人全員が熊の血や肉に関わるという意味では、アイヌのイオマンテの行なわれるコタンの事例と同じものである。

この社会組織を考察する。このような村人総意の熊祭りが執行されてきたところほど、村の凝集性は高く、村も持続的に存在していると考えがちであるが、実体はどうであろうか。

熊祭りの村・越後山熊田は現在二五軒。昔からの仕事では山仕事が最も多く、戦前には新潟市に送る燃料用薪炭のショッキ流し、後に炭焼の仕事が現金収入の主体だった。ショッキ流しは春二月末の堅雪になると各家から一人ずつ出て山に入り、小屋掛けして木を伐った。木は長さ一尺にして薪材とする。ショッキ（塩木）の名称は山から薪を海に流して海岸で塩を焼き、これを持ち帰ったことからついたといわれている。古い時代からあったことが推測されている。

五月下旬の梅雨時になると、各家から二人の人足が出て、山で切った木をショッキ流しするために、ツツミダシの準備に入る。ツツミダシは木を切った谷川に横木を渡して臨時のダムを造り、水を溜めたところに二月以降伐っておいたショッキを浮かべ、このツツミを一気に壊して（壊れるように作ってある）、中のショッキを海まで流送するのである。

途中に引っかかる木を後から外して流しながら海岸・府屋（岩船郡山北町）まで行き、ここに留めてある木を棚に積んで新潟通いの船に乗せて送った。

山熊田の全戸がこの仕事に関わっていたことから、ショッキの問屋は村の重立ちにお金を渡し、分配を委せた。山熊田では、米や塩などの品物で受け取る家が多く、各家は問屋に従属する立場に置かれた。米がろくに取れなかったからである。

このような村の状況は、ショッキ問屋に狩人の頭が経済的に従属させられているようにみえる。外部の経済力が村を呑み込むからである。ところが、狩りの組織がこのような問題に参与する例はなく、抵抗した形跡もない。山熊田には借金のカタに取られた土地の証文が残されている。ショッキ問屋は山熊田の各家が困窮した場合、土地を担保に米や食料・金を融通したことがわかっている。

聞き書き調査の範囲では、村人にわだかまる切ない経験が多く、正確に確認できなかったが、心情は彼らの表情から理解できた。そして、彼らは問屋に助けられたということを述べているのである。これをどう解釈すればいいのか。問屋の儲けは莫大である。山熊田の人たちは問屋が予想以上の儲けを取ることに疑義を挟むことがなかったのである。

明治四三年、府屋のショッキ問屋が一年間、山熊田に揚げた資材(日常品)の購入品目録(貸し)と支払い一覧の資料がある。抄録する。

覚

塩引　参百八拾本　代　弐拾八銭五厘
蠟燭壱百匁　代　弐拾三銭
壱円参拾二銭　四十二年度分地租第四期田租(注=地租は分割して払った)
壱円参拾銭　同　第五期田租
餅米玄米壱斗　代　壱円五拾銭(注=米は何度も揚げている)
塩鱒弐拾本　代　拾三銭
四拾三銭　夜具無尽掛金かし(注=布団を無尽で購入していた)
弐円八拾四銭　学資組第拾弐番会(注=学校建設資金の積立金)
餅米白米壱升五合　代　弐拾二銭五厘
五円　中津原無尽掛かるかし(注=中津原の開拓資金)
弐円　古て買求代金払かし(注=古着購入資金)
テン草四拾匁　代　拾五銭
草刈鎌一丁　代　壱拾八銭
弐円　弥三郎方へ薬代払ニかし(注=村人の薬代を皆で払った)

五円　湯治金かし（注＝村人の温泉湯治を払った）
壱円五拾銭五厘　県税二期（注＝地租と県税は分割した）
食塩一俵　代参円
五円　仏事かし
参円　蚕種子代払かし（注＝養蚕の種代）
（全体の五分の一を記入し、後は略す）
計　金壱百拾円六拾二銭かし

一一〇円六二銭を問屋が立て替えて山熊田に貸しているのである。問屋の差配は隣村雷《いかづち》の木村長七という庄屋が行なった。村一つが問屋に経済を握られていた。支払いの項目が文書の後にあり、収支が記述されているので、記す。この項目は山熊田から出した商品の対価であり、生産していた品物すべてが記述されている。

金壱銭七厘五毛　宇右ヱ門割返金預かり分（注＝貸していたお金の返済）
金壱円二拾五銭　スケ太郎不実之分過般取入（注＝違約金の取り立て）
金五拾五銭　ぜんまい壱〆代（注＝六月干しぜんまい販売）
金壱百円　十月九日塩木売上金受取り（注＝塩木の代金）
同　生糸七百二十四匁　代金弐拾九円六拾八銭四厘

同　口糸百五拾匁　　　　　　　　　　代金壱円二拾四銭五厘
同　拾五円六拾九銭　　　　　　　　夜具無尽取入金受取り
同　四拾九円　　　　　　　　　　　文助無尽取入金受取り
同　熊の胆正ミ一分四厘五毛　代壱円四拾五銭六月四日受取り
　　計金　壱百九拾八円八拾九銭
差引残金八拾八円二拾七銭過ス

山熊田村全体で八八円二七銭の余剰が出た。しかし、この剰余金を元手に村人に貸し出して村が最終的に次年度に繰り越したお金は二〇円七五銭だけであった。

各家は村に入っている問屋の差配人に財政を依存し、村もまた、問屋に財政を委せた。最もお金になったのがショッキであることがこの文書からも裏付けられる。全体の五〇パーセントをこの生業で稼ぎ出している。

一方、熊胆は全体の一パーセント足らずである。各年度の文書も調べたが、これ以上の熊胆は出していない。つまり、村人にとって出せる量はこの程度であった。熊祭りを行なっている村だからたくさんの熊胆を出していると考えがちであるが、全生業の中で占める位置は低い。

熊祭りは経済的に村を益するものではなく、あくまでも村共通の政《まつりごと》に必要な行事と考えるものなのである。

この覚え書きを検討することでわかってくることは多い。ぜんまい・塩木・生糸・熊胆など、この地の生産品を出すのに村全体の了承が必要だったことである。個人が勝手に売買した形跡はない。

このように、村の意志というものが厳然と存在していた。だから、問屋と村の関係においても、搾取する側、される側という関係性は正確ではない。問屋は山熊田の家々と経済的に互助関係にあるが、支配の正当性を述べることはなかった。つまり、生活はすべて村の従来のやり方で進んでいき、村が決めることに問屋がはまることはなかったのである。問屋が個人の借金を理由に借り手に制限を加えることもまったくなかった。文書の中にあるように、村の個人は借金を村からするのである。経済力で支配の正当性を与えることはしない。

熊祭りの村は独立して存在した。この村の個人が家族の病気で困り抜いたのであろう。村の了解を得ないで個人で問屋に借金をし、返済できなくて宅地を取られた例がある。

しかし、この地での生活は従来通り担保され、営まれていて、ショッキ問屋が具体的に宅地を取り上げたことはない。借金証文は秋田の資産家にまで渡っていたのであるが、借り手の山熊田での生活は従来通りであった。いかに問屋といえども、山熊田の村の生活が持続されているところに入っていって、借金を理由に、家屋敷を取り上げることはできなかった。相変わらず、毎年のショッキを送ってもらうことが優先したのである。問屋は山熊田という村組織にぶら下がって莫大な利益を得、生存を持続していけたからである。

つまり、村が結束した状態で存在していれば、外部から経済力で支配しようとしても、それはできないことであった。村の凝集性を担った要因の一つが村人が共同で行なうショッキ流しという生業であり、熊祭りを実施する組織であった。

現在の山熊田は戦後の農地解放で少ないながらも各家が田地を確保し、商品経済の浸透によって、ゼンマイの出荷、ゼンマイの綿で織ったゼンマイ紡ぎの出荷などで経済的に外部とつながっている。同時に、焼畑で作る温海蕪《あつみ》の全国的な名声を背景に、漬物の販売や、漬物作りの工程を体験させる観光客誘致に成功し、村の中心に施設まで完備した観光地となろうとしている。

一方、奥三面の人たちが町に出てくる時、宿となった村が千縄である。ここも狩人の村で春の祭りには熊を食した。狩人は現在も残る。村人は昔ながらの生活を続けながら、会社勤めなどで生計を立てている。ここも、村人の凝集性が強く、離村した家はない。会社勤めをしながらでも、村の行事を皆で実施し生活をしている。しかし、千縄では山熊田にない変化が起きている。村に対する帰属意識が薄らぎ、職場でのつながりが増えるに従って村の凝集性が弱まる傾向のあることである。山熊田のショッキ流しのように、村人全員が同じ仕事をして一緒に生きてきたということがないからであろうか。

かつては千縄も村の凝集性が熊祭りによって確認され、狩人の頭やそれに付き従っている人たちが発言権を持っていた。ところが、山仕事に力を入れる人と、田仕事に力を入れる人など、集落内で生業に分化が起こり、凝集性が少しずつ弛んでいった。立派な舗装道路の開通はそれに拍車をかけ、村の外に仕事を求める人も出た。各自の帰属が会社になっているため、村の凝集性が維持し続けられるかどうか難しい局面に至っている。

山熊田との大きな違いは、車で通える範囲に会社などの仕事場を求めることができる千縄に対し、山熊田は山間に孤立した集落であったことである。各家が村で固まって生きていく以外にない場所では、村の凝集性が保たれるのである。

三　複数の狩人組織がある村

秋田県百宅には六組の熊狩り組織があった。彼らは鳥海山を狩り場としたが、その年の熊の居所が拡散し、お互いの狩り場が熊のいる所でかち合うことがあり、熊が授からない時には、旅に出たことがある。金子長吉をシシオジとする組は山本郡に出かけている。白神山地の南裾に広がる山であるが、当然のようにその地のマタギと狩り場が重なる。このような時、ともに熊を狩る場合には、相手のシシオジに挨拶し、狩りの仲間に入れてもらうことがあった。主導権を握るのは地のマタギであることは言うまでもない。

山形県大井沢では狩りで羚羊を獲る伝統がなかったという。ここに大正時代、犬を数匹連れた秋田マタギの一つの組織が入り、朝日岳北東の深い山々で羚羊を狩り、この地から羚羊が見えなくなってしまったことがあると伝承されている。大井沢では熊の狩りが主体であったというのである。羚羊は毛皮と角が良い値段で取引されることをこの時知ったと語る古老がいた。

秋田マタギはこのように旅稼ぎを可能にするだけの組織ができ上がっていたと考えられる。マタギの組織数が多く、地の熊や羚羊だけでは獲物の量が足りなかったのである。おそらく、熊胆・熊皮・羚羊皮・羚羊角は購入後流通させるだけの基盤が確立していたものであったろう。熊胆は根子の売薬に使われ、羚羊皮は着衣として軍隊の航空機乗りの背皮として使われ、角は三陸漁師に鰹疑似餌の材料として卸された。

このように、各地で行なわれていた伝統的な狩りは、商品経済の浸透によって変貌を遂げていく。熊胆も同様の組織で旅の狩人が存在したことは百宅の金子の証言から得られている。熊胆と毛皮を業者に持っていき、米に替えて山に入り直し、狩りを続けたという。

奥三面では羚羊の狩りが主体であった。羚羊皮は小国に持っていき、米二俵に替えた。肉は各家庭にとって最高の御馳走であった。熊を獲るという伝統は奥三面では比較的新しいことであった。

各地の狩人がその地の体制を代表する人間として存在していたところに変化をもたらしたのは、旅の狩人であった。打当の鈴木松治は奥会津黒谷へ、比立内のマタギも新潟の山岳地帯などに出かけた。熊胆と毛皮をその地で販売することによって、秋田マタギは食料を確保することが主体であったが、これが商品の流通を導いている。社会体制を変貌させるまでに変革を導いたのは、このシステムを持って入ってきた秋田マタギの集団であった。

村に単一の狩人組織があるところでは、旅に出て外部と接触する機会は限られ、従来の伝統を守ることに汲々として村が持続していく。村の体制を維持するのは本家筋、狩人の頭の系統である。地縁・血縁で物事が決められていく社会である。

ところが、今まで見てきたように、複数の狩人組織があるところでは必ず組織間での軋轢がある。その軋轢が外に向かって出ていけば、狩猟が新しい経済活動につながる起点となる。内部で軋轢を保持し続けることは体制の崩壊を導きかねない。複数の組織はみずからの活動の場所を求めるという意味で内部、外部ともに軋轢を生じさせたのである。日本の山村が大きく変わっていく要因の一つである。山間の村に商品経済をもたらしたのは熊狩り集団間の軋轢である。

このように、熊狩りという行為は、決められた山という自然・領域の中で、決められた人・規則で執行され、村と人の持続的生存を維持するという意味できわめて自然順応、体制維持的な営みであったといえるのである。

(1) 高島米吉ほか、二〇〇四『シベリア出兵従軍記』無明舎には山形市の連隊からニコライエフスクへ出兵した兵士の記録がある。ニコライエフスクではロシア革命当時、多くの勢力が日本軍に協力している姿が描かれている。しかし、狩りに長けた現地人を味方に付け損ね、酷い損害を出していることが描かれ、興味をひく。

第二部　熊と人間が取り結ぶ精神世界

第一章　熊・母系・山の神

熊が冬眠で穴に籠もり、ここで仔を産んで春先の雪解け時に出てくる姿は、人に「再生と復活」を意識づけた。

春先に集落全員が関わり参加する祭りで、熊を獲って食べる所がある。北陸地方から飯豊山麓や朝日山麓を抱えた東北日本である。このうち、新潟県山熊田や日出谷、千縄、富山県五箇山などでは春祭りに熊の肉を口に入れるのを、人が生命力を回復するためと位置づけていた。集落構成員の全員が一斉に食べなくても、熊獲りをした狩人たちから分け前をもらい、後に多くの人が口に入れることは、広く東北地方から北海道そしてユーラシア大陸北部、アメリカ大陸北部で行なわれてきた。再生・復活してきた貴重な動物を食べてしまう。この矛盾する行為は何を意味しているのであろうか。

籠もるという行為の後に復活を遂げることは、キリスト受難に象徴されるものである。キリストが受けた受難は、十字架に張りつけにされ、死後に岩屋に葬られるまでである。そして、三日後に復活を遂げる。キリストは、安置された岩屋から出る。籠もりの期間を経て再生していくのである。再生と復活はそのモデルが熊を表象として自然界に存在していた一面がある。

キリスト教の根本に関わる教義である贖《あがな》いは、罪人のために第三者が代わって死ぬことである。生け贄を捧げ、これを供に食す供犠をすることが原初の姿である。旧約聖書の時代は生け贄が羊・牛・鳩などであった。新訳の時代となってこれがキリストとなる。熊も同じ位置づけとなるのだろうか。

民族学の著名な業績である『金枝篇』(1)を著したJ・G・フレーザーは、全世界から集めた膨大な資料によって、世界的に分布する穀物霊を殖やすための動物とその生け贄が宗教へ昇華していく過程をまとめた。農耕儀礼に伴う日本の鹿や猪の血とつながる。

キリスト者は聖餐式を行なってキリストの血と肉を葡萄酒とパンに表象し、これらの物を口から体内に入れてキリストの受難、贖いをみずからのものにしようとする。供犠の一つである。この儀礼は熊を狩り熊を食べ尽くす心理と通底すると考えられるのである。

日本の狩猟文化のなかで執り行なわれる儀礼も、農耕儀礼での豊かな収穫を期待する動物の血や肉の供犠と、熊に代表され、人が生命力回復のために呑み喰らう熊の血や肉に分けられる。フレーザーは後者を穀物霊へと発展する前段階ととらえた。

この問題は、日本列島の狩猟文化のなかにその残滓と見られるものが生き続けている現実から解き明かされる。熊を獲った時の数々の儀礼の中に、熊の血に関する言い伝えがあり、キリストの血と重なる。狩猟者は熊を獲って解体していく過程で熊の血を呑む。熊の血は里人にとっても重要な物で、これを呑むことで生命力を回復し病から逃れられるとする考え方がある。贖いの第一段階は血に関わる儀礼である。

そして、矛盾するようであるが、熊の体を再生させるために、肉となった熊の体を供犠して食べ尽くすことが義務づけられる。熊を食べ尽くすことでのみ熊の再生を図る心意がみてとれる。これが第二段階である。食べ尽くされて熊は人の贖い主となる。

人が熊に対する数々の儀礼を執行していく過程の解釈は、熊を遣わした大自然やその表象としての神々に対して、人の生活を守ってもらうことを意識した実利的な目的によって行なわれているのか、それとも、人が自身の生活の拠ってくる根っ子を熊に投影しているのか議論の分かれるところである。前者であれば、人は大自然の中で神々の裁可によって生かされているという観念が根本にくる。後者であれば先祖に熊が投影されていくトーテムのつながりが観念されるだろう。そして、この二つの観念が成立している可能性もある。

いずれにしても、熊という動物を通して、贖いや生け贄の問題が、人の生活との関係で示されるようになった。熊が人の精神世界の基層に底流しているのである。人は熊にみずからの姿を投影している。だから、人と熊の精神文化を研究する際には、人の心の奥底まで見通す追究の姿勢がもとめられるのである。

一　籠もりと復活・再生

籠もりの後、復活と再生を遂げていく熊の姿は、世界中にある「籠もり」の行為とも関わっている。月の出を待つために女の人たちが籠もり堂に籠もって待つ日本の行事、日本神話の「天の岩戸」伝説、アメリカインディアンの人たちに広く残る籠もりと再生の話。ユーラシア大陸に広く残る多くの命がほとばしり出る「生命の木」伝説。

籠もりの後、再生して復活を遂げ、命がほとばしり出るという、人々の基層にある共通認識は具体的な動物や植物の姿から連想されてきたものであると考えられる。

植物での連想よりも、より具体的に表象化されたのが熊である、と私は考えている。熊という動物の行動や生態から人は連想を得た。

吹雪の原野で死にかけた人が、熊の冬籠もりの穴に入って助かる話がロシア沿海州からサハリン、そして新潟県に分布している。しかも、この話はベーリング海峡を挟んでアメリカ大陸の先住民族にまで分布域が広がっている。

アムール川流域、ナナイの猟師が吹雪で道に迷い、熊の穴に入り込んで助かる。熊は彼を壁側に導いて掌を嘗めさせ、冬中ともにいる。春が来て熊が外に出ると、猟師も外に出て家に帰る。これが基本的な話である。熊の穴に入り込んで一冬を過ごす。ここでは熊が彼を養う。そして、春になると熊とともに外の世界に出る。

ある秋のこと、一人の男が初雪の降る直前、熊狩りに出かけた。彼は熊の巣穴を見つけ、熊を殺して皮を剝いだ。そして、あまりに寒かったので熊の巣穴に潜り込んだ。一夜を明かすのにちょうどよいと考えたのだ。彼は風を遮ろうと入口に草を積み上げ、そのまま寝入ってしまった。うつらうつらしながら寝返りをうち、ようやく目を覚ますと、様子がおかしい。春だった。彼はふらふらしながら外に出た。すっかり体が弱っていた。長い時間をかけて家に帰った。彼を見て人々はびっくりした。冬中探し回っていたからである。(2)

北アメリカ先住民族の間で語られてきた話である。カナダからアメリカ合衆国にかけての森林地帯に住む先住民族の人たちは、熊を特別な動物としてきた。穴に籠もっていた人が出てくるという姿は、出産をも連想させる。籠もるという行為の本質的な姿は、人の誕生にかかっていることも予測されるのである。だから、どこから生まれてきたかという出自をめぐるトーテムとしても熊が重要視される。これが女性と熊との関わりを生む。畏れ、尊敬の対象であった熊がなぜ狩りの対象となり食料として扱われることになるのか。大きな矛盾を覚えることは正常な思考過程である。

片や贖い主・トーテム、片や食料。この矛盾に富んだ生き物を考える取りかかりとして、沿海州、アムール川流域で熊とともに生きてきた少数民族の人たちの語りから始める。

極東ではすべての民族が熊を密林の主人公と呼んでいます。熊は虎よりも猪よりもトナカイよりも強いとされ、すべての民族が崇拝している。

昔、熊は火、太陽、天を具現するものとみなされていた。熊の頭は神聖な草である躑躅《つつじ》を燃やす煙で燻された。燻された熊の霊魂は熊を殺した人を恨まないとされていた。

熊の肉を食べる儀式のとき、それを煮た竈《かまど》の炭で骨を黒く塗る。ここにまた皮や毛が生えるといわれている。そして、その骨を木の穴に差し込むか、木の幹にしばりつける。そうすると、熊の霊魂がまたこの皮の中に入るという。今でも、森の中で長い間雨や風に当たって白くなっている熊の頭蓋骨や骨を見かけることがある。

北方少数民族の間で伝わっている、儀式に使う崇拝像はヤマグアルといわれ、熊の霊魂を崇拝する。

いくつかの先住民族の猟師は、熊を獲ることはほとんどしなかった。それは、熊の霊魂の憤りを受け、自分も家族も皆が迫害され、猟に出ても獲物はなく、不幸が死ぬまで続くと信じられていたからである。

しかし、春の終わり頃になると住まいには段々と食料がなくなり、飢餓が迫ってくる。猟師は一人で熊の冬眠している穴を探しに行く。穴を見つけると猟師は家に戻り、誰にも一言も言わずに熊を獲る準備を整える。これを見ている隣の友人も一言も言わずにこの猟師と共に出かける。そして、穴の中にいる熊を起こして殺し、木の枝をかけて次の朝まで穴に残してその日は家に帰る。そして、家に帰っても一言もしゃべらない。それは、熊が密林の主人公だから、冗談を言ったりすることが許されないのだという。熊の霊魂が腹を立てるようなことがあると自分も家族も迫害を受けて大変な目に遭うからである。

次の日には熊が家に運ばれ、儀式の第二部が始まる。最初の日に肉を食べるのは成人男性だけである。二日目には子供たちにも許される。そして、三日目になって初めて女性が肉を食べる。その後、頭蓋骨には樹皮で作った眼鏡をかける。これは、熊の霊魂を買収するのである。頭蓋骨はトーテムとして柱にかけたり木の幹にかけたりする。

ウスリー川・アムール川流域に暮らしたウデヘ人の伝承である。熊の肉を食べるのに、きわめて厳格な順序性が示されている。女性が後回しにされる。

女性は子孫を残すことができる。ここに熊のトーテムとのつながりを私は予感する。かつては、熊は獲ってはならないし、肉を食べてはならないとする社会的禁忌があり、狩りをして食べなければな

図32　ロシア沿海州，ウデへの人々
中：家族で鱒捕りに行く，下：アニュイ川で。

らない場面が出てきた際には、女性に害が及ばないように男だけが食べたのではなかったか。この社会的禁忌を犯さなければならない場面にいたって、まず男性が降りかかる災難を覚悟して食し、その後女性にも食べさせるようになっていったと考えられる。次はウリチの人々の伝承である。

昔、一人のウリチの女性が村から森林に向かった。彼女はコケモモやキノコを集めながら森の奥に入り、道に迷ってしまった。彼女は歩きながら帰る道を探して泣いた。この時、ひょっと見ると小さな家が建っていた。女性は家に入り夕食を作って主人の帰りを待った。やがて主人が戻ってきた。それは大きな熊だった。女性の美しさにうっとりした熊は女性を自分の妻にすることにした。九カ月後、女性は双子の男の子を産んだ。それは、熊と人間だった。二人はいっしょに育てられた。

しかし、人間の体質が目覚めた男の子は、兄弟の熊に危害を加えるようになった。そして、最後には死ぬほどの傷を与えた。熊は死に際して次のようにいった。

「親愛なる兄弟よ、私は常に君を愛した。なぜ君が私を憎むのかわからない。もし君が仲直りを望むのであれば、私の骨と頭蓋骨だけを葬ってくれ。あとは、肉も内臓も煮てくれ。そして、村人を皆呼んで食べてくれ。ただし、女性には肉を食べさせてはいけない。女性、それは私の母であり、母親は自分の息子の肉は食べないのだから。これが、私たち兄弟の仲直りのお祭りなのだ」。

以上、二つの話は、ソビエト時代にハバロフスクに滞在し、日本人向け旅行者のガイドをしていた故人の調査記録である。ウデヘ、ウリチの人からの聞き書きである(3)。

二つの話から、多くの課題を導くことができる。熊に霊魂を認め、それが崇拝されるほど強いものであること。それゆえに熊を食べてはならないのであるが、人の生存のためには許されること。そして、そのことの代償として熊をトーテムとして敬わなければならないことを女性に関わる社会的禁忌で説明している。しかも、熊の生態に忠実に沿った話としてでき上がっている。雌熊（女性）は、雄熊（仔）を産んだものであり、雌熊だけが血のつながりを維持するものである。

そして、熊の肉は厳しい禁忌を伴って食されている。つまり、この二つの話は人と熊の位置づけを説明するのに適切である。

二　女性と禁忌

女性が男性より先に熊の肉を食べてはならない話は、熊狩りをする地方で人々に広く共通している。熊狩り衆が獲った熊の体に口を付け、血を呑み肉を食べる行為は二回ある。最初は山での送り儀礼の際に、熊を解体して血や脂を呑み食する行為であり、もう一つは熊を里に下ろして参加者が熊の肉をともに食する供犠と慰霊である。

具体的に検討する。飯豊山麓や朝日山麓そして秋田森吉山の熊狩り衆は、熊を獲ると、参加者全員が集まり、勝鬨《かちどき》（ヨロコビオオゴエ）を上げて熊の魂を送る儀礼に取りかかる。秋田でケボカイといい、新潟でサカサカケという。熊を北（秋田マタギ・福島）や東（山形・新潟・福島）、川上（奥三面）などに向けて仰向けに寝かせ、皮を剥いで熊の霊を送るサカサガケを行なう。次に腹部から内臓を取り出す。この時、大量の血や内臓のまわりに付いていた脂身が出てくる。血を一カ所に集めて、皆で呑む。大腸を取り出して詰まっているものを足でしごいて中を抜き、空になった大腸に、残った血と脂身を詰める。胆囊を取り出して胆管を紐でしばり、熊胆を作るために軟らかいものでくるむ。心臓を取り出して十字に切れ目を入れて山の神に捧げ、膵臓を取り出して火に焙り、弾ける方向を見て、次の狩り場の占いをする（富山から新潟にかけて）。などの一連の儀礼が行なわれる。熊の魂を送ってしまった後は、熊の首筋・尻・背中の部分の肉を切り出して、串に刺して焼き、里への土産とするモチグシ・七串焼きなどの儀礼を行なうところもある。

この場面は、狩りに参加した男たちだけで行なう。だから、熊の血を呑むのは狩人だけで行なうのが一般的である。春の熊祭りとして熊狩りを行なっている新潟県山熊田では、狩り場の近くまで女性が見に来ていても、決して血を呑ませはしない。熊が獲れたことを知った小学生がこの場に行った場合、男の子にだけ血を呑ませる。

新潟県から山形県にかけての朝日連峰西部の熊狩り集落や秋田県阿仁では、婦人も熊の血を呑む伝統が残っている。新潟県岩船郡朝日村薦川の小田甚太郎（大正一〇年生まれ）は、この地の熊狩りの頭領であるが、春先の巻き狩りで熊を獲りに出かける時、村の体の弱い年寄りから瓶を預けられたという。熊が獲れたら瓶に熊の血を詰めて持ち帰った。この血は、村の体の弱い老人（男性も女性も）が薬として毎日少しずつ呑んだという。ただ、子どもに呑ませた例はなかった。同様の事例は朝日村高根でも語られていて、瓶に熊の血を詰めてもらい、体の弱い婦人が薬としたという。

山形県大鳥では、熊が獲れたことを知らせる勝鬨が聞こえると、里の女衆（多くは婦人）がぞろぞろ出かけてきたという。そして、熊の送り儀礼で男衆が呑んだ後の血を呑む儀礼があった。この行為は、婦人病に効くからであるという説明がされている。

女衆が熊の血を呑む事例である。熊狩りのヤマサキを務めた亀井一郎は、「熊が獲れると女衆に知らせるために、空砲を里の山の神に向けて撃った」と述べている。女性が血を呑む事例は、女性（母系）をまもるために男性のみで行なわれた前記の事例と矛盾するが、熊を自身のトーテムと考える人々であれば、生命力の回復・病気治療という意味で導かれた儀礼の一つと、解釈している。

次に、里に熊を下ろしてここで行なう儀礼は、供犠と慰霊である。供犠は普通、熊以外の動物で行なっていたものであったと考えられる。しかし、熊は再生する動物であるとの理屈から、熊そのものを食べ尽くす行為が供犠となっていったものと考えられる。

熊汁や熊鍋を作って食べ尽くすことは、熊狩りの親方の家で行なう。山形県小玉川の舟山仲次は、熊を獲って帰ってきた人たちが、料理する場所も使う調理器具も日常とは違い、熊に合わせたものであったことを述べている。料理は庭で行ない、熊肉料理用の鍋（熊鍋）がある。熊汁を食べる皿（熊皿）はふだん使わないもので熊汁用に決められていた。箸も熊汁用に山から木を伐ってきて自分で作った。

岩手県沢内村のマタギは台所で調理したと述べているが、ふだん使う鍋は使用せず、熊鍋は独立してあったことを述べている。秋田県打当でも状況は同じで、熊料理は庭で行なった。山形県徳網でも、熊のヤジ（腸詰め）を塩茹でして食べることから供犠と慰霊の儀式が始まった。隣接する五味沢では、還俗した山伏である法印を呼んで熊祭りを熊宿で行ない、湯立ての神事の後に熊料理を食べた。熊祭り用の場所が設置されていてここで食べている。

いずれも、食べ尽くすことが礼儀とされ、一切残してはならなかった。供犠とはそういうものであった。

このように、男性が中心となって儀礼を行なうのは、女衆の場所（台所）を汚さない行為である。女衆を関与させないのは女性を卑下するのではなく、尊重し守るためなのである。

なぜ女性を特別扱いしたのか。

この背後には、熊の生態が深く関わっていると考えられる。先述した沿海州少数民族の人たちが熊に対して伝えている話と同じものが、北日本の日本海側や北海道アイヌの人々によって伝えられている。第一部で「イチゴ別れ」として記録したことであるが、より詳しく伝承している熊の話である。

雌熊は穴籠もりしているときに一〜二頭の仔熊を産む。二頭の時は、雄と雌であることが多い。そして、一頭の時は雄が生まれることが多い。雄の仔を産んだ母熊は、仔熊と一年間行動を共にし、一歳の時の冬には、自分の生まれた穴に戻ってともに冬籠もりする。そして、二年間一緒にいて、三年目の夏に雄の仔どもと交尾して別れる。母熊が雄雌二頭の熊を産んだ時は、次の年、雌熊を早く放して、雄の仔熊と二年間過ごす。そして、三年目の夏にこの雄熊と交尾して離れる。

このような熊の生態を、私は奥三面の狩人、小池善茂、薦川の小田甚太郎、秋田県打当の鈴木宏、山形県大鳥の亀井一郎らから聞いた。つまり、熊狩り衆は、真偽は別にこのような熊の生態を語り伝えてきていたのである。交尾して別れるのは共通するが、交尾の相手がタビ（旅）熊とかワタリ熊と呼ばれる雄であることを強く強調しているのが鳥海マタギの金子長吉である（第一部第一章・二章参照）。しかし、母系に関しては同じ観念を持つ。母熊は血のつながりを持続させていく。母熊に対する強烈な崇拝が誕生してきても不思議ではない。母熊だけが血のつながりを維持できる重要な存在であるからだ。

人がこの事実を知った時、人の社会では母熊に対する社会的禁忌が成立していくはずである。母熊は獲ってはならないとか、母熊の穴には近づいてはならないなど。そして、人の女性に、母熊の姿を投影していく筋道が考えられる。

奥三面では、寒中に熊は子供を産むということで、大寒・小寒ともに各家ではクマという言葉を使ってはならなかったという。かわりにクロイシシと言った。冬眠中の熊狩りで、身ごもった熊（サンゴジシという）を間違えて獲った場合、法ゴトを唱えて、十二大里山の神（奥三面の山の神）に許しを請わなければならなかったことは記した（第一部第三章参照）。

日本では、熊狩りをするのは男性、獲れた熊を料理して食べるのも男性と決められていた。後に、集落全体で熊の肉を食べて祝う儀式ができ上がっていくが、本来は男性の仕事であった。男性は熊を殺し喰らうことで血のつながりを破壊する者なのである。

この凶暴な行為が女性に及んでいかないように意図したのが、男性だけが熊を優先的に食べて、害が女性に及ばないようにする行為だった。

三　熊と癒し

熊の胆嚢がクマノイ（熊胆）と呼ばれる内服薬になったり、熊の骨がアイス呼ばれる打撲の外科用医薬品になった。骨を折った人を治療する場合、熊の骨を砕いて、薬草十数種類と混ぜて御飯で固め、患部に巻く。ひどい傷でも、これによって少しずつ回復していったという。奥三面で足を骨折し、骨が飛び出すほどの怪我をした小池大炊之介は、自身の家で作るアイスと呼ばれる薬品を熊の骨と御飯に溶かして塗り固め、骨を正常な状態に戻して、足をアイスでくるんで治した。一週間ほどは毎日のようにアイスを取り替え、患部の熱が引くのを待ち、患部が落ち着いてくると、アイスの調合を変えてくるんだ。

熊の骨を体の痛む患部に当てて、痛みを取るようにしたところがある。秋田の内陸部では熊の骨を取っておいて玄関に飾ったり山小屋に飾ったりした。魔除けと解釈されている事例であるが、熊の骨を患部に当てていたという伝承に接している。鳥海山麓では骨を削って呑むことで脳関係の病気に効くことを述べている。てんかんには顕著に効くという。また、熊の頭を取っておいたところでは、玄関に飾ったり床の間に飾ったりしたが、病気の際はこの頭蓋骨に触れることで病気を追い出そうとしたことが伝承されている。

飯豊山麓、山形県小玉川ではサンコウ（三光）焼きを作った。熊の頭骨、猿の頭骨、あと鼬《いたち》や貂《てん》の頭骨を加えて蒸し焼きにし、ぼろぼろになった骨の石灰質を御飯で固めてアイスと同じように外科治療に用いたり、このまま呑んで婦人病の治療薬とした。新潟県山熊田のサンコウ焼きは、婦人病と精神病に顕著な効き目があったといい、婦人で頭を痛めている（精神を病む）人はこの薬しか効かなかったという。熊の頭骨が手に入らないところでもサンコウ焼きが行なわれていた。秋田県阿仁ではミコウ焼きといい、猿・鼬・貂の頭を瓶で蒸し焼きにした。この粉末は頭の病、高血圧や婦人病からくるものに顕著に効いたという。そして、婦人のしつこい頭の病である気が狂う病気では、このミコウ焼きしか効き目がなかったという。

いずれにしても、熊の骨を用いた薬には、婦人病や精神病に効くとする顕著な特色が共通してあるのはなぜだろうか。

熊の血を呑むと婦人病に効くとする山形県大鳥の伝承は、具体的に婦人の長血を患うことの連想であると考えられる。新潟県薦川で熊の血を呑んだ老人は体が弱いからであったと語っているが、中風の薬としても使われた。飯豊山麓、福島県藤巻では熊の子宮を乾燥させて観音様に奉納し、安産を祈願した。大鳥の亀井一郎の家には、長い風船状に熊の腸を膨らませたものが掛けてあった。妻の病気の時に腹に巻いたという。鳥海山麓百宅では、熊の左手を取っておき、妊婦のお腹をさするとお産が軽いと言った（第一部一・二章参照）。

いずれも熊は安産だからというのがその説明であるが、雌熊に対する畏敬の現われであったのだろう。

もともと熊の体は、婦人特有の病気に対する治療のために使われたと考えられる。ここでも熊の母系が見え隠れする。どうにもならないような頭の病・精神病までも女性の病として扱っていた時代があったのではないか。一方、男に対しては、外科的治療に使われていて即物的である。熊による治療のあり方がより幅広く意識されているのが北アメリカ先住民族である。

北アメリカのほとんどの部族が、クマと癒しを結びつけている。カナダに住むイヌイットのシャーマンは最も強力な守護者としてクマを崇め、病人を診断する時や治癒儀礼の中で彼らに呼びかけた(4)。

この理由について、熊の食べる植物が人の薬草としても使われることから、人が儀礼に使う薬草や植物が熊からもたらされたとする考えが成立していったものと考えられる。人々に薬の知恵を授けたのが熊であったというのである(5)。つまり、治療に対する知識は、熊がシャーマンに教えた薬用植物によって発達してきたと考えられているのである。熊が教えたというのは、彼らが食べている植物という意味である。

日本でも、熊が冬眠から目覚めて最初に食べる山菜のヒメザゼンソウが、アイヌのイオマンテなどで使われていく筋道を私は報告した(6)。

熊の体の各部も薬用として利用されてきた。秋田県阿仁でサヨは熊の舌を指し、乾燥させて粉末にし、熱冷ましや傷薬とした。熊の血はヒダリともいい、乾燥させて頭痛・疲労回復・強壮剤として使った。肝臓は乾燥して粉末にしたものを心臓・肝臓病そして結核に使用した。雄の熊のペニスは乾燥させてから煎じて性病の薬とした。熊の子宮や小腸は乾燥して妊婦の帯に入れた。お産が軽くなると言った。

女性はお産を通して、生命をつなげていくことができる生き物である。熊の籠もりと再生は女性に対する強烈な尊崇の心根と結びついているのである。

(1) J・G・フレーザー、一八九〇『金枝篇』(永橋卓介訳、一九五二、岩波文庫)。
(2) デイヴィッド・ロックウェル、小林正佳訳、二〇〇一『クマとアメリカ・インディアンの暮らし』どうぶつ社。
(3) ロシア、ハバロフスクのインツーリスト旅行社のサングワン・リー課長から、ソビエト時代に日本人前任者がまとめていた少数民族のガイド・ブック用解説を、筆者が個人的に譲り受けた。
(4) 注2前掲書、一二五頁。
(5) 注2前掲書、一二七頁。
(6) 赤羽正春、二〇〇一「熊と山菜」『採集——ブナ林の恵み』法政大学出版局。

第二章　熊を敬う人々

現代社会では、熊は駆除の対象となる害獣として扱う一方、人間のために、自然の中で生きる術を教え導いてくれる対象としても現われる。しかし、後者は熊狩り集落など、熊と交渉のある山間の村人に限定される。現在の社会状況からは想像もつかないことであるが、熊は、人を助け、人のために尽くす自然界の優越者であるとする考え方があった。

例えば、山の神として、熊神のような描かれ方をする場合がある。これは、アイヌの社会に顕著に表われている。また、自然の中で生きる人間に、貴重な知恵を授ける救世主的な描かれ方がある。人の命を助けたり、人と結婚して家庭を築いたりする。

アイヌの人々の熊をめぐる想いをたどっていくと、ユーラシア大陸シベリアの民族とも強く結びついていることに気づかされる。祖先が自然とともに生きてきたかつての採集・狩猟社会は、北海道・サハリン・大陸と同類の文化的背景を維持し、強く結びついている。

か弱い人間が自然と折り合いをつけながら生きていくために熊から得た自然界の教えを、新潟・東北以北の地域から掘り起こして提示する。

一　「熊人を助ける」

ロシア沿海州、アムール川沿いにすむ少数民族ナナイの人々は、シベリアン・タイガーをタイガ（森）の神として扱い、熊はその下に位置する、森の神であった。ウリチ・ニブヒは熊を森の主としていた。ハバロフスクから車で三時間の場所にあるナナイ人トロツコイ村で採集した話も熊への強い崇拝が感じ取られた。

熊の木彫像があった。シャーマンに祈ってもらって悪いものが籠もっている場所に熊の木彫像（ヤマグアル）を置いた（二五九頁図40）。これによって魔物の侵入と滞在を防ぐことができたという。熊は人を守ってくれる守護者として遇されていた。

ロシア極東北方民族の熊崇拝は民族学ではよく知られた事実である。

ナナイの氏族ディゴルは自らの出自を熊に求めている。彼らにとって熊はトーテムの動物であり、「祖先」である。(1)

仔熊を捕らえて一〜二年飼育すると、アムール川下流に運んでニブヒに売った。熊は小さいときは女の人が母乳で育て、少し大きくなると重湯を飲ませたという。ニブヒも熊を飼育して、アイヌのイオマンテとよく似た「送り」の儀礼を経てあの世の国に送った。

「アムール河沿岸の民族はいずれも、祖先の霊魂は熊の体内に移り住んでいるので、自分たちは熊と姻戚関係にあると考えていた」という。だから、熊は先祖の霊魂の守護者ということになる。第一章第一節の最初で提示した説話は、籠もりと復活・再生ばかりでなく、トーテムの視点をも映し出しているのである。

ナナイに伝えられている話に次のものがある。

むかしむかし、母方のおじさんが話してくれたんだが。ひとりの猟師が冬、道に迷ったのさ。吹雪で雪が舞う中を、いったいどっちへ行けばいいんだろう。熊の穴をみつけて、「きっと熊は眠っているに違いない」と考えた。

穴の中に潜り込むと、熊は手出しもせず壁側に体をぴったり寄せて、猟師に場所を空けてくれた。猟師は眠り込み、丸一日眠った。何も食べなかったが、一冬熊の穴の中で暮らしたような気がした。なにも食べていなかったのに、満腹で太っていた。

春になり、熊は外に出て一休みすると、また帰ってきた。同じ事を三回繰り返した後、熊はいなくなってしまった。猟師も穴を出て、すぐに家に帰る道を見つけた。猟師は後でこういった。「熊が俺を住まわせてくれて、まるで自分の脂肪をおれと分け合うようにして、食べさせてくれたんだ。」

これは熊がこう考えたのさ「この男は村に帰ったら、わしがいかに丁重にもてなしたか、みんなに話すだろう」って。(2)

この類話は、新潟県にも存在している。熊が人を守護する話で知られている。「熊人を助」として鈴木牧之の『北越雪譜』に載る。

我はたちの歳二月のはじめ薪をとらんとて雪車を引きて山に入りしに、村に近きところは皆きりつくしてたまたまあるも足場あしきゆえ、山一重こえてみるに、薪とすべき柴あまたありしゆえ自在にきりとり……雪車に積みて縛り付け山刀を差し入れ、低きに随って今来たりたる方へ乗下りたるに、一束の柴雪車より転び落、谷を埋めたる雪の裂隙にはさまりたるゆえ、……引き上げんとするにすこしも動かず……己がちからにおのれが体を転倒、雪のわれめより遙の谷底へおち入りけるが雪の上を滑りおちたるゆえ、幸いに疵はうけず。……さて傍らを見れば潜るべきほどの岩窟あり、中には雪もなきゆえはいりて見るに少し温かなり。……ここを寝所にせばやと闇地を探り探り入りて見るに次第に温か也。なおも探りし手先に障りしは正しく熊也。愕然して胸も裂けるやうなりしが逃げるに道なく、覚悟をきはめ、……もし情けあらば助けたまへとこわごわ熊を撫でければ、……しばしありてすすみいで我を尻にておしやるゆえ、熊のいたる跡へ坐りしにそのあたたかなる事炬燵にあたるごとく全身あたたまりて寒さを忘れしゆえ、熊にさまざま礼をのべなおもたすけ玉へと種種悲しき事をいひしに、熊手をあげて我が口へ柔らかにおしあてることたびたび也しゆえ、蟻のことをおもいだし舐めてみれば甘くて少し苦し。しきりになめたれば心爽やかになり喉も潤いしに、熊は鼻息を鳴らして寝いるよう也。さては我を助けるならんと心大におちつき、のちは熊と背中をならべて臥しが宿の事をのみおもいて眠気もつかず、おもいおもいてのちはいつか寝入りたり。かくて熊の身動きをしたるに目さめてみれば、穴の口見ゆるゆえ夜の明けたるをしり、穴をはいいでもしやかへるべき道もあるか、山にのぼるべき藤づるにてもあるかとあちこち見れどもなし。熊も穴をいでて滝壺にいたり水をのみし時はじめて熊を見れば、犬を七つもよせたるほどの大熊なり。またもとの穴に入りしゆえ……その日もむなしく暮れてまた穴に一夜を明かし、熊の掌に飢えしのぐ……。ある日穴の口の日のあたるところに虱をとりていたりしとき、熊穴よりいで袖を咥えてひきしゆえ……熊前に進みて自在に雪を掻き掘一道の途を開く……熊四方を顧て走り去りて行方知れず。……熊の去りし方を遥拝かずかず礼をのべ……火点頃

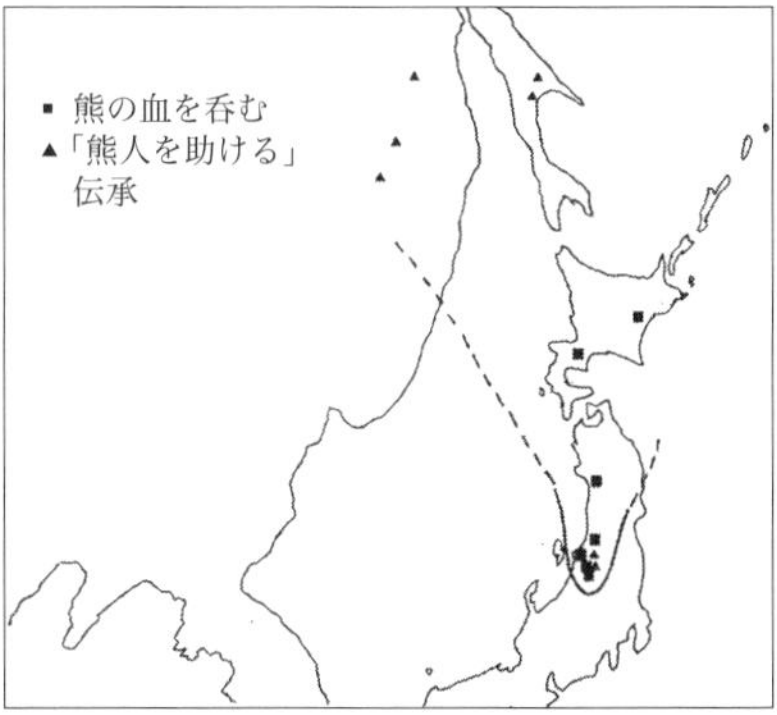

図 33　北につながる思惟

図 34　『北越雪譜』熊人を助ける図

宿へかえりしに両親はじめ驚愕せられ幽霊ならんとて立ちさわぐ。そののちは笑いとなりて両親はさらなり、人々も喜ぶ……(3)

新潟県の妻有地方・魚沼地方（長野県・群馬県と接する山岳豪雪地帯）で古くから語られてきた話の一つとして記録されている。しかも、経験した人から話を聞くという記述に終始しているため、新潟県の山岳地帯の熊獲り集落ではありふれた話のような印象がある。記述自体も、

熊は冬眠している間は掌を嘗め続けていて食事をとらないこと。

掌をアリカワといっていること。

冬眠中は熊は穴に入ってきた人を襲わないこと。

穴の中ではより深く入ったものが優先されて出口に近いものは穴を出なければならないこと。

冬眠から醒めると熊はいったん穴から出てまた穴に戻ること。


という、昔から熊獲りの人々の間で語られ続けてきた事柄をもれなく記述してあり、話としては熊と生きてきた人々の語りに忠実である。

ユーラシア大陸の北東の端・シベリアの森林地帯に生きてきた少数民族も、この話の要素を漏れなく語りついでいる。

アムール川流域ナナイの人々の伝承と、遠く離れた新潟県の山村との間にかくも近似の類話が伝承

されていることの不思議を考えてみなければならない（熊は本州にツキノワグマ、北海道・サハリンにヒグマ、沿海州に首に白い月の形を持つアジアクロクマとそれぞれに種類が違うが）。

しかも、第一章で述べたようにアメリカの先住民族の間に残る熊穴で冬を越す話と連続していくのである。

二　人の命を助けた熊の伝承とトーテム

アイヌの熊送りと近似の行事を行なうシベリアのナナイ・ニブヒ・ウリチなどの少数民族に伝承されている「熊に助けられた人の話」の類話が、アムール河流域からサハリン・本州へと広がって採話されている。具体的に記述する。

太平洋戦争前、サハリン（樺太）の敷香でギリヤーク（ニブヒ）の民話と習俗を採集した服部健は「熊に馴染んだ男」という民話を著書の最初に掲載している。


父と娘と息子二人、それに娘の夫の五人が同じ家に住んでいた。けれども親子は、娘の夫が非常に口が悪いので嫌って、何とかして家を追い出したいと考えていた……。

一家の男四人は猟に出かけた。雪の上に残された獣の足跡を追っていくうちに、四人はがけの上に出た。下を見るとがけの中ほどに熊が冬ごもりしている穴が見えた。

父と二人の息子は、口の悪い娘の夫を熊の穴の前に吊り下げる相談をまとめ、娘の夫を熊の穴の前まで下ろした。

　がけの上の三人は、小刀で縄をぷっつり切ってしまったのでどうにもならない。考えた末、矢を弓につがえて、熊の穴の中に入って夜を明かすことにした。日も暮れかかってきたので、この男は熊の穴の中に入り、とうとう熊を押しのけて奥の方に進み、そこで横になった。寂しい思いをしながらそこで明くる年の春、雪が解けるまで越年した。長い間、熊と同じ穴の中で暮らしたので、この男はすっかり熊と馴染みになった。熊が指を嘗めさせてくれると、男はお腹が張ったような気がして、何にも食べないでいることが出来た。

　ある時、男がぐっすり眠っていると、夢の中で老人が現れて、「明日は熊が穴から出る。おまえさんはその時に熊の背中に乗って目をつむり、体を動かさないようにしていなさい。」といった。明くる日、熊が立ちあがって穴の外に出ようとしたので男はいわれる通りに目をつむって体を動かさないようにして、熊の背中に乗っていた。熊が少し動いたと思われたので少し目をあけて見た。すると男は山の上に運び出されていた。

　男はすぐに自分の家にたどり着いてみんなを驚かせた。それから後は、この男が猟に出るといつもたくさんの獲物があった(4)。


　アムール川流域の熊に関する伝承が、サハリンにもある。大陸のナナイとギリヤーク（ニブヒ）の話を比較すると、熊をどのように認識していたかで議論が分かれる。

　ナナイは熊狩りの目的ではないところで熊に助けられている。一方のギリヤークでは熊狩りと受け取れる猟であったにもかかわらず熊が人を助けている。

第一章でウデヘ人の話を記述したが、ここでは食べるものが底をついたのでやむをえず狩りにいったことが描かれている。ネギダルの「熊の巣穴で過ごした男」は、リス狩りに行って吹雪に遭い、エゾマツの根元で寝ている時に、熊の巣穴に放り投げられ、一冬を過ごす。春が来ると熊はこの男に、熊を食べてはならないことを述べて穴から出す。この男は以後熊を食べなかった、という話になっている。本来、このように熊を食べてはならないことは社会的禁忌として成立していたのではなかったか。だから第一章で述べたウデヘの伝承はきわめて説得力がある。飢えて食べ物がなくなった時に、熊が人のために体を捧げる。この行為は、熊をトーテムとする人々にとっては贖《あがな》いそのものである。それゆえに熊を残らず食べ尽くすという供犠のみが、人を熊とつなぐ最低限の約束となったと考えられるのである。

本来、熊は森の神として扱われてきた背景があり、獲って食べるという動機は考えられない。神を喰らうという発想はなかったのである。

熊を山の神と認識している事例がニブヒやアイヌの人々の昔話に多く出てくる。熊が先祖の霊魂を宿していて、山に住んでいることから山の神となったのであれば、狩猟の対象とすること自体に矛盾を感じるはずである。特に、アイヌの人々の伝承の中に熊を山の神として崇める事例が多く報告されている。

アイヌの説話を記録した知里真志保は「雌熊の神に猟運を授かる」という話や「熊神人妻と駆落」のなかで熊との婚姻によって人間が熊に同化することでこの矛盾を解決する事例を提示してくれてい

る。[5] アイヌの人々にとって熊と人は、婚姻関係によって同化した。まさに、トーテムの発露である。

前者の説話では、狩りに恵まれる物語が展開する。狩り小屋に帰って来た男が、自分以外いないはずの小屋から煙の上がっているのを見る。中には女がいて食事を準備してくれていた。男は女と共に床を並べて寝た。次の朝、女は小屋を出ていくが体を揺すると雌熊に変わる。木幣をありったけ小屋に結びつけて雌熊を送る。それからこの男は猟に恵まれるようになる。男は神様にめぐり会ったことに感謝する。熊と婚姻関係が結ばれた事例である。

後者の説話では、人妻が山から下りてきた若い男（熊）と関係を結ぶ。怒った妻の弟が果たし合いの熊狩りに出る。熊穴にいる駆け落ちした妻（雌熊）と雄の熊を見つけるが相手にやられてしまう。しかし、この後は猟に恵まれるようになる。このとき、熊の神は「熊は殺されても（神だから）すぐにまた生き返る。人間は死ねばそれっきりだ」ということを教える。

ロシア沿海州に住むウリチの人々の説話に「姉弟と熊」がある。

ある時、一人の男が狩りに出かけた。家には一人の姉が残っていた。弟の留守に熊がやってきて姉をさらって行った。熊はその娘と結婚した。弟は長い間姉を捜し、ついに森のなかで彼女を見つけた。彼女は弟に「自分は結婚した。そして、主人は家にはいない」と話した。弟はしばらくの間狩りに行った。姉のユルタの近くで彼は熊を見つけて、それを殺し、解体して肉を持ち帰り、姉に食べさせた。ところが、彼が殺した熊の毛皮と頭を運んできた時、姉はそれが自分の夫であると知って驚きのあまり死んでしまい、弟は気が狂ってしまった。

これは、沿海州を地図作りのために探検したアルセーニエフが著した一九二二年の旅日記に記されていたものである。[6]

類話はナナイ、ニブヒにもあり、アイヌの話ともつながっている。女性が熊となる例が多い。男性は熊そのものあるいは山の神としての位置づけとなり、食べられる対象であることが指摘できる。[7] この事実を斟酌すれば、雌熊は先祖との関係を持続させることのできる女性原理の表象である。熊という生き物は母系を主体に血がつながっていくからである。だから、熊の肉は食べてはならないという社会的禁忌がここでも元にあったと考えられる。特にその禁忌を強く出さなければならなかったのが女性であり、女性が最後に食べることになるという熊の肉は、女性への深遠な配慮が元になっているのである。血と肉は先祖の体そのものであった。

アイヌの熊との異類婚姻譚と沿海州の少数民族が伝えている異類婚姻譚は、その根本のところで血のつながりを持続させる母熊、つまり母系への最大限の尊敬が語られているのである。冒頭で提示したウデへの話は、トーテムの発露として、女性を守り、これに畏敬の念を持つ者たちの伝えてきた伝承なのである。

ここで、「熊が狩人を助ける話」と「熊との婚姻」の話を厳密に比較しなければならない。というのも、熊穴に入って助かる話は、沿海州の少数民族の多くが伝え、アメリカ大陸の先住民族も伝えており世界的に広く分布しているが、助けられるのはすべて男である。女が熊穴に入って助けられたという話は一つもない。そして、熊との異類婚姻譚の多くは女性が熊と交わる話である。男性が雌熊と交渉する事例は少ない。

前者は籠もりと再生の話であり、後者は祖先としての雌熊、つまりトーテムの話である。つまり、籠もって再生（「熊が狩人を助ける話」）し、新たに誕生（「熊との婚姻」）する熊の姿を、人に当てはめた話なのである。

話の根本には、人は熊に象徴される大自然からの裁可によって生存が許されるとする思惟と熊をトーテムとする思惟の両方が混在していることが指摘できる。

血のつながりを維持していくのは母である。父を敬うなどということは、親子、子孫の血のつながりのなかでは生物学的に二次的なことである。一次的には母が優越する。そして、男の生の持続は穴に籠もることなのである。男は女によってしか誕生させられないし、籠もることによってしか生の持続はなしえない。つまり、すべてにおいて女性原理が勝る。

男（雄）ができることは、この女性原理を遂行すること、つまり、母系を確認し、これを守って維持していくことなのである。だから人の雄熊に対する観念は、山や森を守護する主体、つまり山の神・森の神と認識された。

実は、わが国の本州で行なわれてきた熊狩りの中で、熊を山の神と認識している事例はないように見える。ところがより注意深く見ていくと不思議な事実が出てくるのである。

山の神の使いであるから獲ってはならないとする熊がいたり、白山麓の熊は山の神という認識があったりした。

そこで、日本の豪雪地帯にある「人を助けた熊」の伝承を検討してみる。この中で熊はどのように扱われているのかをみることで北海道アイヌ、沿海州アムールランドの少数民族の人々との距離を確認する。

二〇〇〇年一〇月にダム建設で水没した新潟県朝日山麓の奥三面には次のような話が伝承されていたことがわかった（小池善茂談）。

奥三面では寒の間にスノヤマといって、羚羊《かもしか》を獲るために一〇人以上の大人が厳寒の山に入って狩りをした。ある時、ガレ場で羚羊を追い落としていたら突然雪崩が襲ってきた。一斉に逃げたのだが、逃げ遅れた一人が羚羊もろとも谷底に流されていった。雪崩に巻き込まれた男は崖の中腹にあった穴に引っかかって助かった。仕方なくこの穴に入っていくと、そこは熊の穴で、中には熊が寝ていた。男はおそるおそる熊の横に入れさせてもらい、ここで過ごすことにした。熊は手のひらを嘗めさせて男を救った。春になり男は熊の穴から出てようやく家に帰ることができた。ところが家に帰って熊に助けられた話をすると、「熊獲りに行こう」と村のものが言い出した。熊に助けられた男は「俺の知っている熊穴を案内する」と先頭に立った。男が熊の穴に入って熊を仕留めようとすると怒った熊は男をずたずたにして殺してしまった。一緒に行った村の者も熊にやられ生きて帰ったものは少なかった。

熊から受けた恩を忘れた報いだと村では言い合った。熊から受けた恩を忘れるものではないと言い伝えている。

「恩を仇で返すものではない」という戒めの話として残っていたものである。奥三面の話が元になったのかどうかは不明であるが、新発田市近郊で佐久間淳一が採集を進めた波多野ヨスミ女という百話クラスの語り手の話に次のものがある。

熊とりの親子がいた。雪の降る冬、熊の住んでいる洞穴へ出かけ入口をいぶして出てくるのを待った。しかし熊は出てこない。親父は蓑を着たまま穴の中に入っていった。目の前に、巨大な熊を見つけびっくりしてどうすることもできず死んだまねをした。熊は親父さんに手を出して手のひらを嘗めろという。親父は熊にいわれるまま嘗めたら甘酸っぱくて旨かった。熊は毎日手のひらを嘗めさせて爺さんを養った。ある時熊は親父に食べさせようと魚を一尾捕ってきた。これで外に出られることを知った親父はようやく穴から抜け出して家に帰った。熊に助けられた話をすると村の人たちは熊を獲らなければならないと言い出す。親父は村の人たちが熊狩りに行くと、いてもたってもいられずこの熊を探した。村人が追いたくって獲られそうになっていた熊を見つけた親父は、熊に訳を話し、片耳をそぎ落とした。村人に片耳の熊は神様の使いであるから獲ることができなかったといって熊を逃がした理由を説明して村人に片耳の熊は獲るものではないということを納得させた。熊は親父のおかげで長生きをした。(8)

ここでも熊から恩を受ける話になっている。熊に助けられたから人はそれに恩を感じて熊を助けるという発想は奥三面の伝承と同じである。

波多野ヨスミ女の伝承を分析して解説した野村純一は、膨大な語りの数々は「近世の村落共同体の中における常民の語りの世界の象徴的な存在」であるとし、「周辺や背後に豊穣な話の原野が広がっていた」から存在できたことを述べた。『北越雪譜』、奥三面、波多野ヨスミ女の伝承は同系統のものと考えていいだろう。

このように、アイヌ・サハリン以北の北方狩猟民族の「熊が狩人を助ける話」と、奥三面の「熊が狩人を助ける話」の関係は、後者が報恩譚に収束しているようにみえても、根本は北とつながる。ロシア、アムール川流域ナナイ・ウリチ・ニブヒといった狩猟民族に伝わる「熊が狩人を助ける話」と、サハリンのニブヒに伝わる話は「人忘恩」譚ではない。『北越雪譜』、奥三面、波多野ヨスミらの話は、北方狩猟民族に連なる「熊に助けられる話」が元になっている。

北方狩猟民族の「熊が狩人を助ける話」と、「熊との婚姻」がセットで日本列島に住む人々の熊と関わる山人の間に基層としてあったのだが、報恩譚や農耕に関する伝承の広がりで「熊との婚姻」が抜け落ち、熊のトーテムが基層文化の下層に沈澱していった姿を私は予感している。ちなみに「熊との婚姻」を彷彿とさせ、熊のトーテムを暗示させる昔話が、わずかながら北日本山間の狩人たちに伝承されている。

三　熊の報恩譚

「熊が狩人を助ける話」の分布を追っているが不思議な事実にぶつかっている。新潟県で採集される類話は、今まで提示した三つのほかにも似た系統があり、越後山間部で語り伝えられてきたことが確認できる。ところが調査に入った次の箇所では、この伝承を知る人がいないのである。

・奥三面を山形県西部に越えた、奥三面の狩猟域に隣接する山形五味沢、徳網の斉藤金好をリーダーとする狩人集団。
・奥三面を山形県南部に越えた、朝日山麓北側を狩猟領域とする大井沢の熊獲りの狩人。志田忠儀。
・飯豊山麓熊獲り集落小玉川の狩人、舟山仲次。
・越後三山を福島県に越えた奥只見の村人。
・大鳥集落の亀井一郎を中心とする狩人集団。
・秋田県打当の鈴木宏を中心とする狩人集団。
・秋田県鳥海のシシオジ、金子長吉。

管見では、秋田県の他の地域でも類話は発見されていない。朝日連峰を屏風のようにして、新潟県の積雪地帯にのみ大量に残されている事実をどのように説明すればよいのだろうか。日本海を北から囲むように、弓なりの島国の中の新潟県とサハリン・シベリア・北アメリカ先住民族での類似ばかりがめだつという不思議な分布を示している。

一方、日本列島を南西に目を転じると、静岡県で奥三面と類似する「人忘恩」の話が報告されている。

静岡県清水市　樵夫が鷲の卵を捕りに行って木から落ちる。熊が助け穴に連れて行って介抱する。

彼は獣を捕るまいと誓って帰る。女房にそそのかされて熊を撃ちに行ってかみ殺される。

静岡県磐田郡　猟師が雪のために道に迷い、熊穴に入って三匹の熊に助けられる。友達の猟師に話し、せがまれて案内する。二人で三匹を撃ちとめて帰る。助けられた猟師はこれが一番手を嘗めさせてくれたといって親熊の手を持とうとすると、急に男の喉にかみつく。

栃木県芳賀郡（静岡県磐田郡の熊が鹿になったもの）[9]

「人忘恩」に分類された話は、西日本から朝鮮半島にかけて熊でなくなり、蛇・狐・鹿が主人公となっていく。話のモチーフが恩を忘れた人間に集中していく。[10]したがって、越後に残る「熊に助けられる人」の話は、北から南下してきた熊の穴に入って再生するモチーフと「人忘恩」のモチーフが混ざり合ってできたものであることが推測できる。奥三面の話と片耳の熊の話は熊によって人が再生することに主眼を置きつつ、人忘恩を塗したものであるのに対し、『北越雪譜』は熊による再生に主眼がある。もしかしたら、明和七（一七七〇）年生まれの鈴木牧之が採集した時点で広く語られていた可能性がある。

熊が人を自分の穴に入れるということ自体が特殊な行動である。東北地方の狩人・アイヌの狩人が伝承している話は、熊獲りのために穴に入った例としてのみ語られている。

山形県飯豊山麓小玉川　大石岳の山稜直下の岩穴で、穴の中では熊は人を襲わない習性を利用して、熊を穴から追い出して槍を突いて獲るために、羚羊の皮の上に蓑を付け、わっぱを背負って洞窟の中の岩に当たらないようにして穴に入り、熊の裏側に回り込んで尻をついて追い出して獲った。

新潟県朝日山麓奥三面　岩井又沢の熊穴で、熊を追い出すために潜り込み、熊に嚙みつかれながら穴から熊をおびき出した猛者がいて、穴から出して獲った。

北海道平取・白老・旭川　アイヌの人々は熊穴に入って熊を穴から出して、これに毒のついた矢を射かけてとった（ジョン・バチラーや更科源蔵の報告）。

富山県五箇山　洞窟に熊がいることがわかると、柴の一束を持って一人が穴に入っていく。熊がかかってきたらその柴を抱かせて熊の脇を抜けて後ろに回り込み、押し出すと、熊は出ていくという。穴の入口には一人が槍を持って構えていた。

福島県藤巻　蓑を着て後ろ向きに熊穴に入り、熊を跨いで人が奥に入るように位置を入れ換え、後ろから熊をついて出して、外で待っている人が槍で獲ったという話は昔から聞いていたという。

大地に掘られた熊穴は、生命を維持してきた土の中の命の源である。ここに人が入っていくということは、命の源に包まれることを意味している。生命誕生の場所であり、冬に枯れていく生命が春になるとよみがえる再生の場所であった。

だから、熊穴に関する伝承のなかには、生命の誕生・再生を意識した狩人の行動様式がいくつかみられる。

・飯豊山麓梅花皮沢上流ガレ場の岩穴に入る熊は獲ることができない。

・朝日連峰山頂直下の岩穴は大熊の越冬地でここの熊は獲ることができない。
・朝日山麓金目の孫森山頂上近くは熊の越冬穴が多く、選ばれた猟師だけが入った。

本州東北地方の熊の穴見（アナミ）は、三月の末頃熊が冬眠から醒める頃に始める。熊の獲り方には、穴見・巻き狩り・オソ（圧死させる罠）の三つがある。一方、アイヌの人々のトリカブトの毒を塗った矢を射かけるなどの方法がこのほかに追加されている。

いずれにしても、古くから熊を確実に獲る方法は、穴見であった。熊狩り集落の狩人は、熊狩りというと昔は穴見であったことを口をそろえて述べている。巻き狩りは穴から出た熊を速やかにとる方法として、近世末に盛んになったものである。

『北越雪譜』には、やはり熊穴に入って熊を獲る話が出てくる。前記、小玉川の伝承と同じ方法が記述されている。

このように、熊穴が籠もりと再生の場所であったことは東北地方の狩人も、アイヌの人々も、また、サハリン・アムール川流域少数民族も同じ認識をしていたと考えてよかろう。東北地方からユーラシア大陸に至る共通の認識として、熊穴の籠もりと再生によって人も助かるという考え方があることが指摘できる。そして、ここを狩り場とする動機は生命力の獲得が根本にある。冬の間塞がれていた人の生命力は熊穴で復活し、熊の血や肉の獲得によって再生することなのである。

四　熊のトーテム

『古事記』に載る「因幡の白ウサギ」は、アジアの河川流域に見られる「魚族の橋」伝承であり、広く東南・東北アジアに分布する話である。八世紀を下限とする時期に、日本で作られるまでに広くアジアの大陸各地で語られていた伝承が元になっているという。東南アジアでのワニは鮫であり、東北アジア・沿海州のナナイ族ではウサギが狐となり、橋になる動物がアザラシとなっている。(11)

『北越雪譜』の「熊人を助ける」話は、先に検討したように、北海道と東北地方北部に類例の発見がない。なぜこの地が空白となっているのか。

ロシア、アムール川流域ナナイ・ウリチ・ニブヒといった狩猟民族に伝わる「熊が狩人を助ける話」とサハリンのニブヒに伝わる話は、熊を種族の先祖とみなすトーテムの発露であり、静岡県に見られる鹿の「人忘恩」譚とはかなりの距離がある。「人忘恩」譚が東南アジアから張り出した分布を示すとされているのに対し、北から張り出してくる熊の伝承には、日本文化の基層に横たわる、「熊という動物との交渉」の姿が見え隠れしている。越後に残る「熊人を助ける話」の本旨は北につながる。

ナナイ・ニブヒが熊を祖先とする考え方は、そのままアイヌの熊との婚姻につながっていく。そして、熊を山の神とするアイヌの考え方は、日本の山の神の観念や思惟と複雑にかかわっているととらえることが可能である。東北地方に熊を山の神と同一視する事例はないが、基層の山の神として、関連の強さは既述したとおりである。

私は、北から入ってくる文化には、熊を中心に特定の動物を自身の出自に据えて大切に扱うトーテムの色彩が根強いと考えている。第三章で検討する「大里様」という山の神は新潟県北部から山形県にかけて分布するが、熊をトーテムとする残滓が見られる山の神である。

同時に、朝鮮半島にも熊が種族の先祖となる檀君神話がある。熊が人間の姿になり天神の子・桓雄と結婚して古朝鮮の始祖檀君王検を生んだとされる伝説である。

折口信夫は『古代研究』で次のような示唆に富む仮説を出している。

たとひ、我が古代にとうてむを持つた村々が、此国土の上になかつたとしても、其更に以前の故土の生活に於いて、さうした生活原理を持たなかつたとは言えない様である。神の存在を香炉に翻訳して示す様になつたよりも以前の、こんじんの形を考えてみれば、其が、儒良《じゅごん》であり、豚・海亀・鮪・犬であったかもしれないのである。さなくとも、異族の村から妻の将来した信仰物が、女でなくては事へられぬ客人（まらうどがみ）として、今も残つて居るだけの説明はつく。(12)

折口は「信太妻の話」や「葛の葉の子別れ」の母狐の物語がトーテミズムの証であるとは断言していない。しかし、「異族の村から来た妻、子の為には母なる人だけが、異なる信仰対象を持つていたことだけの説明の役に立てば、それでよい」ことを述べる。つまり、マレビトが余所から入ってくることでトーテムとのつながりができること、それは女性であることを仮説としているのである。日本古来の文芸にある異類婚姻譚は、折口の指摘の通り、トーテムの発露と考えられる。

戦後まで越後・羽前の集落では瞽女《ごぜ》が「葛の葉の子別れ」をはじめ、多くの演目の語りをもって村々に回ってきた。サツキ（田植え）が終わる頃に瞽女宿に逗留し、疲れた農人たちにその一部を披露した。岩船郡朝日村石住の村人は「葛の葉の子別れ」の演目が出し物のクライマックスになったことを述べている。この出し物のあらすじを記憶している人たちも、この話が始まると涙を流して聞き入ったという。瞽女が来るサツキ（田植え）終了時は、外から嫁として入ってきたマレビトとしての嫁も、過酷な労働に一息つける時期であった。外部の社会から来た嫁の心に、母狐が子どもと別れる瞽女の演目は心に訴えたのであろう。マレビトとしての嫁も、故郷の母から離れて新しい地に来て、新しい血縁を築いているのである。

更科源蔵は「人獣婚縁」という項目を立ててアイヌの異類婚姻の話を述べている(13)。

私の先祖は日高の幌尻岳を支配する熊神である。ある年疱瘡のため部落が全滅したので、その部落の祭壇を守る神が疱瘡神にチャランケ（談判）して負かしたので、疱瘡神が私の先祖にたのんで人間の姿になり、たった一人残っていた娘の夫になり、人間の部落を再興した。

この話は千歳・空知・鵡川・静内・沙流川などのコタンで集めている。人間の相手になる動物は、すべて神性のものばかりである。狼・鯱・狐・アザラシなどである。婚姻によって一族となっていくのである。ここには女性に対する見事なまでの尊崇の心が描かれる。血をつなぐものとしての女性への尊敬である。

日高地方、沙流川筋の部落に美しい娘がいて、いつの間にかお腹が大きくなったので訳を聞くと、毎晩立派な若者が通ってくることを話す。この若者を村人が待ち伏せしていると、山から立派な雄熊が降りてきたという話もある。長万部のルコツ岳の話は老人が山に入って熊になる話を伝えている。同様の話は根室にもあるという。

人々の信仰生活の第一歩となる祖先崇拝とトーテムミズムは、厳密には同じものではない。アイヌの人々に伝わる異類婚姻の話（トーテミズム一般）と異類婚姻譚（祖先が神性を持つ特定の動物として、これと婚姻する）は分けて考えることが妥当である。しかし、血のつながりによって先祖から子孫へつながる筋道が認められれば、トーテムの一種と考えてもよい。ここには血のつながりに対して、社会的禁忌も誕生していく。

熊は、人と血縁関係を結ぶことのできる存在であり、かつ人より優れたものとして敬われてきたのである。

これから述べることであるが、獲った熊を慰霊して祀る熊の絵馬、熊の頭骨に特別な意味を付与していく狩人の信仰など、残存する民俗事例は、雪深い北越後から東北地方の熊狩り伝承とユーラシア大陸とつながる。そこには、山の神を祀るといいながら熊を主体とする信仰の姿や、熊によって人々の行動の規制がなされる数々の事例がある。そして何よりも、熊を敬うという行為の背後にある社会的禁忌は女性だから維持できる血のつながりを予感するのである。熊をトーテムとしたのは此の世の女性原理なのである。

(1) アリーナ・チャダーエヴァ、斉藤君子訳、一九九三『シベリア民族人形の謎』恒文社、一五三頁。
(2) 前掲書、一五七頁。
(3) 鈴木牧之、一八四一『北越雪譜』(一九三六、岩波書店)。
(4) 服部健、一九五六『ギリヤーク——民話と習俗』楡書房所収。戦後の採話になるが、ロバート・アウステリッツ、村崎恭子、一九九二『ギリヤークの昔話』北海道出版企画センターにも、太平洋戦争中に北海道に居住したギリヤークの中村チヨ氏からの聞き取りとして、熊に関する類話を収めている。穴から戻った男は皆にできごとを話した後、三日後に死んでしまう。
(5) 知里真志保、一九七三『知里真志保著作集』第二巻、「説話・神謡編II」平凡社所収。
(6) 荻原眞子、一九九六『北方諸民族の世界観——アイヌとアムール・サハリン地域の神話・伝承』草風館、二一六頁。
(7) 前掲書、二二五頁。
(8) 佐久間淳一編、一九八八『波多野ヨスミ女昔話集』波多野ヨスミ女昔話刊行会所収。
(9) 關敬吾、一九五〇『日本昔話集成』角川書店所収。
(10) 關敬吾、一九七八『日本昔話大成』第六巻　本格昔話五、角川書店所収。
(11) 稲田浩二、一九九七「稲葉の素兎試論」「アイヌ叙事文芸の原質」『昔話の源流』三弥井書店所収。
(12) 折口信夫、一九八五『折口信夫全集』第二巻、「信太妻の話」中央公論社、二九一頁。
(13) 更科源蔵、一九八二『アイヌの民俗』上、みやま書房、四一頁。

第三章　山中常在で去来しない山の神、大里様と熊

一　姿なく山を支配する神

朝鮮半島でアムール虎はサンシン（山神）の使い、化身と考えられており、仏教と習合した山神閣には、白髪の老人が虎に乗った図柄や、老人の横に虎がうずくまっている図柄の絵がある。そして、虎に圧倒されているが、熊は古くから朝鮮民族にとって聖なる動物であった。前章でも述べた檀君神話に興味深い話がある。熊と虎が人間になることを願って忌み籠もりの試練を受ける。虎は途中で投げ出した。熊はよく耐えて人間の女に変身して桓雄と結婚して古朝鮮の始祖・檀君王検を生んだ。熊は朝鮮半島、アムール・サハリン地方の大陸と、日本をつないで共通の思惟をもたらした動物である。

大自然という絶対枠からの裁可によって生きる人間は、同じ枠の中で最も優れた生き物と認識されてこなかった。人を喰らい、人を羨望させる生き物こそが神格を与えられる優先権を持つ。北東アジアの山神《さんしん》・山の神・森の神は、人が裁可を求める枠としての自然を絶対視する。この中で生き抜く動物で最も強いもの、虎や熊という具体的な存在物から神（超越神）がイメージされた。そして、アイ

ヌの人々や東北日本に顕著な山中常在の山神は、熊、山鬼、秋田太平山の三吉様のように、人を超越した存在として、山を支配するものと認識されてもおかしくはなかった。

折口信夫は『民族史観における他界観念』で、「日本人の古代生活に関連なさ相に見られてきた仮面と、とてむ（トーテム）の事には、其のままにしておけぬ繋がりを覚える」とし、トーテムの動物が人・種族の先祖として来訪神（客人・マレビト）の扱いを受けることを述べて、次のような刮目すべき考えを示している(1)。

我々の周囲にもとてむ（トーテム）崇拝と同じものを持った人があって、日本民族の一部となっている。アイヌの熊・梟・蛙・狐・鮭などに対して抱いている観念と所作は、他の種族、部族に行なわれているとてむ（トーテム）と肩を並べるもので、別殊なものとは思われぬ。沖縄の同胞も同様なものを持っている。宮古島の黒犬、八重山（石垣島）の蝙蝠の如きは島人皆その親昵関係は自ら認めているが、何と説明しようもない為に、長い過去において、其々の動物の子孫だという……悪口は半分は認めているような形になっていた。

かつての日本人は、山の神という概念を認識する過程で、「姿なき山の支配者」を意識してきた。しかし具体物として山の優れた生き物を神として認識する人々がひろく存在した。トーテムを担う虎と熊が、ユーラシア大陸北東にあるアムールランドと呼ばれる森林地帯から北と南に張り出し、北海道と東北地方には熊を山の神とする伝承域が、朝鮮半島にも虎と熊を山の神とする伝承域が張り出して日本に達していると考えられるのである。

従来、日本民俗学の山の神は「山に宿り、そこに生息する生物を領有する神」で次のように分類されてきたと認識している。

①祖先神・田の神と同一神で山と里の間を去来する農民の神。

②年間を通じて山に常在する山人（杣・木挽・猟師）の神。鉱山の神。(2)

そして、①が強調されるあまり、北日本地方でひろく見られる熊や動植物と山の神に関する民俗についての取り組みが不十分であったことを謙虚に認めなければならない。同時に、折口信夫の炯眼を復活させる必要がある。従来等閑視されてきた去来しないで山から下るだけの神を意識化した、②の山の神をめぐって、山からのマレビトとしての視点を調査で積み重ねる必要があるのだ。このマレビトが熊であったらどうだろう。

図35　三吉様

二　十二大里山の神と熊

アイヌの人々のように、熊を山の神、先祖とみなす伝承は東北日本各地について管見ではないようにみえる。しかし、熊との婚姻によって祖先が誕生したとする異類婚姻譚は福島県で熊聟入が出ているという。(3)

秋田県太平山を中心に伝承されている三吉（サンキチ）様は髭面の恐ろしい形相で風に乗って動くとされ、近世、佐竹家が近くに社を建てて崇敬した。この神は秋田県から山形県の山岳の道を奥羽山脈を縦走するように貫いて動いたことが予測され、朝日山麓金目集落を囲む岩場にまで祀られている。山鬼と伝承されてきたものは、超越的な力で山を動き回っている。

一方、朝日山麓相模岳は、山の神の在所とされ、奥三面の山人が羚羊を追っていて、この山域に入った者を白髪の老人、相模様が手を挙げて狩人の進入を制止するという。

このように人が自然との関係を取り結ぶなかからできてきた山の神像は、東北日本では人間の姿を借りて伝承されてきた。しかし本来は姿を現わさない。

北越後から庄内、置賜にかけて、朝日山麓を中心とした狭い範囲に、オサトサマ（大里様）と呼ばれる神がある。越後の民俗学者、佐久間惇一の詳細な調査によって山の神の一つであることが立証されている。(4)

ところが、この神には人の姿を借りた具体像がない。姿なき山の支配者である。山中在住で去来しない山の神の本態であった。私は、この神こそが北海道から大陸へとつながる、基層に属する山の神と考えるのである。

北越後薦川の大里様と熊

北越後、朝日村薦川は小田甚太郎の住むところである（第一部第二章）。この地の山の神はオサトサマ（大里様・お里様）と呼ばれ、山に囲まれた盆地の薦川集落の鎮守、熊野神社と対をなすように、集落を見渡す高台に位置している。二つの神社のある北向きの高台は、集落の信仰上の聖地であり、背後は山に連なる。山の神の高台は、ここだけ盛り上がった高地になっており、両側に沢が流れている。ここは神域で、登り口に山の神の鳥居を建てて、女人禁制となっている。この比高差約二〇メートルの高台の上は一〇畳ほどの広さがあり三又の朴の大木を背に杉の葉で葺いた高さ二メートル、縦・横約二メートルの小屋がある。ここが山の神の祠で、入口は集落を見渡す北東に向け、小屋の内部には錫杖と「山神大権現湯殿山護摩法供養」の板札と鉄製の鳥居が奉納されている。人一人入ればいっぱいになってしまう。

図 36　熊野神社の絵馬と彫刻

山の神の西側高台に鎮守・熊野神社がある。直線距離で約一〇〇メートルほどである。山の神の高台をめぐるようにわき出している清水が掛かる下段には、薬師神社が祀られている。

熊獲り衆の村である鷹川の熊野神社には、今も三〇枚の熊の慰霊絵馬が奉納されている。

そして、熊獲り衆の行動には、オサトサマである山の神と、鎮守、熊野神社が深く関わっている。

熊獲り衆が熊を獲って帰ると、熊野神社の前を通る時には熊の躰がマルのままではまずいということでカワメタテ（解体するために皮剝の刃物を下腹部の解体箇所に入れて切ってくること）をしてから通したという。奥山でとった場合は体を解体して、肉と皮にして持ってくる。こうすれば熊ではないというわけである。そして、熊狩りに参加した者たちが親方の家に集まって熊汁を作り、祝宴を張るが、熊を持って帰ると同時に次のように行動した。

①親方は獲った熊の皮と酒一升を持って、真っ先に山の神の社（オサトサマ）に出向き、参拝する。

②親方が戻ってくると鎮守・熊野神社に熊狩りに参加した者全員で出向いて参拝する。

③親方の家で熊汁を作って、仲間とともに祝宴を張る。

④祝宴の席で、熊野神社に奉納する熊絵馬について相談する。同時に獲ってきた熊の分配を行なう。熊胆・皮などは金額に応じて平等に配分する。

祝宴の席では手柄話の外に熊の絵馬を奉納する相談が出る。親方は、全員の総意で絵馬をどのように製作（村上市片町の大工が作る）して飾るかについて提案する。かかる金額は全員で負担し、奉納するときは参加者全員が立ち会う。祝宴の後、一、二週間おいて熊の絵馬を村上の発注先（かつては絵師が絵馬を描いた）から運んでくる。

鎮守熊野神社に飾るときは次のようにする。

①熊狩りに参加した全員が揃うと鎮守の庭から南西側高台にある山の神（大里）の方向を向いて一礼する（皆が揃う鎮守の庭には、山の神様から勧請してきたとされる山の神の依代を意味する高さ三〇センチほどの石が立ててある。代表の親方がこの石に向かって祈っても同じことであるという）。

②全員で拝殿に入り、祈禱をしてから絵馬を飾る。

以上のように、熊を獲ってきたときも、熊の絵馬を飾るときも一番に行なうのは、山の神への感謝である。熊野神社という鎮守があるにもかかわらず山の神への感謝が主体であることは、④番までの流れをみても明らかである。絵馬を飾る段階では、山の神への感謝から熊の慰霊へと比重が移っていく。

薦川では新年の一月一二日と一カ月おいた二月一二日に狩人が鎮守様の熊野神社で夜籠もりをする。一二人にならないよう（十二山の神から）集まった男たちだけで実施した。一月は「願渡し」、二月は「願掛け」であったという。熊が獲れるように熊野様に願掛けするのである。小玉川のお日待ちと同じ祭事である。

薦川の狩人の行動を見る。集落から離れた、山の入口にはどこも三つ又の大木があり、ここを境に山の領域となる。熊のカワメタテも、本来はこの境の山側でやっていた。熊を担いでこの境を通ると、里の領域となる。このように領域をきっちり分けて、山と里を区別するのが北越後から庄内・秋田にかけて、狩人の伝統となっている。

熊は、里まで来ても、山の神の使いであることから、最初に皮を山の神に届けてお返しし、感謝を捧げている。薦川の山の神、オサトサマの小屋は、絶対的な枠としての山から訪れる神が里で籠もる出張所であったと考えるのが妥当である。だからお里様なのである。

庄内との境にある山北町山熊田集落のオサトサマはケヤキの大木で、村を東に見下ろす高台にあった。この集落の熊祭りは、集落全員が熊を中心に祝うものである。ここでの熊はマレビト（客人）以外の何者でもない。熊を獲ってくると、解体した熊は祝宴を張る宿の外に置かれる。狩人が全員でオサトサマの木に出かけ、ここで声を揃えてヨーホー・ヨーホー・ヨーホーと三唱すると、熊宿でも、里人たちが出てこれに合わせてヨーホー・ヨーホー・ヨーホーと三唱する。これで、山と里の結界を切ったと解釈される。つまり、山熊田のオサトサマの木は薦川同様「姿なき山の支配者」が訪れて籠もっている場所であった。ヨーホー三唱の呼びかけは、山と里の結界を切る行為であり、北越後から庄内・羽後にかけて伝承されている。同時に北東アジアにもある。

オサトサマの伝承

大里神社と書いて、オサトサマと呼称されている神は、北越と庄内、置賜地方のみにある。その地での祀り方は、前記のように熊狩りの場合と農事の場合では、画然とした違いを見ることができる。

	祀る日	祀る場所	去来伝承
新潟県岩船郡朝日村薦川	一二月一二日	山の神	なし
同　蒲萄	一二月一二日	集会所	なし
同　高根	三月一六日と一二月一二日		あり
同　塩野町・大須戸	一二月一二日	家	あり
（離村前）奥三面	一二月一二日	十二大里山神社	なし
同　山北町山熊田	一二月一二日	大里様のケヤキ	なし
山形県西田川郡温町関川	二月一九日	大里神社	なし

同　西置賜郡小国金目　　一二月一一日　　十二山の神神社　　なし
同　小国足水　　一二月一二日　　大里神社　　あり
同　樽口　　一二月一二日　　大里神社　　なし

オサトサマを信仰している各集落でも、去来伝承を持っているところがある。これらの所は農事に関する行事がしっかり残っており、詳細に聞き取りをしていくと、山の神が下りてくる伝承が中心であることが多い。

例えば、塩野町・大須戸では山の神の前日（一二月一一日）、集落の男が集会所に集まって神社に奉納する注連縄を綯う。この注連縄は船の形に作り、山から頂く水、そして豊作が祈願される宝船をイメージする。一二日はこの注連縄を男だけで架けにいくのである。塩野町では、その年結婚した若い男に女装させ、したたか御神酒を飲ませた状態で村の男たちが女装した婿と共にふらつきながら運んでいく。村人は道の沿道で喝采を送る。

この行事には、山の恵みとしての水と豊作が山から下りてくることが共同体の成員に承認されている。本来、去来伝承であれば田の神が山に戻る日に当たる。私には高い山から下りてくる運動しか確認できない。しかし、村人の中には神が山に帰ると語る人もいるのである。

高根は、二〇〇軒を超える大きな集落である。去来伝承を語る人もいる複雑な場所である。

苗代を作るときに、水口に空木《うつぎ》の木を挿して山からの神を呼ぶ。そして、秋の大刈り上げの時に十二団子を作って祝い、山に帰っていただいている。ところが、田の少ない人や山仕事を中心としてきた人たちはこの行事をしない。

三　里という概念の形成

里という概念は、山を切り開き、ここから生活の糧を得ていた古の日本人がいつ認識した概念であったろうか。第一部では地理的な空間としての里の誕生を検討したが、ここでは時間軸で検討する。山の神の支配する領域に生きていた人々が、山とは異なる空間・領域であることを宣言したときが里の概念が発生したときである。つまり、山に生きてきた人々は、ある特定の行事やできごとに際し、山ではないことを宣言する必要に迫られたことがあったのではないか。

熊狩りの山人の儀礼を調べていくと、山中で獲った場合の捕獲儀礼と、里に戻ったときの儀礼を反復しているのかと間違えるような事例がある。熊を獲ったときの勝鬨を山中で行ない、里に戻って勝鬨を上げることなど（第一部二・三章参照）。ところが、反復している行事の中でも、山の中と里では微妙に異なっているケースが多い。

飯豊朝日連峰・奥只見以北青森県にかけての山人の狩猟では、熊が獲れると、熊狩りをしていた狩人仲間にホーイとかオーイと叫んで獲れたことを知らせる。ここに全員が揃うと熊を真ん中にして勝鬨を上げる。全員が集まってから皮を剝ぎ解体する。この時、熊の体を川上に向けたり、東や北に向けたりして、頭上に柴を立てて山の神に祈るところもある。皮を剝いだ後は、皮を頭部と尻を反転させて上下に振るサカサガケを「センビキトモビキ」などの唱え詞で儀礼を実施していた。新潟県奥三面、山形県小玉川・金目・大井沢、秋田県阿仁、岩手県沢内など、センビキトモビキの掛け声に多くのバリエーションはあるが、剝いだ皮を逆さに着せるサカサガケ・ケボカイなど、共通項が多い。

青森県、下北半島畑には、工藤マキと岩崎マキの二つのマタギ組がある。狩りの儀礼に、シオクリと呼ばれる儀礼がある（シシ送りであろう）。熊を捕獲するとシオクリをする。その方法は、木の枝で鳥居をつくり、熊を仰向けに北枕で寝かせて、オカベトナエ（呪文）を唱える。シカリ（責任者）が小刀を入れて皮を剝ぎ、剝いだ皮を頭と尻を逆さにしてかける。解体後、ケサキアゲという儀礼を行なう。鉈で付近のシバを刈り、二股枝二本の間に横棒を渡して雪原に立てる。これはカクラ神とされた。狩り場に由来すると考えられる。これが終わった後に、マタギは解体した熊を分担して背負い、山から里に下りる。そして、家でもシオクリの祭儀が行なわれる。熊の皮は折り畳み、上には頭を載せて祭壇に祀られる。神棚には肝臓が捧げられる。祭壇では熊の幣束が飾られ、灯明がともされ、再びオカベトナエを行なう（『脇野沢村史』）。

このように、狩り場の儀礼と、里に戻っての儀礼のどこが異なるのかを真剣に検討しなければならない。

熊獲りに参加した人たちの一連のこの行動には、熊の魂を山に送る葬送としてセンビキトモビキ、シオクリがあると私は解釈している。川上に熊の頭を向けたり、頭上の雪の上に柴を挿したりする行動から解釈してきた。

すると、熊の魂を山にお返ししたわけであるから葬送はここで終了したと考えてもいい第一の場面である。ところが、里に戻ると法印を呼んだり（山形県小国町）、参加者全員が集合して直会を行ない、熊の祀りを実施するのである。

里での熊の祀り方が、山中での捕獲儀礼とまったく同じものでないことは、山と里との隔たりを意味している。

私の調査では、山中での捕獲儀礼は葬送が中心であるのに対し、里での儀礼は熊に対する慰霊が中心である。(5)

里とは、人の都合や論理が許される場所であり、山の生き物を人の目的によって利用できる場所であった。「姿なき山の支配者」に逆らうことのできる場所である。だから人は山の神に裁可を求めたのである。山の神の論理と矛盾する行動を取る焼き畑や狩猟は、里の論理として山の神に裁可を求めるべきものであった。

特定の行事やできごとのために山の神に逆らう場面があってここから里を意識化したことを述べたが、熊を食べるという行為はその一つであったのではないか。山の神に寄り添い、人間より優れた動物を獲って食べてしまうのであるから、人の行為は山の神に許容されるようなものではない。熊にのみ残る多くの儀礼は、熊が特別な動物であることを表わしてきたアイヌや大陸の文化と繋がる。

私は、次のような概念図を考えている。

里	人間が主体	
	人間の生命力を回復させるための獲物	農耕儀礼
	人間を増殖させるための収穫物	増殖の儀礼

←〈裁可を求める〉　結界　→〈許可を下す〉

山　動物を支配する自然界が主体

　　人間の生存を維持する程度の獲物獲得の裁可　狩猟・採集儀礼

　　動物を増殖させるための自然

つまり、「里」の概念を時間軸で遡ると、焼畑などの農耕に伴う儀礼の導入が里という概念誕生の画期となったことが推測される。農耕儀礼と狩猟儀礼は、渾然としているようであるが、熊の場合は農耕儀礼に収束していくものが見つからない。この意味から、里の概念は熊に関する狩猟儀礼とは関係を持たず、基層に属するものではない。後から付け足したものであることが想像されるのである。

四　山中常在で去来しない山の神の本態

秋田の山の神について進藤孝一は、滞在型の山の神が圧倒的に多かったにもかかわらず、春夏去来するというマスコミの宣伝が広がって、信仰が変質したことを嘆いている(6)。

死者の魂が向かうとされる葉山を持つ山形県の山間部でも、先祖の霊が山に登ることは伝えていても、これが田の神になると言わないところもある。そして、オサトサマのある北越でさえも、十三塚の伝承が顕著な村があり、魂は山に登るとしても、それが田の神であると考えている人はいない。

神林村では山の神が作神様になる。家の棚にはエビス大黒が飾られていて、作神様は山の神のことだという古老がいる。奥三面では、丸木船を進水させるとき木を支配していた山の神は、水神に変わるといった。苗代を作るとき、山の神が川に沿って下って来るともいった。福島県只見のブチ船(丸木船)は、進水の時、山の神から川の神様に変わるといった(7)。

山の神とは、里の人間にさえも豊かな恵みを賜る神であった。しかもその運動は、本来上から下への不可逆的落下運動である。山という天空から里に下りてくるものである。田の神と山の神が去来するという伝承を持たないのが本来の姿ではなかったのか。

山中常在で去来しない山の神は、生産・生殖の母体であり、絶対的な自然という枠を支配する、最も原初的な神であったと考える。ここにはアニミズムの世界観が投影され、熊をトーテムとする精神性を抱えているのである。この精神性は、大陸の大自然を司る神のものと通底しているのである。

(1) 折口信夫、一九七六『折口信夫全集』第一六巻、中央公論社、三六〇頁。
(2) 石川純一郎、二〇〇〇「山の神」『日本民俗大辞典』吉川弘文館。
(3) 稲田浩二ほか、一九九六『日本昔話事典』弘文堂。
(4) 佐久間惇一、一九八五『狩猟の民俗』岩崎美術社。
(5) 山熊田、金目、奥三面、高根、小玉川、打当などの熊獲り衆からの聞き取りでは、山での「送り」、里での「慰霊」が顕著である。
(6) 進藤孝一、一九九〇「秋田の山の神」『山の神とヲコゼ』山村民俗の会編。
(7) 佐々木長生氏、私信。

第四章　闇の支配者

越後粟ヶ岳の狩人、小柳豊は熊が里に出てくるのは暗闇からであるという。森の外れの一番暗い場所は、森の隈《くま》で、ここに熊が動く場所があるという。熊とは隈を動く動物なのであるという。冬眠から醒めた熊の狩りに行くと、暗い場所にばかり目を向けている。熊が潜むところである。彼は「森の隈に熊がいる」という。

越後薦川の小田甚太郎によると、冬眠から醒めた熊は、雪消えの最も温かい場所である黒っぽい岩場を日向ぼっこの場所にして体を温めているという。しかも、岩の色が熊の色と同じ黒い色の場所であるという。

人を喰らうことのできる黒い生き物。人は闇に呑み込まれるように熊に呑み込まれると想像したに違いない。闇の生き物は人の存在を脅かす生き物なのである。

ヒラとかオソと呼ばれる罠（熊の通り道に枠で囲った通路を設け、ここに大量の石を乗せて罠に掛かった熊を圧殺する）で熊を獲っていた飯豊・朝日山麓の村では、ヒラバとかオソバの権利が、各家の財産として相続されてきた。

小玉川の舟山仲次は「ヒラで仔熊と母熊を獲ったことがある」としみじみ語ったことがあった。母熊は石の重みで息も絶え絶えであったが、口には、自分が食べた仔熊が絡んでいたという。母熊は自分の子どもが危機に陥った場合、人や外敵の手に渡ることを拒み、食べてしまうのだという。おそらく、母熊より前で遊びながらちょこちょこ歩いていたのであろう。ヒラに入ったのも仔熊が先である。母熊は決して自分から入ろうとはしないという。仔熊の危機に気づいてヒラに入り一緒に押しつぶされたのである。

母熊の行為は畜生のなせる業ではなく、自然の中で生きていく際の彼らのルールであることを仲次は私に教えてくれた。熊の行為が人が想像する範囲を越えたとき、人は恐怖心を抱く。熊が自身の子どもを食べるという行為が人の心の闇を照らすのである。

一　熊とハエ（蠅）

山形県大鳥、倉沢のヤマサキであった亀井一郎（大正一二年生まれ）は舟山仲次よりひと回り若いが、熊に関する膨大な伝承を伝えている（第一部第三章）。熊が春先に出てくる気配を詳細に語る。

「アオバイ（蒼蠅）出るとシシ（熊）が出る」。

アオバイ（蒼蠅）はずんぐりと円く、雪の残る山に行って魚を食べていると必ず寄ってくる春一番のハエで、釣ったイワナを開いているとどこから臭いをかぎつけるものか寄ってくる。小指の先ほどの大きさがあり、全長一センチはあった。腹が青い。

熊が冬眠から醒めて春の山に出て来る時期をアオバイによって計り、熊狩りの組織が組まれて山に入った。里で生活していても、熊にはメッセンジャーがいて、熊が眠りから醒めたことを人に知らせたのである。

奥三面の狩り場と南側で接する新潟県朝日村薦川集落の狩人、小田甚太郎は熊狩りのヤマオヤカタである（第一部第二章）。甚太郎は春先の熊が冬眠から醒める伝承を次のように語る。

「アオバエが出たら、田仕事が始まってどんなに忙しくても熊狩りに出た」。

アオバエは山にいる大きなハエで、熊を獲ると一番最初に寄って来るという。そして、皮を剝いで熊の魂を送るサカサガケを始めると、大量のアオバエが黒くなって、皮の裏側、肉の付いていた方に卵を産み付ける。これを払うために、一人が近くの枝を切ってきて、ハエ追い棒にして振り回したという。剝き身の解体を始めるともっと大量のアオバエが集まり、黒くなったという。もちろん、卵を産み付けられると困るので、ハエ払いが専門に払った。

アオバエは夏も盛んに動物や腐肉に寄って来たといい、甚太郎がマムシを捕った時などは、皮を剝いでいる先から卵を産み付け、これを取るのに往生したという経験談を語ってくれた。

山形県徳網は奥三面を東側に峠を越えたところにある朝日連峰に抱かれた山懐にある狩人の村である。ここの熊獲りのリーダー、斉藤金好（昭和一一年生まれ）に、アオバエの伝承を聞いた。

「アオバエが出ると熊が冬眠から醒めて歩き始める。アオバエも熊も同じ時期に冬眠から醒める。だから、アオバエが出たら巻き狩りに出た」。

熊は冬眠から醒める時期を地熱で計るという。アオバエが目覚めて行動する時期は地熱が熊の覚醒する温度と同じであったものであろう。

いずれにしても、新潟県以北の熊狩り衆が、アオバエを意識していることは共通している。しかし熊とアオバエの伝承を、秋田県打当のマタギも奥三面の小池善茂も知らないという。新潟県の山間部から朝日連峰、そして鳥海山麓にかけて広く伝承されていることがわかっている。

アオバエは国語大辞典では、「クロバエ科のハエのうちで、からだが青黒く、腹に光沢のある大形のものの総称」とあり、「驥《ときうま》の尾に附くときは蒼蠅も千里を行く」の言葉が記載されている。この言葉が元になったものであろう、芥川龍之介の文章にも「ぼくは驥尾に付するアオバエなり」がある。

つまり、千里を駆ける駿馬にも付いて行くものであることを述べている。アオバエは熊に付いて歩くのである。森の主にはアオバエというメッセンジャーがいて、人はこのアオバエから熊の行動を計った。

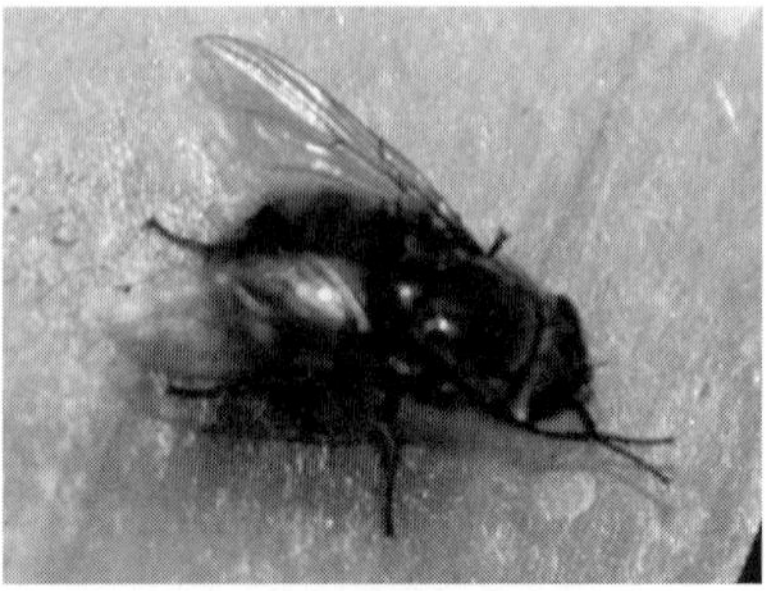

図 37　熊のメッセンジャー，アオバエの一種

このアオバエの正体は何か。昆虫学の分類を繙いてみる。双翅目に分類される。短角亜目、環縫短角群ハエ下目、額嚢（裂額）節、弁翅（有弁）亜節の中の三つの上科（シラミバエ・イエバエ・ヒツジバエ）でまとめられる。そして、ヒツジバエ上科にはクロバエ科、ニクバエ科、ワラジムシヤドリバエ科、ヤドリバエ科、ヒツジバエ科とあり、クマとともに冬眠から醒めるアオバエは日本にいるこの一〇〇種類以上のヒツジバエ上科のどれかなのである。

亀井一郎は「指先ほどの大きなハイで腹は光っている」といい、小田甚太郎は「指先ほどの大きさで腹は青光りしていて山にいるハ

表2　ハエ

双翅目 Diptera				
糸角(長角)亜目 Nematocera		ガガンボ下目 Tipulomorpha		1科
		アミカ下目 Blephariceromorpha	アミカ上科	2科
			ハネカ上科	1科
		クチキカ下目 Axymyiomorpha		1科
		ケバエ下目 Bibionomorpha	キノコバエモドキ上科	2科
			ケバエ上科	1科
			クロキノコバエ上科	3科
		チョウバエ下目 Psychodomorpha	チョウバエ上科	1科
			ガガンボダマシ上科	4科
		コシボソガガンボ下目 Ptychopteromorpha		2科
		カ下目 Culicomorpha	カ上科	3科
			ユスリカ上科	5科
短角亜目 Brachycera	(a)	直縫短角群 0rth0rrhaphous　Brachycera		
		アブ下目 Tabanomorpha	キアブ上科	2科
			ミズアブ上科	2科
			アブ上科	4科
			ツリアブモドキ上科	2科
		ムシヒキアブ下目 Asilomorpha		6科
		オドリバエ下目 Empidomorpha		2科
	(b)	環縫短角群 Cyclorrhaphous Brachycera		
		ハエ下目 Muscomorpha	(1) 無額嚢(不裂額)節 Aschiza	
			ヤリバエ上科	1科
			ヒラタアシバエ上科	3科
			ハナアブ上科	2科
			(2) 額嚢(裂額)節 Schizophora	
			無弁翅(無弁)亜節 Acalyptratae	
			アシナガヤセバエ上科	2科
			シュモクバエ上科	4科
			メバエ上科	1科
			ミバエ上科	7科
			シマバエ上科	3科
			ヤチバエ上科	4科
			ヒメコバエ上科	10科
			キモグリバエ上科	6科
			ハヤトビバエ上科	2科
			ミギワバエ上科	3科
			弁翅(有弁)亜節 Calyptratae	
			シラミバエ上科	3科
			イエバエ上科	4科
			ヒツジバエ上科	5科

クロバエ科→クロバエ亜科ほか4亜科
ニクバエ科→ハチノスヤドリニクバエ
→亜科（ドロバチヤドリニクバエ、タイワンヤドリニクバエ、ヨコジマコバネニクバエ、シロオビギンガクニクバエ、ギンガクシマバエ、ヤドリニクバエ）
→ヤチニクバエ亜科（ヤチニクバエ、シノナガニクバエ）
→ニクバエ亜科（カスミニクバエ、センチニクバエ、クロニクバエ、シリグロ、ニクバエ、クサニクバエ、ナミニクバエ、ゲンロクニクバエ）

図38　熊皮を干してもアオバエは来る

エだ」と語っている。しかも、夏には蛇の死骸などの腐肉にあっという間に白い卵を産み落としていくという説明から、ヒツジバエ上科のうちこの条件に合うハエはニクバエ科のセンチニクバエ、シリグロニクバエ、ナミニクバエ、ゲンロクニクバエなど、体長一センチを超えるものであろうと推測している。しかもニクバエは動物の死体に寄生する自然界の掃除屋で、蛹で冬を越すといわれていることからも、ニクバエである可能性を補説している。そして、ニクバエであれば、クマを剥いだ毛皮に産み落とした白い卵とされたものは、孵化した幼虫を産み付けているという。甚太郎は「でかい卵をびっしり産み付けていく」と説明していたが、幼虫を植え付けていった可能性が高い。

鳥海山麓百宅のマタギ、金子長吉（昭和一六年生）は「このハエは熊のハエだからシシバエというんだ」と教えてくれた。熊は人から敬われる尊い動物であり、直接的に人に顕在化しないのである。メッセンジャーを介在させる所以である。

ウジ虫に象徴される黄泉の国や闇の世界は『古事記』の世界から伝承されている。熊につくハエは他界や闇の世界と通じるのであった。

二　熊は隈に宿る

北陸から東北にかけて、山あいの多くの集落では、まわりに栗山を持っている。このような所は秋になると熊の餌場となった。薦川の甚太郎はこの場所に二人の狩人が隠れる小屋をかけ、熊を獲るため待ち伏せしたことがある。

「陽陰ればクマが来る」。

夕方、あたりがうっすらと暗くなって遠目に見えにくくなってくる頃になると、熊が栗を食べに来た。鉄砲は熊の通る道を予測して、落ち葉を踏む音、下枝を折る音がどの方向から聞こえてくるか計算に入れておき、その方向に向けていた。しかし、甚太郎の待ち伏せは、ことごとく裏切られたという。下枝を折る音はまったくしない。落ち葉を踏む音も出さない。そして、甚太郎の待ち伏せ小屋を迂回して栗を食べて帰った。

図39　熊は闇にまぎれて動く

熊の嗅覚、聴覚の鋭さを指摘する話は狩人からよく聞かされる。巻き狩りの失敗談を甚太郎から聞いた。尾根筋に配置した人間が動いたために熊を獲り逃がしたという。熊を追うセコ（勢子）はヒラ（熊のいる斜面）からブットメと呼ばれる木のない峰に向かって熊を追う。この時、熊が越えるであろう峰を親方は予測する。ここには最高の撃ち手を配置する。ところが、ここに配置された人の息の臭い、動きの気配を熊は人間の何十倍もの感覚で察知してしまうという。だから峰にいる撃ち手は、「息をするな」「咳をするな」「何があっても体を動かすな」ということを親方から叩き込まれている。風の向きは特に重要で、熊から人に向かって吹く（谷から上がってくる）風がよいといった。峰にいる人の臭いがする風の向き（谷に向かって吹く）では熊に悟られてしまうのである。熊は峰の人間を察知すると暗い茂みでじっとしているという。

「椿の藪は軀を隠すのに最適で、熊はここにシカル（留まる）」。

「葉の混んだビンソウワラで熊は身を隠す」。

ビンソウワラはブンノウワラ（ブナ林のこと）に対置される言葉で葉の密集した低木のイヌガヤやカヤの密集した叢生の場所を指す。針葉樹のカヤは実から脂を取ったことからビンソウと呼ばれるようになったものであろう。積雪の残るヒラでは一番暗い場所を作っている。

セコはこのような場所に熊がいることを覚悟の上で、ホーイ・ホーイと熊を追う。熊が峰で待ちかまえている撃ち手に気づいたときは最大限の注意が必要で、薄暗い藪であるビンソウワラや椿の藪から熊がセコに向かって飛び出してくることがある。このようなときは、たいてい怪我人が出たものであるという。

「熊は餌のある場所の尾根筋の軀を隠す藪ワラで寝る」。

餌を取りながら、昼は尾根筋の藪ワラで、見通しの利く場所をねぐらとすることが多いという。ここに木の枝を本結びに縛ってハンモック状の寝床を作る。移動する日は決まっていて、甚太郎は次のように語っている。

「霧靄かかると熊が別の山に移動する」。

「動くのは夜で、自分の黒さと同じ闇の色で動く」。

「熊は尾根づたいに移動するので、薄暗い日しか動かない」。

梅雨時の峰にガスが懸かり、薄暗い山模様の時に熊は移動をしているというのである。

熊の語源に「隈（くま）」がある。「奥まった暗い場所」「光と闇の接するところ」「かたすみ」「ふち」などの意味を綴っていくと、熊の行動の跡をなぞっていることになるのである。

三　隈に潜むもの

ロシア沿海州、アムール川沿いに暮らすナナイ族のトロッコイ村で、シャーマンが魔除けをするための熊の像を拝見した（図40参照）。

「シャーマンが家に入って感ずる魔の溜まっている隅がある。ここに熊の像を置いて祈るとその家の魔物が消える」。

熊は神の扱いを受け、魔を退散させる。私は、「熊は闇を支配する動物である」と解釈した。

熊と闇の問題が浮かび上がる。熊は冬、穴に籠もって冬眠する。岩陰で冬を越すものもいる。そして、森林の奥深く、最も奥まった隈に棲んでいる。つまり、熊は此の世とあの世、光と闇の境界の生き物とも認識されたのである。

奥三面の小池善茂は陽が陰って栗の木に登った熊を獲ったことがある。うっすら影のように見える熊の姿が山の端にかからないよう、姿が見える方向に人がそろりと動くと、熊も自身が山のシルエットに沈む方向にそっと移動して見えなくて困ったことを語ってくれた。木に登って、人と山の陰の距離を保つことができる動物は熊だけであるという。

熊が里に下りてくる道は、森陰になった山の隈の場所である。里人を驚かせる突然の出現も、その出てきたところを見ると、陰の部分からである。

斉藤金好が朝日山中で出会った熊は羚羊《かもしか》を捕るために山の斜面の陰に身を潜め、羚羊の通る下道を狙って、斜面を飛び降りていったという。羚羊もたいしたもので蹴り上げて難を逃れた。羚羊もまた感覚の鋭い動物で、熊のいるヒラには絶対近づかないという。

新潟県の山熊田は山の隈《くま》に集落がある。粟ヶ岳山麓の鹿熊《かくま》集落は日陰の隈にできた集落である。そして、東北地方の狩人が山に入る場所に設けられた山の神の場所は、こんもりと陰影を保つ森であったり、岩倉の陰であったりする。いずれにしても、日の当たらない薄暗い隈に山の神の御神体が祀られている。

熊が籠もる場所は神が籠もる場所となっていくのである。そもそも籠もるという行為は再生に向けた行為なのである。ナナイ族のシャーマンが籠もりの場所に熊像を置いて祀るのは闇を支配する熊神に再生を祈ることであった。

図40　魔除けにする熊の置物ヤマグアル（アムール川沿いのナナイの村）とアジアクロクマ（ロシア、ハバロフスク）

隈や闇は人に恐怖や畏怖の念を抱かせた。ここを支配しようとする人類は神格のある動物に隈を支配してもらおうと考えた可能性がある。人類は古くから闇をどのように支配するか腐心してきたのである。ここで隈に生きる熊がその大役を任された。

星空にも隈がある。晴れ渡ると、瞬く星の明るい夜空の中で天の川が横たわり、南で月が照らしている。夜の山から眺める星空でひときわ暗い部分がある。夜空の隈、北である。ここにはぽっかり空いた漆黒の闇が広がる。この漆黒の空間を回る星座が小熊座と大熊座である。漆黒の隈を支配したのは熊であった。本書の冒頭で記した、大熊座・小熊座をめぐるギリシャ神話は、次のように語られてきた(1)。

ニンフ・カリストーは少女のように糸紡ぎや機織りを好まず、女神アルテミスの小姓に連なり、山野を駆けて狩猟の生活を送っていた。女神から寵愛を受けていたが、ある日、はるか天上から大神ゼウスがカリストーの姿を認め、烈しい欲情を抱いた。夏のある真昼間、疲れたカリストーが深い森の木陰でえびら（箙）を枕に軟らかい草の上で仮眠しているところをゼウスが見つけ、こっそりオリュンポスの峰を降ってきた。ゼウスは女神アルテミスの姿に変じてカリストーを信頼させた。ゼウスの欲情に抗いきれなかった。月が来て彼女が母に似た愛くるしい男児を分娩したとき、ゼウスの妬み深い妃、ヘーラーは産褥に立ち合い、烈しく罵った後、その姿を雌熊に変えてしまった。月日が流れ、立派に成長した彼女の息子のアルカスは母親の身の上も知らず、狩猟を好んだ。彼が深い山懐に入ったところ、ふと自分の母親である黒い雌熊に出くわした。カリストーはそれが愛しい自分の子どもであることを悟った。そして、立ち止まりじっと息子の姿に見入った。アルカスは自分を見つめる黒い雌熊が、近寄ってくるのを見たとき、突然夢から覚めるように手にした槍を雌熊の心臓目がけて抛り投げた。天上のゼウスはこの恐ろしい罪を妨げるため、すばやく二人を一陣の疾風とともに天上に拉致し、夜空に煌めく星座とした。大熊座と小熊座（北極星）がこれに当たる。しかし、ヘーラーはこれでも憎しみが去らず、永久に海に沈まないよう、天極を回しているのであるという。

小熊座のまわりを大熊座が回っているが、天頂は暗く、天の隈に入る仔熊を母熊が追っている。ギリシャ神話のよくできた話が日本の熊伝承にどの程度の影響を与えているかは未知数である。しかし、仔熊の跡を追って歩く母熊の姿は共通するし、母熊が立派な若者の親であるとするトーテムの発露には、ユーラシア大陸北部から北アメリカにかけて、そしてアイヌの熊伝説とのつながりがある。

強い太陽光に射られて女性が子を孕む話は世界的広がりを持ち、闇夜を歩く母熊が女性原理で理解されたように、熊は闇夜の生き物とされてきた。首筋の白いプリントを月の表象とするのは、北アジアから日本にかけて広がる月を女性で表象する思惟の表われである。(2) 熊は闇を支配する月の表象でもあった。

ここで、北の持つ意味を検討することが課題となる。熊の捕獲儀礼の中に、熊を送る儀礼がある。秋田県根子や打当のマタギは、熊のケボカイの際に熊の頭を北に向ける。同様に岩手県沢内のマタギも北向きにした。沢内マタギは熊の頭骨を飾る際、玄関で北向きにする。福島県田子倉の狩人、皆川喜助は熊の頭骸骨を山小屋の玄関先で北側に向けて木の棒につけて立てた。このように北に向けるのはなぜなのか。新潟県から山形県にかけての狩人は、熊の頭を山の神の方向に向けるという。ここでは、東や川上が意識されている。

四　北の母——客人（マレビト）・熊

熊は闇、そして北を支配する動物であった。北は熊の大地である。そして、北はかつて隈（辺境・他界）と認識された。ここを支配できたのは熊だった。

熊は闇を支配できる動物であった。籠もりと再生の場である闇、つまり冬眠穴は狩り場でありながら男の命を助ける場であった。熊は自然界では闇の支配によって人を超越した存在であったから、人が崇める対象となった。

熊に対する尊敬の気持ちや崇める心が、熊を神とする信仰に移行することは自然な心理である。アイヌの人々や北方少数民族の人々は熊を山の神として扱い、東北日本では山の神の使いとなった。熊は山・闇（隈）からのマレビト・母であったのだ。

（1）呉茂一、一九六九『ギリシア神話』新潮社、一〇四頁。
（2）赤羽正春、二〇〇六「水神・月・女性」『鮭・鱒Ⅱ』法政大学出版局。

第五章　熊の霊

山に棲み人に豊かな恵みを与える母性を体現している熊は、自身の血の継承が母系であることから山の神の母系と結び、人の先祖として、トーテムとしても認識されてきた。人は山に母なる包容力を求めるが、その表象としての熊は荒ぶる性格で闇を支配する両義性を兼ね備えていた。

人が熊を狩る行動に移る前段階から、熊の両義性が広く知られていたことが仮説とされる。むしろ、熊を狩ることは、特別な動機から発生した可能性もある。山の神と熊と人の関係には、介在する多くの要素を浮き彫りにしながら描き続ける必要がある。里人にとっては見たこともない山奥の黒い動物が母性を体現し闇を支配すると言われても納得しかねるものがあったであろう。熊はなぜ山の神と不可分な存在となったのか、根本的な解決の道筋をつけなければならない。熊が狩られる理由の解決もここから進めることになる。

問題の解決のために、最初は山の神が従えている動物と熊との違いを描くことから始め、熊と山の神の関係を解いていく。そして、熊が山の神とどのような経緯で深い関係を築くようになったのかを述べて、狩られる理由を解き明かす。

一　天翔る馬

山に生きる動物は山の神のものである。狐・狢《むじな》・貂《てん》・鼬《いたち》・狸《たぬき》・穴熊・栗鼠《りす》・猿・猪・鹿・羚羊《かもしか》・熊などのうち、大型で人に脅威を与える猪・鹿・羚羊・熊はシシ（獅子）として、舞踊や畏敬、信仰の対象となった。一方、中型の狐や狸・狢・鼬は人を騙すことのできる動物として、愛らしさを備えた。人の脅威とはならないが人に困ったことをすることもある動物だからである。

これに対し、里人が馴染んできた牛や馬・犬・山羊・猫といった、家畜とまとめられる動物には人と同じ霊を認め、慰霊や供養が当然のように行なわれてきた。人の役に立つ有用動物、人のためになる動物だからである。ところが、家畜の中でふだんは人の役に立っていても、突然烈しく暴れて人の制御に従わなかったり、人知の及ばぬ行動を取ったりすることのある動物には、魔性、霊的などの言葉が与えられ、神の領域の理解者とする認識も生まれた。

駿馬は疾走するその姿と合理的な行動から神の領域と交感できるものとして描かれている。特に、里人にとっては神の領域であった山と交渉できる動物であった。

「一二月一二日は山の神様が馬に乗って狩りをされる日だから山に入ってはいけない」とする伝承が広く行き渡っている。「馬は山の神様の乗り物」とする伝承は、熊狩りの山人の間で顕著に語られてきたことであった。奥只見一帯では熊狩り衆が山に入る場合、山の領域を示すブナの巨木（山の神）の前に狩人が集まる。ここで祝詞をあげ、天翔《かけ》る馬の版画絵を狩人の数だけ取り出して重ね、馬の首筋に短刀を刺して山神の木に打ち込む。ここから山言葉を使って山入りした。この後、狩りが無事終わって山降りすると、再びこの場所に集まり、短刀と版画絵を引き抜いて収めた。これをイクサガケといった。

奥三面では、一二月一二日の山の神様の日、半紙に握り拳大の馬絵の版木で一二の馬を刷り、チシマ笹で弓を作り、これに結びつけて集落の山の神様（十二大里山の神）に奉納した。奥三面の周辺の新潟県朝日村の集落にある山の神神社では版木はそれぞれ違うが、馬の図柄で奉納した。

山の神が馬に乗って天から降ることを意味している。馬は天と地を往き来する動物なのである。山の神が共に天から降ろすものがある。熊である。

図 41　駒形　上：奥三面，下：岩崩

絵柄を捧げる神事は、白馬と黒馬一対を神社に奉納することから始まったと考えられる。これが版画絵だけでなく絵馬にもなっていく。神馬であるが、神への奉納の意味合いが強かった。

日照りの夏の雨乞いで、山の頂に白馬と黒馬を準備し、黒馬を奉納したときに雨に恵まれ白馬の時は晴れるという伝承は、北アルプス白馬岳の語源となっている。雨乞いの神事には山の神様に対するお願いであっても、そこには天とつながる山の神が意識されていた。馬は天と地をつなぐものだからである。

雨は天から垂直に降りてくる。山頂での神事は天を意識したものである。越後苗場岳の山頂に点在する池の水を汲んで降りてきて田に撒けば水が枯れないという伝承は、全国に類似の伝承がある。天の水は里に垂直に降りる。雨乞いでは新潟県神林村川部では大山祇神社で藁の竜を作り、山上の池(山の神の奥の院)まで運んでここに入れ、泥を投げていじめた。関谷郷では、雨乞いの際、この関谷郷全体を見渡すことのできる飯豊山塊の北端にある杁差《えぶりさし》岳(一六三六メートル)に村人が登った。ここで、家にある一番汚い腰巻きを張り、大きな火を焚いた。対岸の峰に登った人たちは山上の聖地を荒らせといわれ、小便をしたり木の枝を撒き散らかして火を焚いた。

これらの雨乞いの事例は、山上の山の神様の聖所を汚すことによって、天から雨を呼ぶものである。全国に類似の伝承を持つ。天から下る垂直方向の運動は、竜のように垂直に溯るものによっても意識された。

天と地を上り下りする動物・天馬の伝承は遠く中国シルクロード、天山にその源を求めることが多いが、日本の神馬も天から降る。中国甘粛省のオアシスで、湖から天に昇る馬が皇帝の馬となる話を聞いた。柳田國男の『山島民譚集』は神馬の天と地の動きを述べて、水から誕生したり水と関わる馬の事例を集めて水の精として浮かび上がらせた。ここには、雨乞いの馬も描かれる。天と地を行き来する駿馬は水の精でもあった。

全国に散在する駒ヶ岳は馬に関する伝承を持つ天上の聖地である。山頂に馬蹄の形が付いていたと

図42　駒曳猿　厩祭りに配った楠田佐田丸の絵札（新潟県村上市）

か山容が馬の形・鞍の形であるなどの伝承に違いはあるが、天から降る神の道筋にある取り付きの峰である。秋田駒ヶ岳、越後駒ヶ岳、会津駒ヶ岳、木曾駒ヶ岳と、いずれも五月頃まで雪をたたえ、人形であったり駒形であったりするが、種まきやサツキ（田植え）を里人に周知させる雪形を残した。山を仰いで天の運航を知る山が駒ヶ岳なのである。

山形県の庄内地方で朝日岳につながる峰の一つに摩耶山がある。日本海に面した独立峰で麓の倉沢集落に摩耶山の里宮となる摩耶神社があり馬の神社として絵馬が並ぶ。摩耶は厩の謂いである。福島県会津地方磐梯山わきの厩山は馬頭観音を祀る馬の神の山である。江戸時代の厩祈禱の唱え詞に「天竺に羽のついた馬が天から降ろされるが、人が馬を追い回して暴れさせたことから、人と馬は仲が悪くなった。天上の庚申様が人が馬に乗ることを教えて仲良くなった」という科白がある。庚申は青面金剛の像で馬に乗っている。そして天と往き来する神であった。

猿駒引きの図柄の札を配って歩いた馬太夫は、馬の厠に出むくごとに祈禱をした。猿が馬の守護者であった。

このように馬の絵柄は版木から刷られたもの、絵馬に描かれたもの、馬形といずれも天と地の交感を意識化させるものであった。

二　熊を絵馬で祀る心

新潟県岩船地方では、山の神（十二大里様やオサトサマ）の社に版木で刷った馬の絵柄を奉納するところがある。

熊が獲れると神社に熊の絵馬を奉納するのである。文献資料で紹介されたものとしては、岩手県遠野の早池峰神社に奉納されたものが有名である(1)。岩手県沢内村碧祥寺博物館のマタギ資料にも熊獲りの絵馬が収蔵されている。新潟県岩船郡関川村金俣のものである。熊が獲れた記念に、獲った人々の働きを絵にしたもので、自分たちが描いて村の神社に奉納したものである。

熊の絵馬は新潟県岩船地方に一つの集中域があり、ここから北に偏って分布する。

この分布集中域での様子を報告する。熊の絵馬を飾る神社が特に集中しているのが朝日山地に抱かれた新潟県の朝日村である。

奥三面　ダム建設により二〇〇〇年一〇月に水没したが、ヤマサキイズノ神（山の神）を祀る「十二大里山神」神社に、熊が獲れるたびに絵馬を奉納していた。個人で獲った場合はその人が、巻き狩りで獲った場合は狩りの代表者フジカが代表して奉納した。

岩崩（三面川最深部奥三面の下の集落）　この集落には鷲ヶ巣神社と山の神神社の二つがある。鷲ヶ巣神社の拝殿は、鷲が巣山の遙拝所として位置づけられる。松にとまった鷲の絵馬が奉納されている。鷲の絵馬が七面ある。鷲ヶ巣神社の拝殿横に大山祇神社があり、拝殿内に次の絵馬が奉納されている。

・熊↓願主本間辰彌・本間梅吉・鷲尾岩次郎
・熊↓願主青山太八郎・本間金作・本間鶴松外八名
・狸↓願主本間鶴松
・狸↓願主本間富蔵
・狐↓無記名
・馬↓大正一二年五月鷲尾岩松
・杉の木↓本間喜代次
・杉の木↓本間鶴松

塩野町　熊野神社に大正一四年八月、堀井長吉さんが獲った熊の絵馬が奉納されている。村の鎮守が熊野神社であることから、熊は鎮守様の使いとする伝承があり、熊を獲っても決して食べてはならないとされていた。しかし、熊獲りの人たちは熊を獲ると食べており、その際の慰霊として絵馬を奉納したものであるという。

小揚　河内神社に大正時代に獲った熊の絵馬があったが現在はない。

薦川　三面川支流薦川の最深部にあり、戸数二六軒。鎮守は熊野神社であるが、山の神様（オサトサマ）が集落南東側の高台に設置されている。鎮守熊野神社の拝殿では四面を熊の絵馬が取り囲んでいる。

・熊↓昭和四二年四月吉日奥村銃砲店奉納

・熊↓昭和四二年四月吉日小田甚太郎奉納（二枚でペアになっている）

奉納絵馬の熊は鷹川の狩人四人で巻いて獲った熊である。大熊であった。尾根筋の撃ち手を小田が努め、下から勢子が追っていた。熊はまっすぐ小田が待っている場所に上ってきたが、下が空洞になった雪渓の上であったため、狙い定めていた熊がここに落ちて、一瞬見失ってしまう。銃を置いて、体を伸ばしてきょろきょろ探していたら、熊は落ちたところから小田のいる尾根に直接上ってきた。突然目の前に熊が出現し、大慌てで近くの石を担ぎ上げて熊に投げつけた。この対決を見ていた奥村銃砲店の主人（勢子で参加）が下から熊をねらって鉄砲で撃ち抜いた。この記念として、二人が熊の絵馬を別々に奉納したものである（図43下）。

・熊↓昭和六〇年四月吉日、小田甚太郎奉納

・熊↓昭和一五年一一月、奉納者不明

・熊↓奉納年月日、奉納者不明

・熊↓村山有志一同奉納、年月日不明

・熊↓明治四四年一一月三日、板垣喜久松

・熊↓明治二七年七月一三日、謹若連中敬白

・熊↓大正四年四月三日、小田長吉・小田鶴松・板垣米吉敬白
・狐二匹↓明治三〇年九月二五日、小田末吉
・熊五頭の大絵馬↓四尺×六尺の大きさがある。

昭和四年に村の狩人で年寄り衆と若い者衆の両方のグループが、春先熊を獲った。年寄り衆は集落に近い関口という隣接した集落の山で三頭仕留め、若い衆は奥山で二頭仕留めた。合計五頭であったので皆で相談して村上の絵師に頼んで描いてもらった。この会計は、獲った熊の皮や胆を売った中から捻出したが、二頭以上獲れても一年に一枚だけ奉納するし

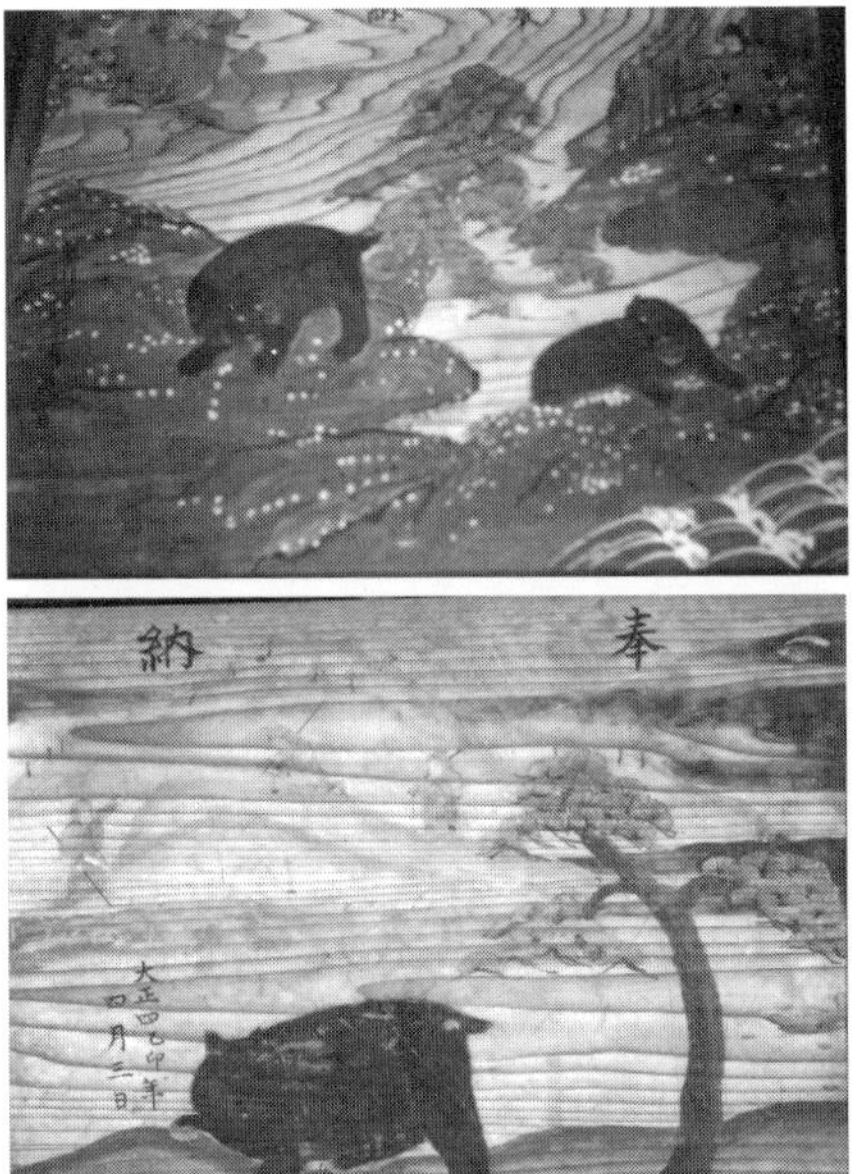

図 43　熊絵馬　蔦川熊野神社

きたりであった。絵師に頼んだのは一気に五頭も恵まれたために、熊の供養として立派なものを奉納すべきだという話になったからである。これらの相談は熊をとった後親方の家で熊汁を食べながらすることが多かった。

熊の絵馬の奉納は、熊が獲れるたびに行なっていたという。昔は「一頭について一枚」が原則であった。昭和三〇年代に拝殿の中の絵馬を整理して、多くのものは捨てたり焼いたりしたという。薦川のこの状況は、絵馬を奉納した集落に共通する伝承である。熊を絵にして残すことで、構成員共通の心理状態を呼び起こす意味があり、絵馬が熊の慰霊となっていたと考えられる。

熊野神社が熊を神の使いとしていることから熊の絵馬を奉納したとしているのは、薦川と塩野町だけの伝承である。朝日村の神社に熊野神社は多く、鎮守として熊野を祀っていても熊の絵馬を奉納しないところが多い。

例えば、茎田は三面川沿いで、岩崩の下の集落で熊野神社を祀る。狩人もいて熊を獲るが、ここに奉納されている絵馬は、勧進帳の画である。修験者の姿をして都から北国街道を落ち延びた弁慶と義経の絵柄は熊野信仰にふさわしいものとこの集落では考えたのだろう。

茎田対岸の千縄集落では羽黒神社である。合祀されているのが大山祇神社で、昭和の初めまで熊の絵馬が奉納されていたという。この絵馬は山の神（大山祇）にあったもので、羽黒は後に勧請したことがわかる。

また、薦川の下流域にある猿田集落では、やはり熊野神社であるが戦争時の武運長久を祈る絵馬しかない。

岩崩の大山祇神社が鷲ヶ巣神社と社屋を別にして、熊の絵馬はあくまでも大山祇、山の神に奉納するという心理は、熊と山の神の深い繋がりを指すものである。同様に、塩野町の熊野神社に奉納された熊の絵馬は、ここに合祀されていた山の神に対するものである。というのも、塩野町では昭和の初め大里神社というものを法印が建立して山の神を祀った。大里は十二大里山の神のことでこの地の山の神様を指すものである。本来であればこちらに熊の絵馬を奉納すればすっきりするのであるが、堀井が獲った大正一四年は、大里神社が熊の絵馬を奉納できるような立派な拝殿を持っていなかったのである。

薦川にしても、ここの熊野神社が最も立派な絵馬と数の多さを誇っているが、熊を獲ると最初に出向いたのは山の神様の場所であった。

このように、鎮守が熊野神社だから熊を食べないとか、熊は熊野様の使いとする伝承は後に付け足されたものである。

三　熊と山の神様

奥三面の神社は十二大里山の神である。ヤマサキイズノ神を祀った。一二月一二日が神楽の日である。和紙に駒形一二匹を押したものと、三〇センチほどの弓矢のミニチュアをセットにして、神社へ一緒に奉納した。駒形は幅一〇センチほどの板に彫った駒である。山の神様の乗り物とされ、集落で持っていたのは代々ヤマサキを努め世襲してきた小池貢、小池善茂、高橋源右衛門、小池幸右衛門の四軒であった。駒形がない家ではこの四軒の家から借りて印を押した。

奥三面のヤマサキは狩りのリーダーであり、代々世襲してきた。太郎治・太郎市・貢の順である。屋号・善九郎家がヤマサキの系統であった。一二日の夜は各家の親父たちが集まって参拝した後、神楽番と呼ばれる宿で夜籠もりとなる。神社には爺さん・婆さんが参拝に訪れる。一三日は若い衆の番である。彼らが神社に集まった。

一二日は山の神様が馬に乗って狩りをされるので決して山に行ってはならないと言われていた。熊が獲れた時最初にお参りするのもこの神社であった。この時、駒形を捧げることはしないが、酒を持っていって奉納した。熊を食べた後は熊の絵馬を奉納した。

岩崩の大山祇神社の熊の絵馬は山の神に対する感謝という意味ですっきり解釈できる。熊に対する慰霊は、山のこと全般を司る大山祇への感謝である。

つまり、獲物に対する慰霊というのは山の神に対する感謝に含まれながらも、具体的な絵馬として奉納された時点で発生したものである。だから、山の神の裁可と獲物の慰霊の心理は少し距離がある。つまり、熊は里で慰霊をされた時点で神となっているのである。山の神との関係も徐々に切れる。慰霊を終わった後の熊に対する人の意識は山の神から独立していくと考えるのが妥当である。絵馬は慰霊の意味であった。

四　熊の霊

熊に霊を認めて祀るようになったのは、山の神の支配から熊が離れた時であると仮定される事例を述べてきた。

もちろん、熊に魂を認め、霊に昇華していくことは、狩猟で仕留めた後のケボカイや一連の捕獲儀礼で明らかなことである。しかし慰霊という行為に及ぶのは、山の神の支配から離れた空間（里）・時間での行為となる。狩人に仕留められた山中で、死という瞬間に熊の魂は山の神の支配を離れる。人は送りの儀礼を行なう。そして、里に戻って慰霊する。だから山中の熊捕獲儀礼と、里に暮らす慰霊の儀礼に乖離があるのは当然のことであった。

熊獲り集落では、日常生活の中でも「熊という言葉を安易に使うな」とする禁忌があった。山で猟をするときは山言葉を使っている。里で山言葉は絶対に使えない。里で熊を言い換えるというのは、里の言葉であっても日常の用語を禁ずるところに熊に対する特別な意味づけを与えていたことがわかる。この心理と感性が熊を獲ってきたときの慰霊につながっていくのである。

慰霊は山の神の支配になる山中では熊の死によって芽生え、里に下りたときは獲物を里に下ろしてくれた山の神への感謝と、里人に恵みを与えてくれた熊自体に対する感謝が加味されて醸成してくるのである。

したがって、熊の絵馬は里の神社に奉納された時点で山の神・熊本体に対する感謝のシンボルとなり、同時に村人共通の記念物として慰霊の意味が付加されていく。小玉川の熊供養塔に、村人の心根が刻まれているので引用する。

霊峰飯豊山の山懐に抱かれた小玉川はマタギの文化を脈々と今に伝えている。これに献身した幾多の熊の霊を弔い先人に敬愛の意を表しマタギ魂の伝統の灯が永久に点らんことを念願し、謹んで熊供養塔を建立する。

絵馬と供養塔は同じ慰霊の心根から奉納されたことが見て取れる。そして、熊の頭骨を祀る熊獲り集落がある。これが慰霊の一形態であるかどうかは次に検討する。頭骨には絵馬と別の説明が必要なのである。いずれにしても、熊の慰霊の後に来るものは熊を神とする精神であった。

五　豊猟祈願と山の神

熊の絵馬は熊を授かったことに対する慰霊として位置づけられるのに対して、豊猟を願うために予め捧げたという例は管見ではない。熊の豊猟を祈るために予め絵馬を捧げる事例は広く見渡しても、これがまったくないのである。

本来であれば絵馬は予祝の意味で裁可を求めるために奉納するのが筋道である。考えてみれば、熊を絵馬として奉納すること自体が珍しいことである。絵馬として神社に架かるものの多くは、事前の願い事であるという意識の前提があった。

熊獲りの狩人は、事後の処遇と事前の豊猟祈願をきっちり分けているのが通例である。事前の豊猟祈願は、山の神に向けて行なわれる。熊の絵馬が慰霊として祀られる新潟県北部山間部から、福島県奥只見の狩人の豊猟祈願を概観する。
熊狩りに入るに際し、奥三面では三段階の豊猟祈願を行なっていることがわかってきた。

第一段階　一二月一二日の「十二大里山の神」の日（神社の神楽）に駒形一二個を紙に刷り、これと作り物の弓矢を付けて神社に奉納した。

第二段階　熊狩りに入るとき、一同揃って神社に集合して御神酒をのみ、参拝してから出かけた。

第三段階　里山の範囲を超えると山の神の領域であるが、境界には山の神の木が立っており、一同ここで参拝して、ここから山言葉に変わった。山の神の木には一同頭を垂れて一礼した。

一方、山熊田や雷集落では、第一段階の駒形がない。第二・第三だけである。山形県小国町の金目では、山の神神社が基準であり、ここに集合して御神酒を飲み、ここから山言葉に変わった。第二段階にすべてを集約した形である。五味沢では、山の神の祠（細長い刀型の自然石が奉納してある）が山中にあり、ここから山言葉になる。一同ここで御神酒を捧げてから出発した。

図44　熊供養塔　山形県小玉川

小玉川では、山の入口に三つ又に分かれた山の神様の大木があり、ここで一同が参拝し、ここから山言葉に変わっている。かつては剣の形をした石を奉納したといい、小さな祠が残されている。ここでは、第三段階の山の神の木の前での集合に集約されている。

一方、奥三面と同じように駒形を奉納する奥只見の狩人は、イクサガケを行なう。紙に刷った駒を山の神の木の幹に短刀で突き立てる。

この時、駒の首筋（急所）に刃を突き刺したことは記した。第三段階が中心である。したがって山の神の接点で最も重視しなければならない場所は山の入口に当たる第三段階の場所ということになる。

この場所で、山の神に豊猟を願う行事が集約されていく。具体的に行なわれていた行事は、御神酒を飲む、祈る、里から持ってきた食べ物を奉納する、などである。

奥只見や朝日山麓太鼓沢の例のように、この場所で駒形を奉納する事例がある。奥三面では第一段階で行なっていたことであるが。

田子倉の猟師・皆川喜助は、「駒は山の神の乗り物である」という。奥三面でも「一二月一二日は山の神様が駒に乗って山で狩りをされる」と述べる。つまり、予め豊猟を祈念するのは山の神に対して行なうことであって、これが駒形である。一般的にいう予祝絵馬の役割を果たしたのが、版木で刷られた駒であった。

六　熊霊の循環と再生

熊が里に下ろされ、人に獲られることで恵みを与える。これに対する感謝の慰霊が熊の絵馬として形に現われていることを述べてきた。山から里へと循環した熊は、慰霊によってその霊を山に返す必要があった。巡って戻る際の土産が慰霊の絵馬であった。

一方、再び熊を獲りたい人間は、山と里の境で山の神に裁可を求める必要がある。この狩猟儀礼がイクサガケであり、「駒を奉納しますので、熊をいただきたい」とする心理の発露であった。

駒形は馬の代用であり、山の神の乗り物である。これを犠牲として捧げる供犠（形式的な）によって熊という貴重な獣を降ろしてくれるよう祈るのが、イクサガケの本旨であったと私はみているのである。駒形こそは、日本古来の絵馬の伝統を受け継ぐものであるが、熊が再生と循環を繰り返している貴重な獲物であることから、駒形を奉納して、自然の枠を代表する山の神に裁可を求めたものであったのだろう。

ここでは、山の神は絶対であり、自然の枠を代表するものであった。奥三面の山の神への祈りも、狩猟の始まる前に、丁寧に何度もお願いして裁可を願うものであった。

なぜ、これほどまでに熊に対して特別な扱いをするのか。東北地方からユーラシア大陸北部シベリア地方にかけて居住する人々の熊に対する扱いは、どこも、再生と循環を意識して儀礼が執り行なわれている。熊は山の神の表象であり、人が生存したり、生存を持続させることを裁可することができる生き物であった。

つまり、熊は人のために贖いの役割を担わされてきたのである。山の神に対して人が生存の持続を祈る際の供え物の犠牲が熊の本来の姿だったと解釈できる。だから、天の馬によって熊を地上に降ろしてもらい、これを狩り、食して人はみずからの体に、供犠によって山の神を受け入れたのである。人はこの儀礼によって、初めて山の神の裁可を戴くことができた。

熊が人に狩られるのは、人が熊を征服した強い生き物だからではなく、熊という贖い主を通して大自然を表象する山の神に裁可をもとめ、熊の犠牲によってのみ生存の許可を戴かなければならない惨めな生き物であったからだ。

（1）野本寛一、一九八七『生態民俗学序説』白水社、二六一頁。

第六章　熊の頭骨

一　熊祭りの頭骨

　山形県西置賜郡小国町は飯豊山塊と朝日山塊に囲まれた盆地に位置する。飯豊山への登山口側には小玉川集落がある。現在、梅花皮《かいらぎ》温泉の広場で五月四日に「熊祭り」を行なっている。

　飯豊山麓北側は小玉川が熊狩りの中心地であった。昭和四八年まで、毎年二月一二日のお日待には「山祭り」が行なわれてきた。小玉川で行なっていたときは「熊祭り」とはいわないで、山祭りあるいはお日待ちであった。熊山（山での熊狩り）の始まる前の大切な集落行事で、法印が八卦をしてどの山にどのくらいたくさんの熊がいるかを占った。飯豊山の北側を広く占有する小玉川の山の領域は八つに分けられており、それぞれにどのくらい熊がいるかを占い、豊猟の祈願をした。

　山祭りの祭壇には水、塩、餅、お頭付きの魚（イワナであることが多い）、御神酒、洗米、灯明が飾られていた。祭場は熊獲りのリーダー・ヤマサキ家の茶の間である。五色の梵天一二本を藁のわっか（鍋敷き状）に立て、囲炉裏のまわりを注連縄で囲む火棚から注連縄の四隅にかけてシメサゲを垂らす。水垢離をとった火焚き男が炉に火をおこす。ここで招かれた不動院の法印（元はヤマサキであったという伝承のある修験者）が不動経を読み、山子の勝鬨《かちどき》（熊を仕留めた時の唱和）とナメ（熊獲りの槍）納め、そして湯立てという順序で祭りを行なった。

直会は座敷か外の庭であった。ここではヤマサキの下に山子が順序に従って座り、宴会となった。熊の猟が始まる前に集落全体で行なうことに大きな意味がある。槍を突いて熊を獲った最後の狩人、舟山仲次は、「この祭りは熊がたくさん獲れるように山の神に祈る意味があり、山の神にこれから神聖な山に入ることへの許可をいただく意味があった」ことを述べている。猟の恵みの予祝と山の神への裁可が二つの大きな目的である。この日を過ぎてから初めて穴見（穴に入っている熊を獲る猟）に出ることができた。

「お日待ち」の山祭りが有名になるに伴って、これを観光化しようという動きが出てきて、昭和四九年から熊祭りという名前で、梅花皮荘の場所で観光客に見せるための行事が行なわれるようになった。祭壇の背後には高く熊の皮を架けた干し台（両側には十二山神の幟）があり法印は熊の皮に正対して（奥山に向かう）祈りをささげた。祭壇には真っ白な熊の頭骨を並べて祈禱を始める。熊の頭骨を置くようになったのは熊祭りが観光行事として五月四日に執り行なわれるようになってからであるという。最近のことである。

新たに祭壇を飾るようになった熊の頭蓋骨は、前年の熊ヤマと呼ばれる熊狩りが終わる、雪が降るまでに獲られた熊のものである。熊祭りの頭蓋骨と毛皮は、前年に獲られた熊なのである。これについて舟山は「熊の供養が主体になっている」と述べてくれた。

熊を祀る動機には、熊自体に対する供養と豊猟への予祝が込められているのである。五月四日の熊

図45　山祭り　山形県小玉川

祭りは両方を兼ね備えた祭りとして一本化された姿であり、熊の毛皮と頭骨はその形代《かたしろ》、つまりシンボルとして新たに登場してきたのである。

山の神に豊猟を祈ることと、熊自体に対する供養では信仰のあり方がまったく異なる。新たに行なわれるようになった熊祭りには、獲物である熊に対する供養という要素が付加されたのであるが、これをどこから持ってきたのだろうか。

実は小国郷一円では、かつて熊を一頭獲るごとにシシ宿でシシ祭り（熊祭り）を行なっていたのである。春先、穴見の熊、マキ（巻き）狩りで獲ったものどちらも熊獲り後の祝宴を張るシシ宿に着くと、担いできた熊の肉・内臓・骨・脂肪をそれぞれ保存用・食事用・医療用と分け、シシ宿では祭りと直会を行なった。

熊の皮を板に張り付け終わる頃、宿に法印を呼ぶ。囲炉裏のまわりに注連縄を張り、釜杭を立てて大釜に水を入れてかける。祭場は座敷か茶の間になる。供え物はフクデ餅・御神酒・御幣を立てた洗米である。釜男が炉に塩を撒き、切り火して火を焚く。法印は錫杖経・団かけ・湯立て・熊野様回向・不動経と祭りを続ける。一連の祭りが終わると参列者全員で鎮守の十二山神社に参り、お神酒を供え、幣束、釜杭を納める。

これが終了すると、直会となる。肴は熊の骨むしり・腸詰め（熊の血・脂肉・内臓の脂を解体した山で詰めてきたもの）・カワザネ（皮から剝いだ脂肉）である。

以上の祭礼と直会を総称してシシ祭りあるいは熊祭りとした。熊に対する供養は、シシ祭りの主眼であり、この行事が五月四日の熊祭りに習合したのである。

熊の頭蓋骨と皮を熊祭りで飾るのは、熊供養のシンボルつまり熊の形代なのである。奥山を背にして築かれた祭壇の上にこれが並ぶのは、熊を与えてくれた山の神に対する感謝の気持ちの表われである。

シシ祭りは熊が獲れるたびに行なっていた。このことは山の神が恵む熊という動物が、そのとき限りの恵みであるということになる。熊を授かることで里が潤うのはそのとき一回だけなのである。ところが熊の頭骨をとっておいて形代として扱うことになれば、その恵みが断絶しないで継続することになる。そこに形代が存在し続ける限り。

小国郷では山の神が奥山から谷沿いに川下に沿って降りてくると考えている節がある。

そして里に留まって秋に奥山に帰るという伝承はない。いつも上から下への運動であり、長期間一カ所に留まらない。御幣や形代は神がここに留まるようにお願いするシンボルである。熊の頭蓋骨が御幣と同じ扱いを受けるのであれば、山の神がここに継続的に降臨されているということになる。五月四日の熊祭りは熊の頭骨を飾るという意味において、山の神に対する信仰を著しく変化させてしまったのである。

①山の神に対する豊猟祈願と山に入ることへの裁可を祈る段階では、山人が山に関して絶対的な神としている山の神に対する信仰が優越した。

②熊は山の森羅万象を司る山の神から垂直に下って里の猟師に与える恵みであるという信仰が主体となっているのに対し、熊の頭骨や毛皮が供養のための形代として供えられることで、熊の遺存品そのものが信仰の対象として主体性を持ってしまう。

③熊の頭が信仰の対象となっていくと、この形代に特別な意味を付与するようになっていく。

①・②・③の信仰の変化は、小玉川の熊祭りにみられた信仰の流れである。この順序は変わることなく一方向に流れるのであろうか。つまり、熊の頭に特別な意味を持つ信仰的背景（③）があって、熊の頭骨が信仰の主体となり（②）、山の神への祈りを頭骨で済ませてしまう（①）ことはないのだろうか。

つまり、熊自体を山の神として扱うことで（②③）豊猟としての裁可を頭骨への祈りによって自動的に獲得する（①）信仰形態が考えられるのである。

カナダ・アラスカのインディアンが飾る木の上の熊の頭、沿海州アムール・ウスリー地方の白樺の木に架ける熊の頭骨、そして北部ユーラシア大陸に広がる熊の頭骨を木の股に祀る風習、アイヌのイオマンテにおける熊の頭の重大な意味と北陸以北東北地方での熊の頭の意味を比較検討することで、この問題への端緒が開かれる可能性がある。

というのも、アイヌの熊送りが北陸以北東北地方の狩人の信仰と似ているようで非なるものとされてきた従来の考え方を再点検して、熊の頭骨を手がかりに、信仰の位相を検討できそうなのである。ただ、ここで注意しなければならないのは、アイヌの人々の熊を山の神として扱う信仰と、東北地方の狩人の考える山の神信仰には乖離がある。

熊が山の神と同じものであれば、頭骨はアイヌの人々の祀りにみられるように熊の体そのものを示すシンボル、つまり形代としての位置づけとなるだろうし、熊と山の神が分離されている信仰形態であれば、頭骨は山の神のくだる依代《よりしろ》ということになろう。

二　熊の頭骨を飾る地域とその意味

熊の頭を飾る文化は北方諸民族に顕著に表われている。フィンランドの叙事詩、「カレワラ」に熊祭りが登場する。ここに熊の頭骨についての記述がある。

熊の頭骨や毛皮は北方諸民族の間では形代としての位置づけが強いことが特徴である。

シベリアからスカンジナビア半島にかけての闊葉樹とタイガの森林は熊と人を豊かに交流させる空間であった。

北方文化を位置づけるアイヌの熊送り（イオマンテ）を一九三八年に報告した犬飼哲夫は、本土の熊祭りとの類似性を指摘している。ケボカイ、モチグシ、オカベトナエなどがアイヌのイオマンテの各儀礼ときわめて類似していることを述べている[1]。イオマンテには多くの報告があるが、平成六年財団法人アイヌ民族博物館が記録したものを引用する[2]。

準備　イオマンテを行なう二週間前より準備。炉・ヌサの前で燃やされる薪が集められる。男は儀礼に用いる用具類の制作を始め、女は酒を仕込んだり供物をこしらえ始める。儀礼が近づくと近隣の集落に使者を立て、招待する。

前祭　本祭の前日、会場となるチセ（家）に用具類、供物などすべて整え、長老による火の神への祈りが行なわれ、儀礼が始まる。

本祭　男たちは長老を先頭に仔熊の飼養檻に向かい、クマ神に祈りを捧げた後、クマ神を檻から出し広場を引く。数人の男がクマ神に向かって花矢を射る。次に二本の棒でクマ神の首を絞めて絶命させる。次にクマ神の衣服（毛皮）を脱がせて肉体と霊を分離させる。解体である。これがすむとクマ神の衣服はきれいに畳まれ、その上に置かれた頭部の耳と耳の間に鎮座したクマ神の霊はチセの東側にある神窓より室内に招き入れられる。そして、夕刻饗宴が始まる。

クマ神の前には食べ物や酒がたくさん並べられ、人間たちによって歌や踊りが繰り広げられる。

本祭二日目　男たちはクマ神の頭部の飾り付けを行なう。神々の世界へと旅立つ前の化粧である。夕刻、最後の饗宴が開かれる。昨夜同様、クマ神の前には食べ物や酒がたくさん並べられ、参会者にはクマ神が持参した肉が振る舞われる。人間たちによって歌や踊りが振る舞われる。ユカラが翁や媼によって語られ、物語がクライマックスに達しようとするとき止める。

この後、クマ神は木座に安置され、神窓を通って屋外にあるヌサに東を向けて立てられる。そして人間が放った花矢を道標として神々の世界に旅立っていく。

後祭　翌早朝、クマ神が旅立った後の木座の向きを西の方向に変え、祖先供養を執り行なって儀礼を終了する。

羆の頭は羆神（熊を神と位置づける）を代表する形代と位置づけられるであろう。羆の頭そのものが羆神を指す。

イオマンテでは、羆の頭を饗宴のチセ（家）に神窓から入れて、去るときにまた神窓から出す。最後は屋外のヌサの上に東向きに飾られる。

ヌサは二股に分かれていて股の部分が羆の頭の乗る所となる。頭は高く掲げられて、山を背景にして集落のヌサが飾られた場所の中心に高く掲げられる。

カナダの先住民は太平洋沿岸のインディアンと北東部森林インディアンに分けて論じられることが多い。前者（ハイダ族・ティムシャン族・キクサン族・ニスガ族・ヌートカ族・コーストセイリッシュ族・クワキゥトル族・ベラクーラ族など）は鮭・鱒や鯨など海産への依存の高い人々である。鯨の頭骨を祀るという。後者（ミックマック族・マレシート族・モンタニェ族・ナスカピ族・オジブェ族・アルゴンキン族・オダワ族・クリー族）は森の民で熊と深い関係を維持してきたという。ハンターは熊を食べる前に熊のために歌い、祈った。敬意を表する証としてビーバーや熊の頭蓋骨はきれいに洗って犬が傷つけないよう高い木の上や支柱の上に置いた。

このように熊や鯨の頭を形代として扱っている信仰形態がベーリング海を挟んで、北アメリカにも広がっている。

北方諸民族で共通する熊の頭骨を形代として位置づける精神性は、人を養う絶対的な枠としての自然から人が生存の裁可をいただいている、という概念に従っていることである。熊や鯨、海馬《とど》など、人に食物を与えてくれる動物がそのまま自然界の代表として、おのおの魂を保持し、そのまま祀られる対象になっていたのである。

山の神が大自然の中で熊を媒介して人に関与する信仰は和人もアイヌも共通する。山の神という観念は、山という領域を支配する絶対的な自然を支配する超越的な力を意味している可能性が考えられるのである。そして、熊の頭骨は本来、熊の体と一体のものとして形代の扱いを与えられていたのが本来の姿であろう。この文化に多くの外来の信仰形態が混じるに従って形代は神の依代として扱われるようになっていったものであろう。

三　北陸から東北地方での熊の頭骨の扱い

熊の頭骨を飾る事例が北陸から東北地方にかけて広く分布している。熊は本州のブナ林帯に多くの個体が養われている。ここには食料となる木の実が豊富にあり、豊かな食用植物に恵まれていたからである。

白山麓はムツシと呼ばれる焼き畑によって開かれた山地が多く、出作りの焼き畑の場所に建物が点在している。石川県手取川上流部の鳥越村には焼畑の収穫儀礼に熊の頭が使われる。

石川県白山麓鳥越村五十谷の焼畑収穫儀礼にナギガエシの祭壇がある。焼き畑の収穫物を屋内に飾る。この祭壇には稗、粟などの雑穀を積み重ね、その上に熊の頭骨を乗せて飾る。この乾燥台をアマボシと呼び、この最上段や前面に頭骨を飾った。そして山の恵みに感謝した。

一石俵の上に、熊の雄雌の頭骨一対を向き合わせて置く。向かって左に雄、右に雌を置いた。熊は山の使者で、使者としての熊は夫婦熊であるという。……熊の山言葉は、山の神の使者にふさわしく「山の神」である(3)。

農耕儀礼に熊の頭骨が関係している例である。シシマツリと農耕儀礼については別の項で論じるが、東北地方の熊狩り習俗が農耕儀礼に関係している例がほとんど報告・指摘されていないなかで貴重な

図46　ナギガエシの祭壇
石川県立博物館

事例である。

飛驒では秋祭りがにぎやかだが、五箇山は春祭りに張り込む。せいいっぱいの御馳走をする。熊の肉がそのシンボルだ。春祭りに熊の肉のアツモノを客膳につけるのを誇りとしている。(4)

富山立山連峰での穴熊獲りをした人々の中で、熊を食べた後、頭部を山へ持参して置いてくることをしたのが、立山山地富山県上市町大岩・小股両河川流域の狩人であった。(5)

春祭りに熊の肉が御馳走として客膳を飾る背景には、農耕儀礼の豊作を祈る予祝としての熊の肉という考え方も成り立つ。同時に、熊の頭が山から頂いたことから山に返すという山の神への返却を意味するものであったと考えられる事例である。

これに対し、熊獲りの集落で行なわれていた熊祭りの位置づけはどのようなものであったのだろうか。

飯豊山麓小玉川では、熊が獲れると必ず集落全部の家に使いを出して、祝宴に人を招いた。熊の料理は決して茶の間ではしないで、ニワと呼ばれ、玄関につながる一段低い板の間の囲炉裏で料理をし、ニワで食べることが多かった。客が多くて茶の間で食べることもあったが。そして、日常使う皿・箸・煮炊きの鍋は熊料理用には決して使用することを許さず、特別に取って置かれた熊皿・熊用の箸（冬囲いに使っている茅から人数分の箸を作った）・熊鍋を使用した。茶の間での煮炊きをしなかったのは、茶の間には神棚があったからだという。熊は獲ってきたものを玄関から入れてニワで解体した。

奥三面でも、小玉川と同様であるが、茶の間で行なったことについては特に意識はしていなかったという。神棚の前でも特に問題とはしなかったということである。

朝日山麓西側の山熊田では、春の彼岸を過ぎると熊の穴見に出るが、熊が獲れるたびに集落全戸に使いを出して祝宴を張った。昔からこのようになっていた。この熊祭りは春の祭りであった。熊の肉が集落構成員の供食・供宴の食として位置づけられていることは、熊という動物を集落構成員が共通の思いで認識していたことを意味している。

このように、白山麓・立山連峰の焼き畑の村における春祭りの熊と、越後山地、飯豊・朝日山麓の春祭りの熊とは画然とした違いがある。焼き畑の豊作を祈る西の山地に対し、北は熊本体の供犠・慰霊を中心にしている。

越後三山から奥只見にかけての地域から北側では熊の頭に対する位置づけに、白山麓焼畑の村とは大きな違いがあることを補説する。

(ア) 奥羽山脈山懐に抱かれた岩手県沢内村川舟のマタギ・米倉敏雄は、猟に参加した人たちで熊を解体した後、茶の間で祝宴を張った。この時、骨は取っておいて縄で縛り、台所の柱に吊るした。骨はヤスリで削って飲んだりする薬で婦人病や血止めとして使われた。熊の頭は最後まで台所の柱に飾っておいた。

(イ) 雫石町のマタギはとった熊の頭骨（脳味噌を食べてしまった後）を玄関に飾っていた。魔除けとしていたという。

(ウ) 沢内村の太田良治によると、沢内村にいた鉄砲ぶち（撃ち）の多くは、熊の頭骨を玄関に飾る人と、小屋の北側に架ける場所を作って飾る人がいたという。熊が獲れると月ノ輪に御神酒を垂らしたという。なお、この地では熊が獲れた後のケボカイでは熊の頭を北に向ける。

図 47　玄関に置かれた魔除けの熊頭骨

(エ) 西側に奥羽山脈の県境を超えた秋田県阿仁地方ではやはり小屋の玄関に釘で熊の頭骨を飾った人たちがいた。

(オ) 奥羽山脈栗駒岳のマタギ・上杉浩治は明治三七年秋田県阿仁の生まれで、平成一〇年に没した。彼の家の神棚には複数の熊の頭蓋骨が祀られていた。熊は内臓・肉・骨のすべてが利用できる重要な収入源であった。

(カ) 奥只見ダムによって離村した福島県奥会津田子倉の皆川喜助は、脳味噌を生のまま食べて、骨付きのまま茹でた頭部の肉を食べた。頭蓋骨は玄関において飾りにした。山小屋では棒に挿して入口の横に飾った。

(キ) 山形県小国町小玉川では、現在も熊獲りの狩人舟山仲次ら、狩りをしてきた人たちの家の玄関に熊の頭が飾ってある。魔除けであるという。

(ク) 小国町金目・五味沢の狩人の家では、一番槍（熊を最初に刺したもの）はバッケをもらう習わしであり、自分の獲った熊として家の床の間に飾った。

(ケ) 飯豊山麓、福島県耶麻郡川入では、頭骨を座敷に飾り、魔除けとしていた。

頭骨以外も役立った。

「シシのエダ（四肢）のクルマ（関節）を外して家に持ち帰り、戸口へ下げておくとマタギの魔除けになるという(6)」。鳥海山のシシオジ、金子長吉の小屋の庇にはシシの骨が関節のついたまま皿に入れられて置いてあった（第一部第一章）。魔除けであり、乾いたら削っててんかんの薬にした。

奥只見では、「熊の骨を黒焼きしておろし、粉末を飯粒に混ぜ、酢を加えて練り上げると、捻挫はじめ身体各部の痛みを直すのに有効。すねが痛むときは熊のすね、足が痛むときは熊の足というように、人間の身体各部に対応した熊の骨を用いるといっそう有効であるという(7)」。

熊の頭骨はサンコウ焼きにして飲むが、顕著な薬効は熊の頭に特別な信仰を付与していたことから来るものであったろう。

このように、熊の頭骨と骨の扱いは、北方民族の事例とつながる北方文化の表象である。ところが、白山麓のナギガエシの祭壇は別の解釈を必要とする。ここに飾られる熊の頭骨一対は、山の神のシンボルで、収穫物は山の神への供物と考えることが妥当である。

四　「カレワラ」と頭骨

「カレワラ」の「熊祭り」の項にワイナミョイネンがポポヨラの女主人の送り込んできた熊を退治し、恒例の祝宴を催す場面がある。(8)

わたしの熊よ、可愛い者よ……
さあここで頭飾りを取れ、
お前の牙を突き出せ、
お前の残った歯を捨てろ、
お前の顎を広く開けろ……
さて鼻を熊から取ってやる……
わしは熊から耳を取ろう……
わしは熊から目を取ろう……
わしは額を熊から取ろう……
わしは熊から鼻面を取ろう……
わしは熊から舌を取ろう……

これら熊の頭の皮を剝がして、牙・歯・顎・鼻・耳・目と取っていく一連の行為は、熊の頭の飾り付けとしてアイヌの人々が熊祭りで行なう解体作業によく似ている。鼻の皮を残して頭骨がでるように剝いでいき、額を割って脳味噌を出して食べるのであるが、この際、目を刳りぬき、舌を取っているのは同様の行為である。

東北地方の熊の頭骨の扱いでは、皮を剝いだ頭骨を鍋に入れて煮込んで食べるというのが多い。骨に付いている肉をむしって食べるのであるが、脳味噌を生で食べる場合は、脊椎の裏側の穴から引き出した。額を割ることはあまりなかった。

頭骨が熊をシンボライズさせ、その扱いに特に慎重であったアイヌの人々の精神と、フィンランド、「カレワラ」の世界が通底している姿が朧気ながら明らかとなっている。

森の熊よ、林檎よ、
森の綺麗な太っちょよ
さてお前が出かける旅路がある、
喜んでいく旅行がある
この小さな巣から、……
灌木の丘へ向かって、
高い山の方へ
茂った松の木へ、

枝の多い松の木へ
そこはお前が居るのに結構だ、
時を過ごすのに快い……
わしのわずかな獲物を持参した
黄金の丘の頂へ、
銅の峰の肩先へ。
清らかな木に掛けておいた、……
最も茂った枝の上に、
最も広い葉の上に
人間の喜びとして、
旅人の名誉として。

頭骨を黄金の丘の頂、清らかな木に掛ける。フィンランドに残っている熊祭りは、次のようなものであったという(9)。

冬の終わり、男たちが熊の冬眠穴に向かって出かけ、熊を穴から追い出して槍で殺す。熊を棒に括って帰路につく。この時、笛や鉄砲の合図で家の者に知らせると、家人が出迎える。熊はサウナの中で皮を剥がされ、肉は祭礼のために保存される。「熊の宴会」には人々が晴れ着で集まり、取った熊が雄の場合は少女が花嫁として、雌の場合は少年が花婿として選ばれてテーブルの上座に着く。熊の肉は豆スープに煮られて婚礼客に出される。熊の頭はテーブル中央におかれ、「カレワラ」に記述されているように、鼻・耳の順に切り取っていき、最後に顎がはずされる。牙は参会者に配られる。食後、骨が集められ、熊の頭を携えて頭骨を木の上に吊るして帰ってくる。熊の調理は男だけが行なう。

熊の頭骨は熊をあの世に送るために木の上に吊るされるのであるが、「山に返す」とする立山連峰の猟師やアイヌの熊送りの頭骨の扱いときわめてよく似ている。

「カレワラ」では熊の頭に特別な意味を持たせている。皮のついたままの状態で頭を祝宴の中心に据え、ここで、鼻・耳・目と取っていく。アイヌの熊送りでの頭骨の扱いと類似する。脳味噌は額を割って出している。

山形県小玉川での頭骨の扱いは、熊の全身の皮を剝いだ後、頭を切り離し、脊椎の部分から脳味噌を引き出して、これを煮て、参会者と食べる。頭骨に付いている肉は、鍋で煮て、むしりながら皆で食べる。奥三面では、皮を剝がれて丸裸になった熊の頭部を切り離し、脊椎の側から脳味噌を取り出し、猟に出た全員で平等に分ける。後の頭骨は鍋に入れて煮て、皆で肉をむしり取って食べる。五味沢も同様にして、頭骨だけは一番槍に渡した。

このように見てくると、「カレワラ」の世界での頭骨の扱いはアイヌとの強いつながりを見いだすことができるのみならず、東北地方にある熊の頭骨へのこだわりと近い関係にあることを認めざるをえないのである。

（1）犬飼哲夫、一九三八「熊送り（イオマンテ）」『北方文化研究』北海道大学。この論文で犬飼は北方ユーラシアの「熊送り」がアイヌの「熊送り」を経て、日本本土の東北地方にまで及んでいることを仮説として提出している。この問題は、大陸の「熊送り」をする文化がアムールランドからサハリンを通って日本列島に南下している筋道で現在も語られている。一方、「熊祭りの起源」を追究したものがある。春成秀爾、一九九五「熊祭りの起源」『国立歴史民俗博物館研究報告第』六〇号である。大陸の豚飼育との関連、熊そのものを祀る大陸の姿などを分析し、北には熊の頭骨で祀る熊祭りが大陸から分布域を広げて入ってきたとしている。

本稿では民俗学的に日本国内を中心に事例研究として資料提示している。熊送りの研究は今後も学際的に進んでいくことと思われる。熊送りの起源についての言及が盛んに行なわれているのは、民族・考古学の分野である。民俗学ではまだ研究の緒に就いたばかりである。本土と北海道の比較を徹底することが今後の課題である。

木村英明・本田優子編、二〇〇七『アイヌのクマ送りの世界』同成社／大塚和義、一九八〇「イヨマンテ――アイヌの飼い熊送り儀礼」『季刊民族学』一一／宇田川洋、一九八九『イオマンテの考古学』UP考古学選書東京大学出版会／天野哲也、一九九〇「クマの胆考――クマ送りとの関連で」『古代文化』四二―一〇／佐藤孝雄、一九九三「クマ送りの系統」『国立歴史民族博物館研究報告』四八／西本豊弘、一九八九「クマ送りの起源について」『考古学と民族誌　渡辺仁教授古稀記念論文集』六興出版／大林太良、一九八五「熊祭の歴史民族学的研究――学史的展望」『国立民族学博物館研究報告』一〇―二など。

考古学的研究ではオホーツク文化に溯源を求める事例が多いが、大陸文化との交渉の問題が残る。また、本土の縄文文化、特に後期に頻出する熊の像とのつながりも新たな問題として提示されている。

（2）アイヌ文化保存対策協議会編、一九七〇『アイヌ民族誌』第一法規出版／秋野茂樹、二〇〇〇「アイヌの送り儀礼」『白い国の詩』東北電力ほか参照。
（3）橘礼吉、一九九五『白山麓の焼畑農耕』白水社、五八九頁。
（4）石田外茂一、一九五六『五箇山民俗覚書』凌霄文庫。
（5）森俊、二〇〇一『東北学』五、作品社。
（6）森山泰太郎、一九六八『砂子瀬物語』津軽書房。
（7）只見町教育委員会、一九九三『只見町史』第3巻民俗編。
（8）リョンロット編、小泉保訳、一九七六『カレワラ』岩波文庫。
（9）注7前掲書、解説、四四〇頁。

第七章　熊の像

一　魔除けの熊

「熊の頭骨」の箇所でも触れたが、熊の頭蓋骨を玄関に置き、悪いものが家に入らない呪いとしているところがある。岩手県雫石町や山形県小国町小玉川などである。熊の頭骨に悪霊を祓う力を認めたのは、熊祭りで検討したように、越後山地から奥只見以北の東北地方の事例であった。熊の頭骨が薬として重用されていた時代には、頭の骨のかなりの部分が薬となっていた。

一方、アイヌの人々は熊の頭骨を熊の形代として残してきた。頭骨に魔除けの力が宿ると考えていた。

時代を遡っていくとオホーツク文化の中にナナイ族の家庭で見た熊の胸像・ヤマグアルとうりふたつの遺物が発見されている。オホーツク文化は八世紀から一三世紀にかけて、サハリンから北海道北部を経てオホーツク海沿岸を根室に達する沿海部で栄えた文化である。オホーツク文化人は漁撈と海獣狩猟を中心にした人々であると考えられている。トロッコイ村の熊の胸像とうりふたつのものが、礼文島香深井A遺跡の骨製熊像（立像）として出土している。

一方、湧別町川西遺跡から出土した四つん這いの牙製熊像は、背中に飾りの帯を背負ったデザインで、熊送りの様子を示すものとして名高い。この像とうりふたつの熊の像が、ハバロフスク郷土博物館の少数民族展示室に展示されている。

大塚和義によれば、「オホーツク文化人の信仰は、角や牙などを素材とした動物の写実的な彫刻品から、陸獣の頂点に立つ熊と、海では鯨さえも襲ってたおす鯱の両者を、陸と海の支配者として崇拝するものであった。」という。(1)

礼文島香深井A遺跡からは羆の頭骨も発掘されている。DNA分析によって、北海道北・道央地方の羆と道南地方の羆、どちらからも礼文島へ連れてこられていたことがわかり、道南の続縄文文化と道央・北のオホーツク文化が礼文島で交流していたことまで突き止められた。(2)

この分析は、熊送りの起源を追究する上でも価値がある。頭骨と骨製熊像（立像）の両方が併存している理由を考えなければならない。おそらく役割が異なったものと考えられるからである。熊の頭骨は前章で記したように、熊の霊を認めるという意味で中核的な遺存体である。それに対し、わざわざ熊の像を造り出しているのは、別の意味があったからであろう。頭骨と熊の像をはっきり分けて検討する必要がある。

熊が悪い霊を祓うのは、陸獣の王たるものの勤めであった。熊は人間を守る役割も果たしていたのである。アイヌの人々の認識はどうであっただろうか。山中捕獲の熊送りでは、洞窟の前に、熊の頭骨が並べられた。

飼育した熊を送るイオマンテの場合、最後に残される熊の頭骨は礼拝の対象となることをバチラーは報告している。

頭骨はアコシラッキ・カムイ（神聖な守護者）と呼ばれる。祝宴の時礼拝されるだけでなく、それが続く限り礼拝されることが非常に多い(3)。

と、人々を守る役割を担っていることを述べている。

頭骨に魔除けの意味を見いだしたのは、強い獣であることから、シベリアでもこの島国の本州でも共通の心情に拠ったものだろうか。それとも、大陸から張り出してくる強い信仰のうねりの中で本州の熊も同じ機能を担う獣とされたものか。

熊の頭骨を家の中に入れて、祀り続けるという習俗は、実は東北地方の狩人のものだけではない。オホーツク文化と併存し、続縄文時代の後を担った北海道の擦文《さつもん》文化（一四世紀以前）ではどうか。

熊送りの明確な証拠は擦文時代終末期にまで遡ることができ、羅臼町のオタフク洞窟遺跡で熊の頭骨が並んで検出されている。十三体の頭骨のうち計測可能な十体は三歳以上の成獣で雄七体、雌三体であったという。このことは山猟での熊の送り場であったことを示す(4)。

オホーツク文化の遺跡からは、住居の奥壁のところに熊の頭骨の集積があり、熊の彫刻が数多く出土していることが指摘されている(5)。

家の中に熊の頭骨を入れて信仰の対象とするのは、東北地方の狩人に類例が多い。地理的な広がりを検討するためオホーツク文化の遺跡分布を列記する。(6)

サハリン　東海岸　敷香プロムイスロバヤ、東多来加貝塚、ナイプチ、スタラドブス
　大泊　オゼレツコエ、アジョールスク、鈴谷貝塚
　西海岸　ネベリスク
クリル諸島　択捉島　レイドポエ、クリリスク、クイビシェボ
　国後島　ユジノクリリスク
北海道　西海岸　礼文島香深井A遺跡　◎骨製熊像（立像）出土
　礼文島浜中遺跡
　礼文島上泊遺跡　◎牙製熊像出土
　利尻島亦稚遺跡
　天塩町天塩川口遺跡
　東海岸　稚内市オンコロマナイ遺跡
　枝幸町目梨泊遺跡・ホロベツ砂丘遺跡
　湧別町川西遺跡　◎牙製熊像（四つん這い）出土
　常呂町栄浦第二遺跡・トコロチャシTK－73遺跡
　常呂川川口遺跡　◎熊の骨偶出土

網走市二ツ岩遺跡・モヨロ遺跡
羅臼町ルサツ遺跡・三本木遺跡
松法川北岸遺跡　◎熊頭部を表現した木製注口容器出土
斜里町知床岬遺跡
根室市弁天島遺跡・トーサムポロ遺跡・オンネモト遺跡

サハリン・千島から道東・道北に濃密に分布するオホーツク文化に熊を表現する遺物が多い。熊を崇拝する心理を垣間見る思いである。オホーツク文化にのみこのような心理的背景があったものだろうか。土器を作って生きてきた東北地方縄文・北海道続縄文の人々にも、土でこねた熊意匠の遺物が多く出土している。オホーツク文化に見られる熊を崇める心理と同じものが見られるのである。

二　熊の像

アイヌの集落へ行くと木彫りの熊を売っている。置物として著名なために、アイヌの人々が昔から作っていたと考えがちであるが、そうではない。アイヌの人々が、子供に与える玩具は、熊送りの際に作った花矢のみであるといわれている。

木彫りの熊は、大正初年胆振郡八雲の徳川農場で試作し、アイヌの人々の産業振興のために始めたといわれている。(7)

アイヌが熊像の造形をしなかったのは、熊に対する冒瀆と考えたのであろう。ではなぜ、考古遺物の中に大量の熊意匠土製品が存在するのか。この分析は難しい。

縄文早期中葉　帯広市八千代A遺跡　住居の床面から熊の頭部を模した土製品
縄文中期　八雲町栄浜I遺跡　円筒上層b式土器の突起部分頂部に熊の頭部
縄文後期初頭　八雲町コタン温泉遺跡　包含層から四肢が認められる動物形土製品
後期前葉　函館市石倉貝塚　盛土遺構の区画墓から熊頭部を模した土器（十腰内I式）。方形浅鉢の縁
後期初頭から前葉のコタン温泉遺跡から熊土製品。
続縄文　伊達市有珠10遺跡　熊意匠付きスプーン
苫小牧市タプコプ遺跡30号墓　土器面に熊の意匠

このように熊の像をわざわざ作り出している心理的背景で注目すべきことは、縄文後期から顕在化してくる墓域からの出土の問題がある。縄文後期以降になると集落と墓域をはっきり分けるようになる。しかも、環状列石のような記念物を作るようになってくるという顕著な特色がある。熊意匠の土製品や土器は人の埋葬に関わっていると考えられているのである。(8) この問題は重大である。縄文時代の後期から顕在化してくる熊意匠の土器は、それ以前には住居跡からも出土している。そして住居跡は後のオホーツク文化の時代には熊の頭骨を捧げておいた所である。頭骨の出土は住居

の最も奥まった場所、隈にあった。墓も集落構成からすれば隈と意識される場所になっていく。墓域とされる環状に配した列石の記念物が秋田県大湯環状列石のように集落の中央にあったとしても、人の心理からすれば、墓域の記念物は人の生活する場所以外の隈の扱いとなったのではなかったか。つまり、熊意匠の土製品・土器は日常生活と離れた部分での出土と考えられるのである。

北海道の遺跡から出土するような優品は発掘されていないが、東北地方に視点を移してみると、やはり後期からの出土がめだつ。

縄文後期初頭から前葉　青森市小牧野遺跡　土坑墓から熊の土製品出土
　　　　　　　　　　近野遺跡　動物内蔵土器（土器内部底面に四つ脚を大の字に伸ばした動物意匠土器が張りつけてある）
　　　　　　　　　　三内丸山遺跡　後ろ脚を一つにした土製の熊・熊形を口縁部に付けた土器・石皿に熊

小牧野遺跡の熊土製品は四つ脚を踏ん張った優品で全長四センチメートルほどの大きさである。三内丸山遺跡のものは全長一一センチメートルである。後脚を一つにして体をもたげた姿は熊が穴から出る姿を彷彿させるものである[9]。四〇〇〇年前の人々の意識の中に、人の死に際して熊の再生の姿を規範とする思惟が流れ、人は死からの再生を熊によって祈る心理があったのではなかろうか。

この時期、再葬墓の甕棺が多く見られるようになる。縄文後期という時代は長い縄文文化のなかで

図48　熊意匠土器　新潟県十日町博物館蔵

も葬送に関しては一つの画期となった。人が死ぬと遺体を埋め、骨になる頃、これを拾って甕棺に入れ、記念物の場所となっている墓域に埋め直す。甕棺には熊のように土の中から再び出てこられるよう熊の意匠を施したり、熊意匠土製品を共に入れたりして死んだ人の再生を祈った姿を私は想像しているのである。

熊土製品は秋田県大湯環状列石の遺跡からも出土している。岩手県萪内《しだない》遺跡からも報告がある。後期の大型記念物として分布域の南に位置する新潟県奥三面のアチヤ平環状列石では熊の土製品は見つかっていない。熊意匠土製品は北に偏る顕著な例である。北からの文化として認識されている。

一方、地理的に南に下がった中部地方でも、熊に対する特別な思いのあったことが土器に現われている例がある。新潟県十日町市下条の中新田A遺跡（縄文中期前葉）出土の土器に熊意匠がある。熊意匠の取っ手が、推定三〇センチの口径を持つ瓶の両側に付いている。出土遺構は住居跡の周辺覆土包含層からである。(10) 管見では最も古い熊意匠の一つであり、伴出している土器が北陸系や関東系が多いことから、北の熊意匠と単純に判断できない。上越市にも類似の土器が一点あり、北の熊意匠土器との違いを今後検討する必要がある。縄文文化後期の熊意匠は、北から南下する大きなうねりの一つであることを感じており、時代が古いから中部地方の熊意匠文化が先に栄えたとする考え方も採るわけにはいかない。地理的にアムールランドに近い東北地方以北の熊に対する思惟は、歴史の中にも蓄えられていたはずであり、縄文時代、墓域の熊に対する思惟の残滓がまったく見つからない中部地方を同列に論じるわけにはいかないのである。

いずれにしても、縄文時代の中期という早い時期から熊意匠が出現するということは、当時の人たちが熊に遭遇していて、特別な感情を持っていたという明白な事実を提示することができる。

(1) 大塚和義、一九九八「オホーツク文化」『月刊歴史街道』五月号／同、一九六八「オホーツク文化の偶像・動物意匠遺物」『物質文化』一一。

(2) 増田隆一・天野哲也・小野裕子、二〇〇二「古代DNA分析による礼文島香深井A遺跡出土ヒグマ遺存体の起源」『動物考古学』動物考古学研究会。

(3) ジョン・バチラー、安田一郎訳、一九九五『アイヌの伝承と民俗』青土社、四〇八頁。

(4) 宇田川洋、一九九九「アイヌ文化の形成」『白い国の詩』東北電力。

(5) 菊池俊彦、一九九九「オホーツク文化」『白い国の詩』東北電力。

(6) 北海道立北方民族博物館の資料を基に作成。

(7) 西沢笛畝、一九七七『日本郷土玩具事典』岩崎美術社、一四頁。

(8) 佐藤智雄、一九九八「北海道の動植物を意匠する製品」『東北民俗学研究』第六号、東北民俗学会。

(9) 成田滋彦、一九九八「縄文時代後期の動・植物意匠文」『東北民俗学研究』第六号、東北民俗学会／青森県教育委員会、一九九六『小牧野遺跡発掘調査報告書』／青森県教育委員会、一九七五『近野遺跡発掘調査報告書』ほか。

(10) 石原正敏ほか、二〇〇〇『県営ほ場整備事業上組工区内遺跡発掘調査概要報告書――中新田A遺跡』新潟県十日町市教育委員会。

第八章　熊祭りの性格

アイヌと生活を共にし、アイヌの視点でアイヌ民族研究を進めた更科源蔵は『アイヌの神話』で熊送りを次のように解説している(1)。

アイヌの信仰の熊とは、山の国の神が、人間界の客として遊びに来るとき、毛皮の外套を着て、肉という土産を携えて現れた姿であり、熊送り（イオマンテ）とは神の外套を脱がし、土産の肉を受け取り、山奥の神の国で着るための人間の晴着をきせ、酒や団子や乾魚など人間のあらゆる御馳走をもたせ、「神の国に帰ったら、親兄弟や親類友人、沢山遊びに来るように言伝して下さい」と祈念して送り出す送別会……

この章ではアイヌのイオマンテと東日本の熊祭りの類似性を指摘し、熊祭りの性格が農耕儀礼とかけ離れていることをまとめる。従来の狩猟研究では穀物霊としての動物の血や肉の位置づけに関する報告が多かった。鹿や猪の血や肉が豊かな豊饒を招くとする農耕儀礼の研究に収束したのである。熊ではこの図式が成り立たない。

一　飯豊・朝日山麓の熊祭り

アイヌのイオマンテは熊送りと翻訳されてきた。これに対し東北日本の熊祭りと呼ばれる事例が飯豊山麓小玉川と朝日山麓山熊田・五味沢などに存在していることは述べた。そして、類似の名称の祭りであっても底流するものが同じものなのか否かについて議論がある。アイヌの熊祭りは羆（ヒグマ）の魂の送りであり、本土の熊（ツキノワグマ）では、その背景が近似していてもまったく同じではないとされてきた。従来の民俗学の狩猟研究では農耕儀礼の供犠として熊祭りが扱われることがあった。猪や鹿の狩りの目的が農耕儀礼に入り、熊も同様の解釈が成り立ちそうなものがあったからである。

そこで、アイヌの熊送りと東北地方の熊祭りの関係をみて、熊祭りの性格を検討する。現在、熊祭りとして一般に周知されているところは新潟県の山熊田と山形県小玉川で執り行なわれる祭りである。山熊田（新潟県岩船郡山北町）の熊祭りは、次の理由によって「熊祭り」と位置づけられた。集落構成員からもこの名称が与えられている。昭和四三年総戸数三四戸（現在三〇軒）の集落の事例から検討する。山熊田では「熊祭り」を次のように位置づけている。

①春彼岸過ぎに集落構成員が全員で熊狩りに関する仕事を行ない、春の訪れを祝うこと。

②熊の肉を集落構成員全員が食し、供食・饗宴によって集落構成員の一員であることを集団心理として確認していること。

祭りは集落構成員全員が関わるものという考え方から捉えている。一部のマキや一部の熊獲り集団だけに行なわれているわけではない。ここが山熊田の特徴である。奥三面や小玉川ではマキや狩人集団が独自に饗宴・供食することがあるが、これもかつては集落全体に声をかけた事例が多く、全員で行なえない物理的・心理的な状況の出現によって分かれてきたものと考えられる。

春彼岸過ぎ（四月一七日頃）から山熊田の男たちは狩人のリーダー、センボウの指示で熊狩りに出かける。三四軒全員参加である。山熊田集落の持っている熊穴は三つから四つであったが、このうち源左衛門穴とフスベ穴は多くの熊が入るために大切にされてきた。源左衛門穴は三頭も籠もっていることのある優良なものであった。フスベ穴はなだらかな岩の斜面中腹に穴があり、二頭一緒に入ることの多い穴であった。

山熊田では熊祭りが春祭りと位置づけられており、熊が獲れなければ祭りができない。遅くとも五月上旬までには一頭を手に入れることが必要であった。毎年四〜五頭獲っているこの山間の村でも、最初の一頭には村人全員の思いが籠もっていた。中学生も熊獲りの勢子にさせて、一頭目を獲った。当然この日は学校も熊獲り休み（シシマキ休み）であった。穴から出ていれば巻き狩りを集落の全員が関わって実施したのである。小学生も見学で参加する。昔は女性の参加は御法度であったが、狩りに参加しないでも林道の終点で熊狩りを見ることは行なわれた。

クラを巻いて最初の熊を獲ると、熊を獲ったという合図、鬨の声をあげる。ヨーホーを皆で発する。この声が熊が獲れたという合図であり、熊狩りに参加している者が全員集まってくる。獲れた熊を中心に取り囲む。親方の指示で参加していた狩人の一人が熊を解体する。キリハという直刀を顎の下から入れて尻まで切り、四肢の内側も最初の切れ目に向かって切れ目を入れて皮を剝ぐ。次に「一匹が千匹」の儀礼を行なう。猟師の一人が親方の指示で、剝いだ熊の皮の前脚と後ろ脚を対角線に両手で摑み、皮の頭部と尻が逆になるように回転させてセンビキモマンビキモと唱える。これで儀礼は終了する。

ここから解体に着手する。最初に出すのは熊胆である。元を縛って丸ごと大切に取り出す。次は内臓を開いてこの中に入っているものを絞り出す。開いたところに溜まっている血は皆で飲む。軀が丈夫になるといわれた。参加した小中学生にも飲ませる。腸には解体の過程で出る残りの血や肉の塊を詰め込んでいく。この腸詰めはヤゴリと呼ばれる。熊は各部に切り分けて、運びやすくして皆で運搬した。

集落に戻ってくると狩人たちは親方と一緒に大里（オサト）様の木の所へ行く。御神酒一升を持参してみなで参拝する。オサト様の木は現在伐られてしまったが、ケヤキの大木で、集落入口の家の上手にあった。盆状になった山間の集落西の端に当たり、この木から集落は東に開けている。オサト様は山の神様のことである。

参拝が終わると集落で熊の肉を運び込んだ家（宿という）に向かって全員でヨーホーを三回叫ぶ。すると、宿に集まっていた集落の人たちもオサト様を向いてヨーホーと返す。双方の唱和が終わると、オサト様の所にいた狩人も宿に向かう。宿では熊の料理が作られていて、集落構成員全員がここで祝宴のために集まる。

狩人が到着すると皆で直会となり、熊の肉を入れた味噌仕立ての熊汁を皆で供食する饗宴が始まる。熊汁は腸詰めも入り、だしが出て大変おいしくできていく。中に入れる野菜は昔はアザミと決まっていた。現在は豆腐やネギを入れるようになったが、かつてはアザミだけであったという。山のものは山のもので食べたのである。

これが山熊田の熊祭りである。集落構成員が全員で祝った。

二　農耕儀礼との関連

山熊田の熊祭りを詳細に調査した佐久間惇一は「農耕の開始もしくは終了の時期に村落共同体的な集団が狩りを行ない、神をまつった儀礼の痕跡とみたい」ことを述べている(2)。

狩りが農耕儀礼の一つととらえられる事例は多く、早川孝太郎、千葉徳爾らの研究から進められてきた。愛知県北設楽郡振草村のシシ祭りや、鹿児島県大隅半島の柴祭りなどが「農耕民がその収穫をより豊かにするために呪術的行為として行なう動物犠牲の祭り」という位置づけがされている。供犠はフレーザーの『金枝篇』にあるように、穀物霊の化身としての生け贄であるとする論である(3)。

野本寛一は焼畑芸能の発生で三信遠のシシウチ神事を分析し、記述している。それによると鹿の腹の呪術は、種を腹に籠もらせることで倍加させようとしたり、農作物を荒らす害獣を追うのに大きな役割を果たしたことを述べ、焼畑農耕の重要な儀礼であることを膨大な資料から指摘した。

米の霊的力から狩猟儀礼に米・餅が使われてきた現状を踏まえ、焼畑から容易に稲作へ移行できなかった地域の事例を核に、生業複合の面から米の持つ価値に力点を置いて追究したのが六車由美である。それによると、三信遠のシシマツリについて「農耕の豊穣儀礼としてしか解釈されてこなかったシシマツリは、本来、狩猟儀礼の中で、実際に捕った鹿・猪の肉を神人共食して、豊猟と人間（共同体）の生命力回復を祈願することに重点が置かれていたと考えられる」ことを主張した。

同時に、外部から持ち込まれた米を用いる行為は、集落内の生業と結びつかないことから「米の呪力」信仰は人間の生命力回復の祈願を意味するものの、鹿や猪の生命力、繁殖力のように、実際の生産活動の保証には結びつかないことを論述している[4]。

この指摘は重大である。佐久間が東北地方の熊祭りも視野に入れて、シシマツリを「農耕の豊穫儀礼」で敷衍しようと考えた論拠には、奥三面のスノヤマが祭りと捉えられ、山熊田の熊祭り・越後実川の穴見が集落単位で行なわれることを主張点にした。春祭り（農耕の予祝）としての性格を持っているという意味である。はたして佐久間が論じるように、越後以北東北地方の熊祭りやカモシカ猟が農耕儀礼としての性格を保持するのであろうか。

石川純一郎は「マタギの狩猟に農事との関連が認められないのに対して、西南日本の狩猟は農耕儀礼と関わりのあることが特色」であることを述べている[5]。

佐久間が重視したのは、集落構成員の多くが参加するのであれば、それはすでに特別な意味を持っているということである。しかも季節の画期に行なわれることから春祭りの要素を見て取ったのである。しかし、山熊田の熊祭りは明らかに熊自体に特別な意義を見いだしており、農耕の要素はどこにもない。むしろ熊の肉が供犠の扱いを受けている。奥三面の厳寒の羚羊狩り・スノヤマには、農耕の色彩などまったくない。この傾向は、東北地方の熊狩り集落に共通し、石川の説を補強する。

では、東北地方の熊祭りの性格をどのように位置づけたらいいのだろうか。この問題にめどをつける必要がある。アイヌの熊送りと本州の熊祭りが基層でつながる思惟であることを提示しよう。

三　狩人の儀礼と村人

熊祭りに農耕儀礼の色あいが認められなければ、その意味づけは生命力回復儀礼となるのであろうか。私は、人間の都合による農耕儀礼の考え方を一旦捨ててみる必要があると考えている。熊を中心にその儀礼を丹念に追うことでその本質が見えてくるのではなかろうかと考えるのである。すると、熊の魂を送る狩り場の儀礼と、熊の霊を慰める里の儀礼が存在していることがわかってきた。熊を獲った後の狩り場での狩人の行動と、異界と考えられる山から下った狩人が里の集落構成員とどのような行動を取っているのかについて関連性を分析検討していく必要がある。熊を獲ることと集落構成員の祭りの行動に、熊祭りの意義が隠されているように考えるからである。

東北地方で熊の狩猟儀礼がどのように行なわれてきたのか、今まで述べてきた共通項や粗筋をしつこいようであるが鳥瞰しておく。熊狩りに行く狩人がヤマサキの家に集まり、一二人でないことを確認（一二人の場合は犬一匹を入れて一三としたり、一人帰した）して里との境に立つ山の神に山入の儀礼を行なう。奥三面では「四方固め」の儀礼をして狩り場を囲う唱え詞を、奥只見ではイクサガケの儀礼をした。駒形の紙を山の神の木（ブナ）に短刀で刺して猟の無事と豊猟を祈念する。山入の儀礼を境に山言葉を使用し、里とは違う世界での活動となる。ヤマサキの指示で狩りを行ない、熊が授かると捕獲儀礼を実施した。

捕獲儀礼は熊の頭を北（阿仁）、川上や東（越後山地・奥三面）に向け、唱え詞をした後、皮を剝ぐ。そして、剝いた皮を逆さに掛けるサカサガケ（阿仁はケボカイ）の儀礼を行なう。この時の唱え詞は「センビキトモビキ」「センビキもマンビキも」などである。この過程が捕獲儀礼の最も大切な部分で、熊の魂を絶対的な自然を支配する神に送る行為となる。猟師は引導を渡す（大白川）などと言うが、熊に魂を認めて人の葬式と同じようにあるいはそれ以上の恭しさを持って熊に接する。

熊の解体時、最初に心臓に十字を入れるホナ開きを実施し、熊の肉を削ぎ取ってナナクシ（七串）焼き（飯豊・朝日山麓）やモチ串（阿仁）を行なう。狩人が皆で食べる。ただ、これを里へのみやげとしている金目などの例もあるし、里に戻って行なうこともある。

山から下りるときは、山入の儀礼をしたところで結界を切る唱え詞（奥三面）をしたりイクサガケの短刀を抜いたりする。

里に戻ると、熊をヤマサキの家に入れ、庭で調理して参加者が宴を張る。この時、法印（還俗した山伏）を呼んで熊の慰霊を行なう（飯豊・朝日山麓）。集落全部が集まって熊を食べるところもある。新潟県山熊田、千縄、実川、富山県五箇山などである。ここでは熊の肉を特別なものと認識している。

これが一連の流れである。山入から捕獲儀礼をして山降、慰霊までが一つのサイクルの中にあることが確認できる。この中で、捕獲儀礼が特に重視される。この儀礼こそが熊の魂の行方を左右しているのである。捕獲儀礼を検討していく。

飯豊朝日連峰・奥只見以北青森県にかけての山人の狩猟では、巻き狩りをして熊が獲れると、熊狩りをしていた狩人仲間に獲れたことを知らせる。

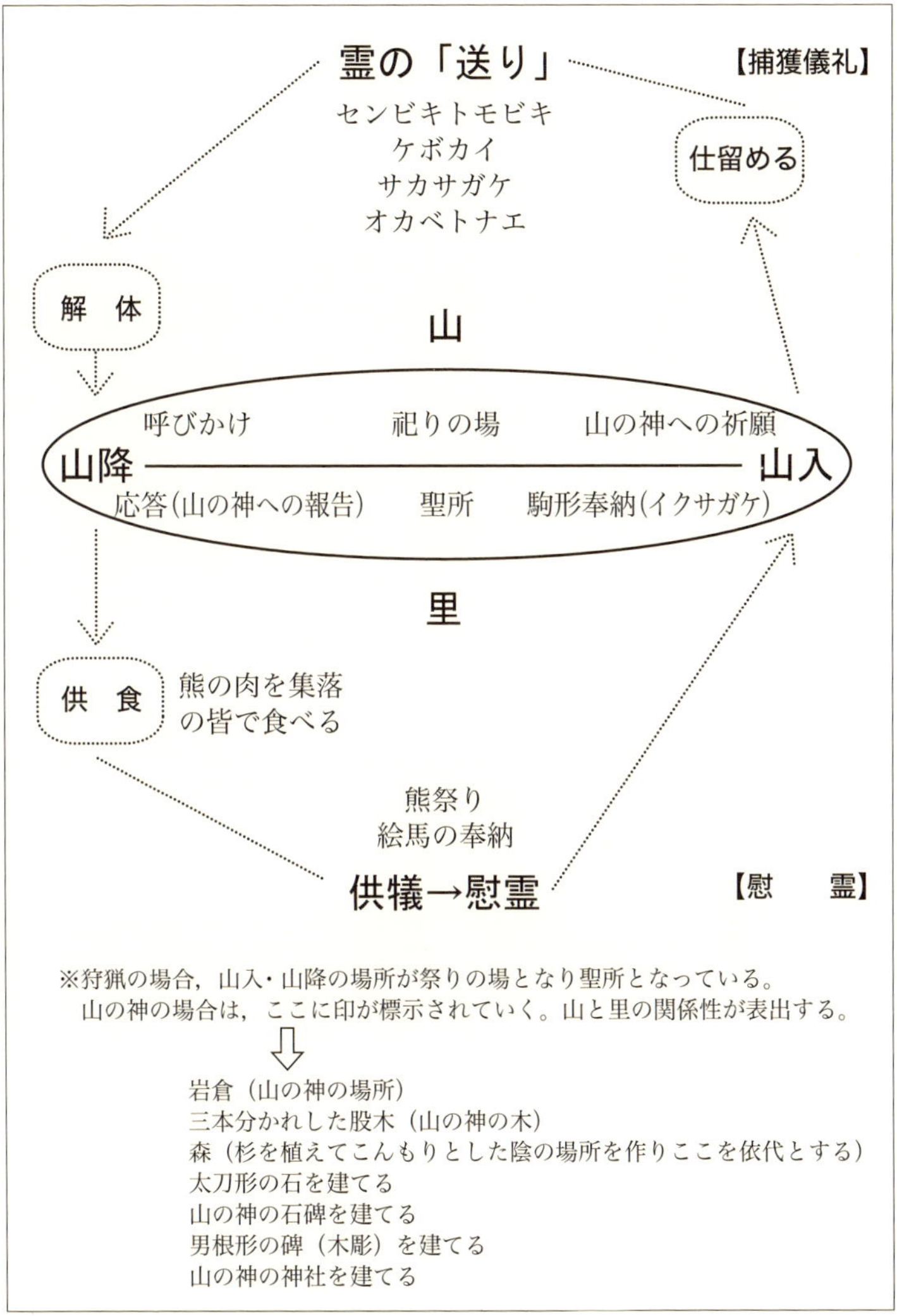
霊の「送り」
【捕獲儀礼】
センビキトモビキ
ケボカイ
サカサガケ
オカベトナエ
仕留める
解　体
山
呼びかけ
祀りの場
山の神への祈願
山降
山入
応答(山の神への報告)
聖所
駒形奉納(イクサガケ)
里
供　食
熊の肉を集落の皆で食べる
熊祭り
絵馬の奉納
供犠→慰霊
【慰　霊】
※狩猟の場合，山入・山降の場所が祭りの場となり聖所となっている。
山の神の場合は，ここに印が標示されていく。山と里の関係性が表出する。
岩倉（山の神の場所）
三本分かれした股木（山の神の木）
森（杉を植えてこんもりとした陰の場所を作りここを依代とする）
太刀形の石を建てる
山の神の石碑を建てる
男根形の碑（木彫）を建てる
山の神の神社を建てる

図 49　熊の「送り」と「慰霊」

この伝達方法は、熊を獲った一番槍（仕留めた者）が、タヨーを三唱（新潟県赤谷）したり、裏声の入ったヨロコビオオゴエ（新潟県奥三面）で知らせたり、万歳を叫んだり（山形県関川）した。これらは、勝鬨と意識され、勝負がついたことの表現であった。実際、ショウブを三唱したところもある。狩りの集団が熊を捕獲した時の儀礼がここから始まる。

これは狩り場にいる狩人の捕獲儀礼である。村人は参加しない。

福島県南会津金山　熊を獲ると狩人が集まる。ヤマサキはカエデの枝二本で熊の尻から頭に向かって背中を三回なでる。逆に頭から尻に向かって同様に三回行なう。この時、「うつものもうたれるものももろともにただひとときにたわむる」と唱え詞を三度言う。次に熊を仰向けにして頭を北に向け、この前方に雪で壇を作ってカエデの股木三本を使って鳥居を作って立てる。灯明を灯し、皮剝ぎに移る。皮を剝ぎ終わるとヤマサキが頭側、二番の者が足の方を持って剝き身の頭に尻の皮が当たるようにして「シリカシラ」と三回唱える。心臓を蓮華形に切り山の神に上げる。肺・心臓・マルマメ（腎臓）・タチ（膵臓）・肝臓・背肉・頸肉の七か所から一片ずつ小さく切り取って一本の藁に刺し、山降の時、山の神に捧げてくる。残りの肉は村に戻って参加者全員でいただく。

奥会津昭和村　トリキ・ホオ・コシアブラの股木を一本ずつ取ってくる。熊顎の下の毛三本を取ってホオの木の股に挿す、両手首の下の毛を三本ずつ取ってコシアブラとトリキの股木にそれぞれ三本ずつ挿す。コシアブラとトリキを縦木とし、ホオの木を横木にして鳥居とし、熊の頭の先に供える。この時の唱え言葉は「討つ者もうたるる者ももろともにただいちどきの夢のたわむれアビラオンソワカ（三回）」この後解体。心臓に十字の切れ目を入れてホオの木の串に刺して山の神に供える。山降の後、熊を仕留めた人の家で熊祭りを行なう。下座に祭りの棚を設け熊の頭を上げる。カエデで鳥居を作り、両脚を輪切りにした大根に差して棚の前に置く。鳥居の傍らに巻物・洗米・塩・お神酒・灯明が並ぶ。巻物の最初と最後を読んで一同礼拝して熊汁を食べる。

新潟県東蒲原楷山　股木三本で鳥居を作って立て、熊の毛少しと舌を少し切ってそれを鳥居に刺して山の神に上げる。皮を剝いで頭の方を尻の方に被せて「オトミレ」を三回唱える。

新潟県入広瀬大白川　熊の頭を高い峰に向けて四つんばいにし、ヤマサキが熊の右から左に跨いで熊の両耳を自分の両手で押さえ、熊のカシラへ自分の口を付けるようにしてシシカタの法を唱える。「ごんしんうしょうすいしょうひしょうこしょうくにてんどうしょうほっぴうつものもうたれしものただひとときのゆめのたわむれこうつきたるうじょうはなすといえどもおなじくぼつひにいたる」というもので、四方の神に裁可を求め、熊はうたれても人と同じ火に至ることを述べている。そして、唱え詞が終わると熊の両耳を取って「オトミレ」を三回唱えて頭を持ち上げる。これが熊に引導を渡したことになる。

新発田市赤谷　熊の頭の上にシズイ（猟の杖）と鉄砲をたてる。皮を剝ぐと山大将が皮を持って剝き身の上で三度上下に振る。そして「センビキマンビキ」を三回唱える。小屋に戻るとナメズリ（舌）・タチ（膵臓）・肝臓の三つをヤキドコと言って三五七の奇数の串に刺して火に焙り参加者に均等に分けて食べる。タチは弾ける方向を次の猟場として占う。

秋田県打当　熊の頭を北にして仰向けにする。皮を剝ぎ終わると剝いだ皮を手に取り、反対にして被せる。次に小枝でシカリが熊の尻の方から頭の方に向かって三度撫で次の言葉を唱える。この儀礼をケボカイという。「大もの千びき小もの千びきあと千びきたたかせ給えやナムアブランケンソワカ」（三回）。「ナムザイホウジュガクブシ」（七回）。「コウメヨウシンジ」（三回）。「これより後の世に生まれてよい音を聞けフジトウイオンノロリビシャンビシャホジャラホンワニクジリヨウハンソウモッコオンバタソウワカアブランケンソワカ」。里に戻ると山の神にお神酒をあげて祝宴を張って解散する。この時モチ串を作るが、クロモジの串に心臓三切れ、左の頸または背肉三切れ、肝臓三切れの以上九切れの肉を三本の串に刺し右手に持ったまま焚き火で焼いて山の神に供える。シカリ・マタギも食べる。

ここまでの具体例で斟酌すると、山中の捕獲儀礼では熊に魂を認めていることは明らかである。そして、これを送っていることもわかる。会津・越後三山・飯豊朝日連峰はセンビキトモビキとサカサガケの儀礼が送りの中心となる。秋田はケボカイである。いずれも行なっている儀礼は類似し、熊の魂の送りは徹底していた。

熊が獲れると狩人は全員揃い、熊を真ん中にして勝鬨を上げる。全員が集まってから皮を剝ぎ解体に当たる。熊の体はこの時、川上に向けたり、北、東に向けたりして、頭上に鳥居や柴を立てる。皮を剝いだ後は、皮を頭部と尻を反転させて上下に振るサカサガケ、そしてセンビキトモビキの唱え、などの儀礼を実施していた。

狩り場の捕獲儀礼の後、里に戻って類似の儀礼を繰り返す。熊獲りに参加した人たちの一連のこの行動は、熊の魂を山に送る葬送として「センビキトモビキ」、「シオクリ」（青森県下北）がある。熊の魂を山にお返ししたわけであるから葬送はここで終了したと考えてもいい。

第二の場面は、山の神が支配する世界から里に下りてくるところである。熊を皆で担いで降りてきて、山と里の結界でどのように里へ下りるかが問題となる。

山熊田ではオサト木に参拝した狩人が揃ってヨーホー・ヨーホー・ヨーホーと三唱すると、熊宿でも、里人たちが出てこれに合わせてヨーホー・ヨーホー・ヨーホーと三唱することで、山と里の結界を切ったと解釈できる。

狩人が集落に向かって知らせる儀礼は、どこも同じようにしていたらしいことがわかっている。呼びかけの詞は集落ごとに違っても、山と里でお互いが呼びかけあう詞は類似する。

朝日山麓金目では熊を獲って降りてくると、村が一望できるマギノ平という場所に狩人が集結して、全員でオーイ・オーイ・オーイと三唱する。村人はこの声が鳴り響くと同時にどこの家からも全員が出て、オーイ・オーイ・オーイと返す。この際、お互いのオーイがマギノ平の狩人と里の村人が揃って唱和されないと、山から帰ってこれないものだといわれていた。山と里での唱和が整うと、熊を獲った狩人は獲物を担いで村まで降りてきた。同時に、金目では熊狩りの狩人の帰りが遅くなって暗くなると、炊いたご飯を握って待つ。狩人が揃ってマギノ平で灯の火を振ると、家からも一斉に出て柴を束ねた松明に火をつけて振った。お互いが振ることで熊が獲れたことの確認となった。暗くなったときは、マギノ平で里の人たちが握り飯を持って迎えに来るのを待っていた。里人がマギノ平に到着すると、熊の背中の肉を焼いた七串焼きを里人に渡し、里の人たちは握り飯を渡す。これによって、ともに里に下りることができた。

金目の隣、明沢集落では、熊が獲れると、里に向かって空砲を放ち、村人に知らせたという。大鳥でも同様である。金目集落の人たちが米のむすびを山から帰ってきた狩人に渡す行為は、里が米の力、山が熊の力と対比できそうな事例である。だが、ここでは米が出てきても、農耕儀礼の面影はまったくない。

純然たる「採集・狩猟」的な行動である。次の引用文はモンゴル・中国国境の大興安嶺に住むオロチョン族の調査に入った、大塚和義が記録した熊狩りの様子である。[6]

山で熊を獲ったら、ホーッ、ホーッ、ホーッ、と妻や家族のいる野営の天幕住居の方に向かって叫ぶ。家人もそれを聞いて、ホーッ、ホーッ、ホーッ、と応答する。

解体が終わったら、肉は細かく刻み、脳みそも鍋に入れて煮る。これに、塩と野生ネギを少し入れる。これをオロチョン語でアッソムといって最高の食べ物とされた。……アッソムは、野営地の人をみんな呼んできて食べる習わしであった。食べる直前に野営地の最長老が祈り詞をいう。

食べ終わったら、骨をきれいに残しておき、頭骨もいっしょにしてヤナギの枝にくるんで、森の中に持っていく。そして二本の木を立てて棚をつくり、そこに安置する。そのときも、ホーッ、ホーッ、ホーッ、と声をだす。これには、「自分が獲ったのではないぞ。山の神様がおくってくれたのだぞ。だから自分のところへお帰りください」という意味がこめられている。

オロチョン族にとって熊は特別な獣であり父の兄を意味する〈アマハ〉と尊称された。

以上の事例から、熊獲りに伴う儀礼は、採集植物の関与はあっても農耕儀礼と関連しない。熊の料理には採集された野生ネギが使われている。このギョウジャニンニクは大陸の少数民族が大量に食べている植物である。熊が獲れるときに生えていた植物が料理に使われるが、農耕に伴わない植物の利用は、何もユーラシア大陸ばかりではない。山熊田ではアザミと熊の肉を一緒に煮込んでいる。大根や豆腐を入れるようになる以前は、アザミでなければならなかった。同様に、朝日連峰徳網の狩人は、ブナの木に生えているカンワカエ（ヒラタケ）というキノコを最上の組み合わせとした。樹海に天幕を張って移動生活をしているオロチョンの人々に日本的な里の観念が適用されることはない。里と山をきっちり分けることは我が国の特色である。里の農耕文化に対し、山の採集・狩猟文化的位置づけをするようになっている。

そして、日本でも大興安嶺でも、熊を獲ってともに食べる儀礼は、長い冬を越えて春を迎えることができた人の生命力回復を祝うものである。そして各儀礼に認められるのは、人間中心の世界とは別の、人が大自然からいただく裁可としての儀礼である。主体は熊なのである。

四　山の狩猟儀礼はどのようにして里の狩猟儀礼となったか

山で行なわれていた狩猟に伴う儀礼は、里に下りた時点でどのように変貌していくのであろうか。

山という異空間で行なわれる狩猟に伴う儀礼は、本質的には授かったものを本来の場所に戻ってもらう送りであった。それに対し、狩猟の獲物を里で祀るのは獲物に対する慰霊である。あくまでも、授かった獲物を主体に考えるのが狩猟・採集社会の根本原理であったと考えるのである。

山熊田で集落構成員が「熊祭り」を始める前、山での捕獲儀礼で熊の血を飲む儀礼は動物の生命力を人間に授けていただくためのものである。あくまでも山での儀礼は動物を主体としていると考えられるのである。

朝日山麓五味沢徳網では熊が獲れるたびに熊宿に法印を呼んできて熊の慰霊の行事を行なってきた。一〇年ほど前から、法印を呼ぶ祭りを五月四日に統一し、この日を「熊祭り」の日とした。この日に集中してしまったのである。だから春先から始まる熊狩りで熊が獲れると、山でのセンビキトモビキなど一連の行事以外は、里に戻ってやらなくなっている。であれば、里の儀礼だから農耕や人間の生活のための儀礼かといわれれば、そうではなくて、熊を与えた大自然に熊の霊を戻す儀礼から、僅かに人のために比重が移動した、熊の霊を慰めて、人という生き物のためになった感謝の儀礼であると考えられるのである。人のために役に立つ動物や自然という発想がここで発生する。里は、人が中心の世界であることから、自然を人の基準で判断するようになっていく。これの端的な表われが農耕儀礼となっていくものと考えられるのである。

人のためになった動物を慰霊するという発想は里の発想である。山という絶対的な大自然の神から裁可をいただいて人は生かされている。山中での捕獲儀礼は熊との勝負に生き残ったことからできることであった。一方、里では人の持続的生存を意識して、慰霊という発想が生まれてくる。

図 50　熊狩り装束　大正時代，大栗田

小玉川の船山仲次は槍を突いて熊を獲った最後の狩人あるが、現在のように簡単に熊が獲物になる時代と違って、かつては山での熊との対決は、命を賭けた相互作用が働いたことを述べている。獲物との対決が終了したときに出る結果は、勝負の結果なのである。熊の霊を慰めるというのんびりした段階ではない。熊に一撃を喰らって狩人がやられても、それが当たり前の社会である。このような段階では、熊の霊を慰めるという発想は出ないことを述べていた。

山と里の結界を切って、里に戻り、熊祭りをする段階になってはじめて、人として熊の霊を慰めるという行為に及んだのである。この際、熊は人間に食べられてしまうのであった。

新潟県奥三面	新潟県赤谷	福島県奥只見
十二大里山の神に参拝してサンナイタテル（勝鬨をあげる）。	山の神の木（三本股）参拝。	イクサガケの駒形を刷って，駒の頸に短刀を突き立て，山の神様を拝礼。
イワナを小屋の神棚に奉納する。		
獲れるとヨロコビオオゴエをあげて知らせる。皆でサンナイタテル。	獲れるとタヨーを三声。一同これに和する。陣上げという。	熊のまわりに集まり，勝鬨をあげる。
熊を雪の上の谷の上手の方向を向けて仰向けに寝かす。頭の上手には柴を立てる。 皮を剝くカワメタテをした後，毛皮を剝き身に逆さに掛ける。 ［山小屋］ ナナクシヤキを行なう。尻の肉から四九切れの肉を取って七つの串に刺して焼いて食べる。	熊の頭を上手（上流か東）に向けて仰向けに寝かす。シリズイを頭の上に立てる。 ホウチョウダテで皮を剝き，剝き身の上で振りながら「千匹万匹」を唱える。	熊の頭を高い峰に向けて四つんばいにし，ホン大将が熊の両耳を持って唱え詞を三唱する。 剝いた皮は剝き身の上に逆さまに置く。 タチ祭りをする。熊のタチ（脺臓）を槍の穂先に刺して投げ飛ばし，次の猟場を占う。
サンナイバ（山の神の場所）でサンナイタテル。	山の神の木を参拝。	入山に使ったイクサ（駒形）を山の神の木から外す。
十二大里山の神神社で解団の参拝をした後，直会。ナナクシヤキを作って食べるが，女性には決して食べさせてはならなかった。	ヤマイワイといい，男だけが熊の肉を煮て一杯飲む。熊の頭は一同で食べる物とされていて，山の神に上げた後，再び山まで持参して山で食べる。	参加者が会して祭壇を作って熊を慰霊し，直会。

表 3　狩猟儀礼

手順	青森県畑	秋田県阿仁	山形県大鳥
入山	山の神に狩人が揃って祈願，入山。	家の山の神にお神酒・カネ餅奉納，出発早朝塩とモロビを火に入れる。	オサガミ様にお参りして出発。
		巻物とオコゼを山小屋の神棚に供える。	
捕獲儀礼	熊のまわりに集まる。	熊のまわりに集まる。	熊のまわりに集まり，「万歳」を叫ぶ。
	熊の頭を北に向け，頭上に鳥居を作りオカベトナエを唱える。これをシオクリという。	熊の頭を北に向け，猟具を南に置く。シカリが塩をふり，唱え詞をする。	熊の頭を山の高い峰に向けて山の神を拝む。この後仰向けにする。
［皮剝］ 送り	皮を逆さに掛ける。ケサキアゲをして，カクラ神を祀る。	シカリがカワタチを行ない，ケボカイを実施。シカリが剝いた皮を逆さまにして剝き身に掛け，「大もの千匹小もの千匹あと千匹たたかせ給え」と唱える。	剝いた皮を逆さまに掛け，熊の四つ脚を皆で持って地上げする。この時，「アブラウンケンソワカ」を三唱。
［解体］		モチグシを作る。クロモジの串に心臓・背肉・肝臓を切り取って刺し，焼いて山の神に捧げみずからも食べる。	
降山	山の神に参拝。	山の神に参拝。	村の者が重箱に御馳走を詰めて村境まで迎えに来る。サカムカエという。
慰霊 終猟	シオクリを行う。熊の皮を畳み，上に頭を載せてオカベトナエを唱える。宴会。	シカリの家で解団し，解散祝いの直会。	ヤマサキの家で直会。法印を呼んで熊を慰霊。
備考			小国町では熊を獲って戻ってくるたびに熊祭りが執り行なわれた。法印を呼んで祈禱し，皆で食べ尽くす。

五　熊祭りの供宴

アイヌの熊送り、イオマンテと東北地方の熊祭りに共通事項がみられる。

・送りと慰霊を渾然と含むイオマンテに対し、狩り場で送り、里で慰霊する東北地方狩人の狩猟儀礼が存在している。

・里と山を画然と分ける狩人の村では、里で慰霊・山で送りの性格が強い。一方、樹海の中に生きるオロチョンやアイヌの人々は里と山を一体として認識しているために、狩猟儀礼が中心となっている。

ここで、里で行なう供宴の最後に必ずある熊汁を食べる行為について、考えてみる。私は、熊汁を食べる行為が終猟の儀礼で供犠であると考えているのである。

アイヌの熊送り、「カレワラ」の熊祭り、オロチョンの儀礼、山熊田の熊祭りなど、いずれも最後に熊を料理して食べている。食べる行為が猟の最後に入っていることは、山熊田、小玉川、五味沢、奥三面、秋田打当ほか、熊を獲ったどの場所でも当てはまる。

供犠として、熊汁を作って食べるのが、熊に関する儀礼の最後であることは、間違いない。男手で作っていること、参加者がすべての肉を食べ尽くすことに特徴がある。

朝日山麓大鳥では、熊汁に必ず青コゴメ（茎の青い草ソテツ）を入れて食べた。「熊汁には青コゴメ」の言葉が残っていた。熊が獲れる春先に最初にでてくる山菜で、熊の強い脂にはちょうどよいという。

飯豊山麓小玉川では、熊汁には必ず飯豊アザミを入れたものであるという。アザミを入れると汁は黒っぽくなるが、ほろ苦さが熊肉の臭みを消すものであったという。熊汁にアザミの組み合わせは多い。アザミを春先一番の菜として食べているところは多い。

五味沢ではカンタケというキノコの例を挙げたが、キノコが手に入らないときは、ウルイ（オオバギボウシ）を熊汁に入れて食べたという。

里で行なう熊祭りの最後は、毛皮や頭骨などの熊に関する証拠の品以外は、すべて食べ尽くすことに特徴がある。奥三面では、毛皮の端切れがでた際にも、残さず食べるよう、きつく言われて、硬い皮を何度も焼いてかじりながら腹に収めたものであるという。

このように、熊汁には山の菜が必ずついてきていた。ここに米や穀物が入る余地はない。里における最後の祭りでさえも、熊にはヤマノモノでしか慰霊する術はなかったのである。

熊を食べることは農耕儀礼に対する供犠ではない。ではなぜ食べ尽くすのか。熊の再生を広く認知してきた人々であれば、食べ尽くすことが新たな再生への出発点である。熊を喰うのは人が生命力を回復させてもらう意味があったのはもちろんであるが、基層には熊によって生かされている人という意識から、熊の再生の祈りを終猟の儀礼に持ってくる必要があったからである。人は熊によって生かされているという山人の心根が根底に存在したのである。熊を食べ尽くす供犠は熊を支配する大自然に対して、人が裁可を戴くために行なっていたのである。

熊祭りには農耕儀礼との関係はない。

(1) 更科源蔵、一九八一『アイヌの神話』みやま書房、六〇頁。
(2) 佐久間惇一、一九八五『狩猟の民俗』岩崎美術社。
(3) 千葉徳爾、一九六九『狩猟伝承研究』・『続狩猟伝承研究』風間書房、四一六頁。同、一九八三『脇野沢村史・民俗編』の中で、オカベトナエが熊の「霊の送り」であることを述べている。山と里でオカベトナエをするが、家での「送り」は山のものと相当異なることを述べている。「送り」のある動物は熊、アオ（羚羊）、猿、狐、犬であるという。
(4) ジョージ・フレーザー『金枝篇』（内田昭一郎ほか訳、一九九四）東京書籍。
(5) 六車由美、一九九五「民俗のなかの米と肉」『日本民俗学』二〇二。
(6) 石川純一郎、一九八三「狩人の生活と伝承」『日本民俗文化大系』五巻、小学館。
(7) 大塚和義、一九九八『草原と樹海の民』新宿書房、一一四頁。

第三部　文芸にみられる熊

第一章　文芸にみられる熊

日本古来の語り物や昔話に熊が登場する。広く知られているのは金太郎であろう。足柄山で熊と相撲を取って投げ飛ばす怪力の少年は、正徳二（一七一二）年初演と伝えられる近松門左衛門の「嫗山《こもちやま》姥《うば》」が嚆矢であるという。(1)『今昔物語』や『古今著聞集』に金時・公時で描かれてから金太郎と熊の話になるまでには浄瑠璃や謡曲で演じられ、長い年月を経ている。

山姥が山の神との関連で金太郎に描かれたことは推測される。金太郎を育てた母が山の神と認識されてもおかしくはない。熊は山の神の支配下にあって怪力であったが金太郎に投げ飛ばされる。

口承文芸では各地の昔話で語られる熊がある。ところが動物昔話として熊はその地位を確保できないほどに少ない。多くは人を化かす狐や狸、人にいたずらする猿などが中心となっている。この傾向は東北地方に顕著である。新潟県にある熊の「人亡恩」については、奥三面で採話された「厳寒の羚羊狩りで熊穴に落ちて熊に助けられながら春先に穴を猟師に教えて裂き殺される狩人」の話を先述した。波多野ヨスミ女の「片耳の熊」にも語られているものである（「熊人を助ける」の昔話として記述した）。ところが、このような話が熊で語られる範囲が、朝日連峰を壁のようにして東北地方に少なく、サハリンや沿海州で数多く語られてきていた現実を記録した。

熊の本場である東北地方に熊の昔話がほとんど出てこないのはなぜなのだろうか。熊との交渉が深い場所であるにもかかわらず。

不思議なのは秋田の阿仁地方を中心とする内陸部で、熊の昔話の報告例がないことである。山形県でも状況が似ている。置賜地方に熊の語り物がほとんどみつからないという不思議な状況である。

熊の昔話で「熊人を助ける」と似た分布を示すものに「キツネと熊」がある。ロシア沿海州では広く語られる滑稽話であるが、東北地方に採話の記録がないのはなぜだろう。

アイヌには熊の語り物が多くある。トーテムの発露、山の神として登場する。サハリン、沿海州でも熊は語り物の主人公である。

東北地方の熊の語り物の状況は熊に対する敬意の表れなのか、それとも人とかかわりの少なかった存在として軽視されてきたのか判断が分かれる。

この問題は、複雑である。アイヌ社会では語りに多くの熊が登場するにもかかわらず、熊の像をみずから作ることはなかったという。人の顔を描くことさえ禁じていたという。具象化された像や絵は対象となるものやその創造主としての神、人を冒瀆するものとして厳しく制限する心意があった。二風谷の萱野茂さんの息子、志朗さんが小学校時代の思い出として語ってくれたものの中に、学校の宿題として親の顔を描くというものが出たことがあったという。ところが、これを家で始めようとしたところ、家中の大人が烈火のごとく怒りだし、絶対にやってはならないことと教えた、という話を伺った。

ここで思い出されるのは、熊獲りの名人といわれる人たちに聞き取り調査で何度も伺っている際に、一度として奥さんが同席した事実のないことである。生業の調査では婦人方の方が良い語り手になることが多く、できる限り男衆と共に同席いただいて聞き取り調査をすることが多い。ところが、鳥海マタギのシシオジである金子長吉は、私を家の中に入れずに、婦人のいない作業小屋の前で熊の話をしてくれた。薦川の小田甚太郎にも同じことが言える。私が聞き取りに行くと、家の人たちはすべて居間から別の部屋に移ってしまう。この二人は、生涯で熊を五〇頭以上授かってきた熊獲りの大ベテランである。

奥三面の小池善茂は、寒中に熊の話をしてはならないという話を教えてくれた際、ふだんから無闇に熊について話題とすることは厳しく戒められていた現実を語ってくれた。子供たちも聞いてはならないものとしていたという。

つまり、熊については昔話で語ることがなかったのではなかろうか。滑稽話にしても報恩譚にしても、語ること自体が熊に失礼にあたったのではなかったか。

この思惟が流れているのか否かは議論があるが、熊は現代人にとっても意識される動物であった。熊が描かれる文芸について、最近の女性文学者の作品に意味深いものがある。川上弘美著『神様』[2]である。とても大きい雄の「くま」が同じアパートに引っ越してきて、誘われて散歩に行くという粗筋であるが、「くま」が神様なのである。巨大であること太っていることが安心感につながるのだろうか。女性が熊をこのようにとらえているという一般化はできないが、少なくとも現代の熊に対する意識が底流している。文芸はその時代の人々の意識を映す鏡であるとの考えで熊に関する現代の状況を観察する。そして、日本人と熊のかかわりを描く。

一　昔話の熊

ロシア沿海州、ハバロフスク州アルセネボ村の小中学校を訪問した際、小学生が読んでいる先住民の童話があった。この村はウデヘとナナイの人たちがロシア人と一緒に住む。図書室で校長から説明があった古い絵本をみやげとしてもらうことができた。ロシアの子供たちに人気のある話として次のものがある。

羆が森のなかの水たまりで取り残された大きな魚を見つける。これを捕ろうとするのだがすばしこくて捕れない。そこにキツネが通りかかって魚を捕る方法を教える。水たまりの水を羆が飲んでしまえば魚は捕れるというのである。早速、羆は水を腹一杯飲みビヤ樽のようになる。水がなくなったところで魚はキツネに横取りされる。羆はキツネに騙されたのである。

この話は日本の昔話「尻尾の釣り」と似た要素を持つ。「キツネが食べている魚の捕り方を聞いた熊が、キツネから尻尾で釣ったと騙されてこれを真似、熊もしっぽで釣りをしようとして凍り尻尾が切られてしまう」。埼玉から一例だけ採話されているという。(3)「尻尾の釣り」は東北地方に広く分布しているが、山形県でキツネとカワウソ、秋田県でキツネと猿、キツネとカワウソなどが多い。

また、「キツネと熊」は、「一緒に畑を作って地上の葉を熊が地下の実をキツネが取ることにして熊が騙され続け、最後に熊がキツネに馬の捕り方を騙して教え、キツネを酷い目に遭わせる」話である。この話はアニメ映画になった「くまのプーさん」でもウサギがニンジン畑を作る話として描かれている。

このように、沿海州の豊かな熊伝承に比べると、東北地方の熊に関する昔話の貧弱さを改めて認識させられる。最も熊と関わってきた地方にあってこれほどの貧弱さはなんらかの説明を要する(4)。

しかも、第一章で述べた「熊人を助ける」話は、ロシア沿海州から北アメリカにかけての北部森林地帯が本場と予想され、新潟県での発見例（『北越雪譜』と奥三面、新発田）は南に飛んでいる一例としてみる必要がある。そして、トーテムとして熊との婚姻を説く話などは本場だからこそ伝承されてきたものとの考えが成立することから、熊に関する語りの数々は北海道アイヌからユーラシア大陸北部、北アメリカ北部の森林地帯（「北の熊信仰地帯」）を中心に発達し、ここから深い森を辿って日本本土に達したものとの予測が成り立つ。

このような状況下で、例外的に岩手県和井内に「マタギ万三郎」の昔話が伝えられている。沢内マタギの始祖を主人公にした由来譚である(5)。マタギの昔話はきわめて珍しい。ユーラシア大陸に広く伝えられている「三枚のお札」をモチーフに秋田マタギと協力して三頭の白熊を獲る話である。黒い熊に対する遠慮であろう。山を縦横に荒らす熊を白い熊としている。

やはり、東北地方は熊信仰の一つの区域として、熊を大切にすればこそ熊の語りを禁じる背景があったと考えるのである。熊が春先食べる山菜をシシウドと言うが、熊はシシの言葉で日常語られてきたのである。北の熊信仰地帯に接する日本列島では熊信仰の強さを表わすのに直接的な熊の語りを控えたり語ることをしないで口をつぐむ文化が発達したのではなかろうか。アイヌの人々の絵や具体的な像が熊に対する冒瀆であったように、東北地方では言葉の語りが冒瀆につながると考えるほどに強い熊信仰があったのであろう。ここでは熊が言霊となっていたのである。

二　動物文学の熊

動物を主人公に扱う文学の一群を動物文学という。ジャック・ロンドン、アーネスト・トムソン・シートンなどは海外の著名な作家である。日本では椋鳩十が挙げられる。そして、宮沢賢治の童話の中にも強く心を引きつけるものがある。

シートン

シートン動物記で著名なシートンは一八六〇年にイギリスで生まれた。一家がカナダに移住したのは六歳の時で、オンタリオの農場で育った。ここは北の熊信仰地帯の森林が続くただ中であった。彼の作品は日本に「シートン動物記」として出版されたためにこの通称が広く用いられているが、個々の作品を集めたものである。

オオカミや野ブタ、ウサギ、アライグマ、山羊などが主人公となって艱難を克服していく話が主体となっている。

熊が主人公となるものも類似のモチーフで描かれている。日本語に訳されたもので有名なものは

「子グマのジョニー」「クマの王さま」「大灰色グマの伝記（生涯）」であろう。「子グマのジョニー」(6)のあらすじを記す。

イエローストーン公園にすんでいる子グマのジョニーはむっつり母さんとホテルのゴミためあさりをしているクロクマである。体が丈夫でないジョニーは母グマの跡について缶詰の汁を吸って缶を頭に塡め込んだり、別のクマに遭うと母グマの後に逃げ込んだりしていた。灰色グマが現われたときは母グマが戦っているところを木の上からみたりした。しかし、冬が近づき母グマがジョニーに今まで通りの愛情を注がなくなったとき、ホテルの人たちに追い立てられて捕まってしまう。ここで冬を越すようにしていたが力尽きて死ぬ

「クマの王さま」はシェーラネバダ山脈、タクラ山にすむ大灰色グマの物語である。

猟師のラン・ケルヤンは母グマを狩り、二頭の子グマを手に入れる。雄がジャック、雌がジルと名づけられる。ジャックは利発でランに可愛がられるがいたずらも烈しい。ジルはすねものであった。二頭の子グマは小麦粉を散らかしたりしたために売られてしまうが、買った方も手に負えなくなってジルを殺してしまう。ジャックは一旦ランの元に戻されるが、再び別の牧場に売られてしまう。巨大になったジャックはメキシコ人の羊飼い兄弟ペドロとファコの金儲けのためのイベントである大牛との戦いにかり出され戦う羽目になる。しかし、ここから逃げ出して大自然の

中に入る。羊を捕って食べ、あらゆる猟師を寄せつけなかったジャックであったが山火事などで行き場を失う。そんなとき、懐かしい匂いのラン・ヤンケルに遭う。ジャックと知らないランは、見事な灰色グマの王となった熊を生け捕りにして見せ物にしようとする。蜜の味を覚えていたジャックは、捕まる。檻の中でランはジャックの耳の穴を見つけ、自分が飼って一緒に暮らしたちびスケであったことを知る。

「大灰色グマの伝記」も、仔熊の話から展開する。

突然母と兄弟を奪われた子グマのワープは守ってくれるものを失いすべて敵の中に放り出された。罠にかかり、クロクマに追いかけられながらも冬眠をし、森の王者として、友情も愛情も知らない大きな灰色グマに成長した。狩りの名人スパーワットを倒した。開拓小屋に近づいたときワープは鉄砲で撃たれ、彼は開拓小屋の男を殺してしまう。ワープは自分の領地に入るものについてすべて排除した。そして老年になると野生動物の墓場で静かに息を引き取る。

シートンは「オオカミ王ロボ」などで孤高なオオカミを好んで扱っている。熊も同様に孤高であるが家族愛を具現した動物として描写する。

「クマの王さま」は長編でストーリー展開の巧みな作品である。仔熊と人間ランの友情を描くが、仔熊の人との交流が一過性のものではなく、生涯にわたって続くものであることを描いて、家族のつながりや愛を投影させるのである。このモチーフが逆になった場合が「大灰色グマの伝記」で、まわりが敵だらけの中に生きても尊厳を失わない姿を人間の生にだぶらせてみせる。まことに巧みな描写は、熊と人が生き様で似ていることからきている。

その要素は、一つに母性愛であり、また一つに孤高である。「大灰色グマの伝記」は、自身の領域に入るものを排除して生活を守る。熊の生態や習性の中にある、人がうらやむ部分を特徴的に示しているのである。

熊は子供の時は母親と共に行動し、大人になると単独で生きる。たったこれだけの事実の中から文学が紡ぎ出されている。前者は母性愛として、第一章で記したように母系とつながり、後者は自身の領域で単独で生きる独立性として描くことが可能である。

椋鳩十

本名は久保田彦穂である。一九〇五年に長野県伊那谷、南アルプスの麓の村で生を受けた。法政大学に進むまでの間、故郷の大自然で育まれた感性が動物文学に結実したと言っても過言ではない。信州白樺派の赤羽王郎が鹿児島で活動していた関係もあって大学卒業後は鹿児島に赴任する。そして、ここを拠点に動物文学を打ち立てる。

彼の動物文学作品が国民から広く受け入れられた背景には、シートンと同様、鋭い動物の観察眼を人に当てはめて描いたことと、教科書などに取り上げられることで子供たちが触れ続けていたことがあげられる。「大造じいさんとガン」は昭和三〇年代の教科書から現在までの五〇年間にもわたって使われ続けている教材で、ロングセラーである。

熊を扱った作品には、「山の太郎グマ」「月ノ輪グマ」「母グマ子グマ」（一九四九）、「山の大将」（一九五五）がある。短編の「山の太郎グマ」は後に比較的長い小説「山の大将」に翻案されており、「月ノ輪グマ」は「母グマ子グマ」同様、母性愛を描いた短編である。(7)

椋鳩十の描く熊の母性愛は実に崇高である。子供を守る母としてシートンとは別の強烈な香りを放っている。「月ノ輪グマ」は南アルプスの遠山川を舞台にした話である。

十日分の食料を持って渓流づりに遠山川へ入った旦那と私は、二頭の子グマを連れた母グマに出会う。子グマが母グマからはぐれたすきに子グマを捕まえた旦那と私は、滝の上でにらみつけている母グマに遭う。母グマは子グマを助けるために滝から落ちて迫ってくる。母グマは小グマを救って連れていく。

「山の大将」はシートンの「クマの王さま」に匹敵する波乱に富んだストーリー展開をみせる。

中学一年の太郎と父の甚十はワシに襲われている子グマを助ける。子グマは黒い星と名づけられる。成長して村中の人気者となるが、運動会で猟師の権太に恥をかかせてしまう。体が大きくなっていくにしたがって村の外から来た旦那の奥さんを怖がらせたりして鎖につながれてしまう。黒い星が村で生きていけないことを悟った太郎は奥山に返す。黒い星は権太の追撃を振り切って南アルプスの山の中で生きていく。

椋鳩十は動物を擬人化することを控える筆致で、シートンと好対照を示している。あくまでも、動物を客観化して描く彼の熊に対する認識の中心は母性愛である。「山の大将」も太郎に母性を感じさせるように描く。

他の三編も母性を中心とし、人の世の姿に投影できる模範としている。ここではシートンのような孤高・単独・独立性を強調していない。むしろ、熊という動物を巡って家族の結びつきを強める部分が際だつ。シートンの筆致が母系と独立を感じさせるのに対し、椋鳩十は母性と家族が際だっている。

いずれの作者も熊の母性・母系についての記述は読者を引きつける主体となっていることを強調することができる。

三　宮澤賢治と熊

宮沢賢治の「なめとこ山の熊」(8)はこれらの作品に対し、熊の種の持続、生き物の輪廻を描く見事な作品である。

熊獲りの名人の淵沢小十郎はなめとこ山の熊の胆を売って生計を立てている。ある時、熊を撃とうとすると、熊が二年待ってくれと言う。待ってくれたら二年後に家の前で死ぬからという。そして二年後、小十郎が家の外に出ると、あの熊が口から血を吐いて倒れていた。

死期を悟った小十郎が山に行くと、夏に目をつけておいた大熊が襲いかかり、小十郎は死ぬ。小十郎は山上の峰で熊に囲まれて送られる。

「なめとこ山の熊」の先行研究に、二年間の猶予が種の保存として描かれていることを述べた野本寛一の説がある。(9) 二年間で東北各地の熊を育てるという伝承を援用する。

宮沢賢治の熊に関する筆致は精緻を極め、狩人の伝承に沿った部分が多い。特に熊の生態については唸らされる部分が数多くある。母熊と仔熊が遠くを見つめている場面で「あざみの芽を見に、昨日あすこを通ったばかりです。」「ひきざくら（こぶし）の花です」と、熊の好きな山菜や花を記録したり、母仔の熊を見て去るところでは「風があっちへ行くな行くな」と、熊が匂いで人に察知されてしまうことを畏れる表現など、熊狩りについてかなりの知識がなければ書けない文章である。そして、最後の場面は小十郎を送るところである。このシーンは狩人が熊を獲った際の捕獲儀礼がそのまま描かれている。

その栗の木と白い雪の峰々にかこまれた山の上の平らに、黒い大きなものがたくさん環になって集まって、おのおの黒い影を置き、回々教徒の祈るときのようにじっと雪にひれふしたまま、いつまでもいつまでも動かなかった。そしてその雪と月のあかりで見ると、いちばん高いとこに小十郎の死骸が半分座ったようになって置かれていた。……ほんとうにそれらの大きな黒いものは、参の星が天のまん中に来ても、もっと西へ傾いても、じっと化石したようにうごかなかった。

小十郎の死骸は獲られた熊の姿を示し、円く取り囲む熊の姿は、狩人である。ここで捕獲儀礼が行なわれる。勝鬨を上げ、次に引導を渡し、魂の送りをする。熊が小十郎の魂の送りを執行しているのである。

小十郎を殺した熊は「おお小十郎、おまえを殺すつもりはなかった」と呟き、小十郎は青い星のような光を一面に見て「熊ども、ゆるせよ」と語る。

この場面はマタギの捕獲儀礼の中の送りの場面で表現される。「仕方なくお前を獲ったが、あの世に行ったら多くの仲間を連れて戻ってくれ」という心意の「センビキもマンビキも」という唱え詞になる。

物語では熊と人の生が逆転し、一つの輪廻の形を描いた場面なのである。生き物が他のものに生まれ変わり、狩るものと狩られるものの立場が逆転する。人は熊と同じ水準で生き、お互いに交感しあう。

人は熊の生きる自然界の新参者であり、熊と比べて優れたところなど何一つない存在である。

熊の胆をいただき、皮をいただいてやっと生存を確保しているものでしかない。小十郎が町に行って熊の胆を安く買いたたかれる場面では、人の生き様の崇高さがまったく見えず心寒い。しかし、熊との交渉ではどうだ。生き物としての尊厳がほとばしる。人と人では貧相な心根しか描けないのに、熊と小十郎の交感は尊崇な交流である。人が熊か熊が人かわからない場面が続く。シートンが熊の独立性を描いて人と対置したのは擬人化することで熊の存在を見直す効果があった。しかし、宮沢賢治は人の存在を熊と同一水準に置く。ここでは人と熊の輪廻が人の存在を高くみなすこともなく、逆に熊の存在の確保たる位相が現われる。

物故した小玉川の伝説の狩人、舟山仲次は私との語らいの中で「熊に申し訳なかった」という言葉を発した。輪廻転生して熊の世界に生きているかも知れない。鳥海マタギの金子長吉の世界観は宮沢賢治と重なっている。薦川の狩人、小田甚太郎は熊によってみずからの人生を切り拓いてきた。大鳥の亀井一郎は熊が心の支えであった。

宮沢賢治の世界観は、おそらくこれらの伝説の狩人たちと共鳴し、広大な民俗世界を支えてきた彼らこそが文化の基層を形作っていたのである。

四　叙事詩「カレワラ」と熊

フィンランド民族の一大叙事詩である「カレワラ」はフィン人の住むフィンランドの神話・英雄伝承・哀歌を織りなして構成されている。彼らの宇宙観・生命観・自然観の表われである。

ワイナミョイネン・イルマリネン・レンミンカイネン・ヨウカハイネンなど、水の精、火の精などの表象が暗い北辺に美女を求めたり、船を造ってポポヨラの領域深く入り込んで領地を広げていく。北ユーラシア、熊祭りの伝統を保持するフィンランドでは、やはり熊が重要な場面で登場している。

フィンランドの熊祭りの風習は『カレワラ』第四六章熊祭りに記されている(10)。

「熊の宴会」の当日は晴着の隣人、招待客が寄り集まってくる。そこで雄熊なら少女が「花嫁」として、雌熊なら少年が「花婿」として選ばれてテーブルの上座につく。熊の肉は豆スープに煮られて「婚礼客」に配られるが、その前にビールが施される。

主人役がテーブルの中央に置かれた熊の首を鼻、耳という順にナイフで切り取っていく。最後に顎の骨が外され、牙などは出席者の間に分かち与えられる。食後骨は集められ、その翌日人々は熊の首を携えて「婚礼行列」よろしく出発し、頭骨を木の上に吊るして帰ってくる。

これらの儀礼は厳粛な内に執り行なわれ、調理には女性の参加が一切許されない。そしてこの婚礼の急所ごとに熊祭りの歌謡が歌われるのである(11)。

「カレワラ」の熊は二つの側面から描かれている。一つは暗く寒く諸悪の根元地とされる北のポホヨラから侵略者として登場する。また一つは神が騒がしい現世に送り込み、ここで熊祭りを受け、捧げ物を持って天上の神の元に返る神の使いとして登場する。

後者はキリスト受難につながる精神性を帯び、天から降る垂直運動として表わされる。宮沢賢治の描く世界とこの点では類似する。しかし、宮沢賢治の世界は精神の昇華としての昇天であるのに対し、「カレワラ」の熊は天と地の循環である。北方ユーラシアの熊祭りはこの点で類似する。

熊の頭骨を木の上に架ける儀礼が、沿海州ウデへの人々にまで連続し、日本でも頭骨を掲げるアイヌの事例や山に返すという富山県の一部地区がある。アメリカインディアンにもある。この地理的連続性は一体どのように解釈していけばよいのだろう。

そして、この世で食べ尽くされる供犠の材料となりながらも、天に帰るという解釈は、神の贖いにつながっている。

熊は人と神の間にあって、神の意志を伝えるものであり、人は熊によって神の裁可を戴く存在であった。つまり、熊は神のメッセンジャーとしての位置づけがなされる。

前者のポポヨラから送り込まれた熊は現実の脅威を体現している。人の存在を脅かすものとして描かれる。しかも、自身の領地への侵略者として、境を容易に超える存在である。

人の作った多くの規律や約束事が熊によって簡単に壊されていく。人の手に負えない物、人の思惑を超えたものだからこそ、神の使徒となったのであり、人の思い通りにならないものだから絶対者として神になったのである。

（1） 鳥居フミ子、二〇〇四『金太郎の誕生』勉誠出版／野本寛一、二〇〇六「『なめとこ山の熊』と『金太郎』『生き物文化誌――ビオストーリー』五、生き物文化誌学会。

（2） 川上弘美、一九九八『神様』中央公論社。

（3） 稲田浩二篇、一九九四『日本昔話事典』弘文堂、四三二頁。

（4） 例えば、野添憲治編、一九七八『阿仁昔話集』（全国昔話資料集成二八）、岩崎美術社／佐藤義則編、一九七八『羽前小国昔話集』（同、一）、岩崎美術社／武藤鉄城編、一九七八『角館昔話集』（同、一二）、岩崎美術

社／今村義孝・泰子、二〇〇五『秋田むがしこ』無明舎出版／『日本の民話』一九七六、未來社、などの東北地方から北陸地方にかけての熊が多く棲息する場所での昔話で動物昔話に熊が登場するものは限られ、ほとんどないのが現状である。

（5）『日本の昔話　一、津軽・岩手篇』一九七六、未來社所収。

（6）瀧口直太郎訳、一九八三『シートン動物記』一〜五、評論社。「子グマのジョニー」は一、「クマの王さま」は二、「大灰色グマの伝記」は三に収められている。

（7）椋鳩十の動物文学集はほるぷ社、金の星社などから児童文学として全集が刊行され続けている。絵本としても描かれている。

（8）宮沢賢治、一九二四「なめとこ山の熊」『注文の多い料理店』新潮文庫。

（9）野本寛一、二〇〇六「『なめとこ山の熊』と『金太郎』」『生き物文化誌――ビオストーリー』五、生き物文化誌学会。

（10）リョンロット、一八四九『カレワラ』（小泉保訳、一九七六『カレワラ』上下、岩波文庫、四四〇頁）。

（11）前掲書、下三〇七―三二七頁。

終章　熊神考

なぜ人は熊を狩り食べ尽くしてしまったのか。熊は人の規範となり、トーテムの尊い生き物であったにもかかわらず。

この難題の答えはすでに断片的に述べてきた。しかし、熊の魂を「送り」「慰霊」する行為になぜ熊自体の体が山の神の「供犠」とされたのか、についての背景説明はしてこなかった。供犠は別の動物の血や肉の犠牲であることが前提とされているからである。例えば、農作物の豊作を祈る農耕儀礼の供犠として鹿や猪の血が使われ、肉が食べられた。フレーザーのいう穀物霊の表象としての動物である。ところが、熊の場合は熊本体の血や肉がそのまま供犠とされる。熊の供犠は穀物霊の祀りとは別の系統に属するのである。唯一、焼畑農耕儀礼に伴い、熊の頭骨を祀る白山麓鳥越のアマボシ、ナギガエシの祭壇も、穀物霊の祀りではなく神に供える食べ物としてのクマという解釈が正鵠を得たものである。

複雑に見えるこの課題の解決には、熊が人のために死んだ贖いの主で、食べられるものであるとする思考の流れを説明するだけで十分であろう。久万でクマを指してきた古の日本人は、糧をクマとしたことが『日本書紀』の保喰神《うけもち》の食料の起源譚に出てくる。天熊人が天照大神の命で食物を確認する。

保喰神の死体から額の上に粟、眉の上に蚕、目の中に稗、腹の中に稲、陰《ほと》に麦・大小豆が発生する。つまり、久万（熊）とは神に奉る糧のすべてを意味したのである。従来考えられていた、農作物の豊饒を祈るために熊の血が使われたのではないし、豊作を求めるために供犠が執り行なわれたのでもない。熊の体そのものが神のものとして人の生存を贖うものとなっていたのである。熊の血や肉を人が口に入れるという行為は、農作物の豊饒を祈るためではなく、人の生存に対して裁可を戴くために自然を支配する神と供犠した基層の儀礼であった。

人が神に犠牲を捧げ生存への裁可を求める場合、神に奉る犠牲（糧）が必要である。神が求める犠牲で供犠を行なう。山の神に犠牲を捧げなければならないと人々に認められたのが熊だったのである。熊こそが山の神の支配する糧であり、糧を人里に下ろした動物なのである。

日本以外にも、かつての時代に熊を贖い主と定めた地域が広く存在した。ユーラシア大陸北部・北アメリカ北部、そして日本の熊と共に生きてきた人々である。熊の頭・皮・肉・内臓・血、骨そのすべてを利用してきた人々である。日本では北方文化として括られてきたものの一つである。神に糧を捧げる伝統は、大陸にも日本にもあった。この列島に住んでいた人々が最上の供物としたのが山にいる熊であった。

一般的に人の望みを成就させるための贖いにはなんらかの犠牲（代償）が必要なのである。贖いの順序は、死んだところで神（山の神）の許に魂を送り、里に戻って慰霊をすることが求められ、そのようにしてきた。人の望みはみずからの生存の保障・生存の持続という一点である。ここに人は裁可を求める。熊は山の神の標山、人里へ降りてくるマレビトではあっても、この儀礼が終了するまで神にはなれない。死んで人の贖い主となったことが認知されて初めて神格を与えられた。熊神とは人が慰霊を終え、儀礼で村人に周知した段階で到達するものであった。

今まで述べてきた思惟は、日本独自のものとは言えない。広くユーラシア大陸に住む人々の世界観に、人のために死んだ者（贖い主）が神格を得るという共通の認識がある。旧約聖書の時代、供犠は羊・牛・鳩などの血や肉で執り行なわれた。贖いの動物で人の生存の保障・生存の持続を裁可してもらうという考え方は、広く神話の時代から大陸では一般的なのであった。

ところが新約聖書の時代となって人であるキリストが動物の供犠を廃し、人みずからが贖い主となって人を救った。神の子羊である。これ以降、キリストが神となったのである。

すでに大陸世界で広く底流していた贖いの思考を熊の供犠に関する思惟で広く吸い上げてまとめたのがキリスト教なのである。

小玉川の熊祭り、山熊田の熊祭り、アイヌのイオマンテ、これらは熊一頭の犠牲を贖い主と位置づけているのである。春一番の猟で熊を得て、皆で食べて祝う東北各地の儀礼も、その心理的背景は同じである。だからこの血や肉がそのまま聖なるものとして扱われ、人は血を飲んで犠牲を受け入れ、肉を食べて神の前でみずからの姿勢を振り返った。熊は人のために死に、神となるために供犠を受け入れたのである。この過程はイエス・キリストがみずから十字架に赴き、死んで神となり、血や肉を聖餐式で人に与えているのと同じである。

古くこの日本列島に住み、熊を供犠として扱ってきた人々にはこの思惟が底流していたのである。

一　日本人と贖い

人身御供、密教の難行、五穀断ちの荒行とミイラ、これらは衆生を救うための贖いである。この過程を経て人は神となる。日本にも大陸と同じ思惟が流れているのである。

動物が人のために贖い主となる話は熊神を検討する重大な事例である。憑《つ》き神で有名な犬神は、人の怨念が集中するように、生きた犬に餌を前にして与えないで苦しめ、首を切って頭を往来の辻に埋め、人に踏ませたという。このようにして怨念を溜めて人を呪うために使ったというのであるが、この激しい恨みにまで達してしまったなれの果てに同情を禁じえない。私は人のために死んだ贖いの犬を予感しているのである。

信州光前寺の早太郎は光前寺の縁の下で生まれた山犬であるが、名声を聞きつけた六部に頼まれ、遠州の秋祭りに人身御供として捧げられる子女のかわりに白木の箱に入り、夜中に出てきた化け物と戦って退治する。血を流しながら光前寺まで戻り、ここで一声吠えて死ぬ。

早太郎は子女の贖い主であり、神の犬として現在彫刻にまでなって祀られている。人のために犬が死ぬことを望んだ。縄文時代の犬の墓は有名であるが、人のために尽くして死ぬ動物には魂を認め、これを送って慰霊する心理が早くから存在していたはずである。

早太郎に退治される化け物は狒狒《ひひ》とされており猿である。猿神の伝説とも関連する。犬神と同じ憑き物となって登場する。憑き物に零落させられる以前、犬も猿も人の贖い主になっていたことがあったはずである。

私は「個々の動物が人のための贖い主となる世界観」が古代から現代までの日本人の心の奥底に横たわる精神構造として存在した、という考え方を取っているのである。現在、この観念はペットを飼う都会の人々の中にも流れている。癒しのペットが墓に入り供養されている心理は、贖いの実像である。飼い主のために死んだとする観念が元になっている。飼い犬が飼い主のために犠牲になったというような美談は、贖いの犬として世間に喧伝されてきた。忠犬ハチ公、熊から狩人を救った犬など枚挙に暇がない。

正月を迎えるために、飼っていた豚を殺して食べ尽くすことは、どこでもやっていたことである。祝言（結婚）のために鶏をつぶ（殺）して料理し、子供に恵まれるようにと卵のつながった内臓を料理し、祝いの膳を作ったところは全国に及ぶ。盆の御馳走に山羊をつぶして食べる中部地方の山間部もあった。兎に至っては正月料理になくてはならないものであった。これら犠牲となった動物は人の祝いの膳を飾るものとして犠牲となっている。

人を贖う動物、という意識は、食べる側も料理する側も持っていた。人のために死んだ家畜は贖いの主である。

身近な動物以外にも、忽然と現われて人を救う動物もいる。寺が火事になりそうになった時に近くの沼から蟹が大挙して押しかけ、屋根の上で泡を吹いて火事を止めた話がある。現在、蟹供養をしているが、これなども動物の贖いの例であろう。

贖いは、救われた人が救ってくれた動物に対して特別の社会的禁忌を発生させることであり、これがトーテムとなっていく。第二部で熊が人を助ける話を検討したが、このような動物にはトーテムが潜んでいることを忘れてはならない。

二　トーテム

人の祖先に熊が投影される事例は多い。熊が古朝鮮の始祖檀君を生んだとする伝説はトーテムの直截な表現である。これに類する話はアイヌの熊との婚姻譚に多数存在し、大陸アムールランド、北アメリカと繋がっていく。

本土の熊（ツキノワグマ）はトーテムとしての発露が北海道の羆や大陸の熊（アジアクロクマ）ほど鮮明ではないと言われてきた。熊との婚姻譚が北海道以北・大陸ほど顕著な形で出てこないからである。つまり、熊が先祖であるとする位置づけが稀薄であった。

しかし、今まで述べてきたように熊に関する数々の社会的禁忌は熊を特別な動物として扱い、聖獣としている。熊一頭の犠牲を贖い主と位置づけることはトーテムそのものである。春先に熊の血と肉を必要とする村人、贖い主の熊に生命力を戴く人、これらの事例から熊はトーテムであったと考えて間違いない。贖い主として人のために死んだ動物は神となった。熊の慰霊碑・供養塔は人の熊に対する感謝の発露であって、人のために死んだことを宣言する記念碑である。

熊は母系による血のつながりが顕著である。狩人は男で、母系を破壊する。男は血の結びつき、つながりを断絶させる。人は熊によって母系を強調してきた。熊は母という女性を至上とする精神の最上位に位置する。人は、母系に対する尊崇とあこがれ、感謝を熊に投影してきたのである。

熊の母系は人に規範を与え、女性を鮮やかに蘇らせた。血を破壊する男は野蛮・暴力としてとらえられ、反対に血を受け継いで、すべてのものを受容していく女性原理は受容・寛容・教育として把握された。このように、女性原理は熊によって未来に向かう人の生存を肯定した。熊に関する儀礼に、女性原理に関するものが多いのは当然の帰結であった。現代社会で熊が癒しに使われる心理的背景もここにある。

だから熊は人類の母となる扱いもされてきた。ギリシャ神話の小熊を追う母熊（大熊座）、日本では金太郎という子供を育てる象徴としての山姥と熊、ユーラシア大陸東の「アイヌ・ユーカラ」と西の「カレワラ」に残る熊をめぐる叙事詩、これらのすべてが熊を母なる自然の表象あるいは人の存在を裁可するものとして描かれてきた。母系とは厳しい自然界にあってさえも人を豊かに育てるものである。母なる大地・母なる海・母なる自然・母熊、これらは裁可を求めてくるか弱い人に対して厳しい中にも豊かな恵みを施すものであった。

熊の食べる食物が人の世界に降りてきた。人は熊から多くの種類の山菜を学んだ。熊が食べるものであれば人も食べるようになっていく筋道のあることが、ヒメザゼンソウやセリ科の植物で明らかとなってきた。オオウバユリなど澱粉を採取する植物も熊の食べ物から人の世界に降りてきた可能性がある。熊と食物の問題は、類人猿の食物と人の食物の関係ほど近くないと考えがちであるが、決してそんなことはなく、熊狩り集落へ行けば今でも熊の山菜が人の山菜として利用され続けている現実に出会う。もちろん、人は塩蔵や天日干しなどの工夫ができる動物であり、独自の知恵を駆使している。

むしろ加工するという行為の方が、熊の食物の人への応用という意味では重大である。熊が食べていたことから人が工夫して食べるようになったという筋道は、特定の植物が食べられることを熊によって知った人が知恵を駆使したということである。

このように山にいる熊の存在が、里へ降りてくる筋道は、上から下への運動である。人は里にいて上からの運動を受け止める役割を果たした。山の神である大里様（オサトサマ）が垂直方向に降る神の筋道を示したように、熊に関わる山神の伝承は天上から垂直に降る神の筋道を示す。つまり、オサトサマは熊神の信仰を色濃く含むものであった。

三　人の生存を担保する熊

熊を崇め、熊を狩る山人の集落は、熊の行動領域の中にひっそりと佇んできた。朝日山麓金目ではこの地にいる地熊の行動領域が、そのまま村の領域であった。三万町歩の山を抱える奥三面は、地熊の楽園であり、薦川集落の狩人に四分の一ほど渡しても影響ないほどの山の領域を抱えていた。この範囲に住む地熊は三系統ほどあることが推測されるが、膨大な熊の領域は人の生存を保障してきた。

金目のように、熊から村の領域を学んだ場所がある。一三軒の集落は、この領域から食料を自給できる術を確立していた。地熊が繁殖できる領域では、一つの村が成立できたのである。領域はその山の木の種類や地形などによって広狭が変わったとしても。

山間の村々では栗を集落の周辺に植えて、食の保障を確立した。集落のまわりで栗を半栽培で育てるようになる。この筋道の原初には奥山に栗の原木があるとする伝承につながる。山形県大鳥では池ノ平という場所に栗の原木が今もある。沢筋の栗林がクリタマ蜂で全滅した時、池ノ平の原木の中に、クリタマ蜂にやられない種類のものがあることを見つけ、この実生苗を持ってきて植え替えた。大井沢にも海抜六〇〇メートルの場所に大井沢の栗の原木といわれる木が現存している。栗の伝承には奥山の原木の話がつきまとっている。かなり古い時代、人は奥山から栗を自身の集落のまわりに植えたのであろう。栗苗は人の手が入ることで他の競合する植物から抜きんでて大きくなることができる。人が手を加えた栗林は集落のまわりにあって人の生存の持続を可能にした。植物の密集する山中で栗の原木の在処を人に示したのは熊であろう。

同様に熊の食べる山菜の群生地は人の山菜の採取場でもあった。アイコと呼ばれるミヤマイラクサは茎の棘にある酸のために、採取すると痛痒くなる。「いらいら」の語源はこの植物の痛痒から来たものであるという。春先、熊はこの植物を大量に食べる。この植物が生長した秋には繊維を取る。この植物を人が利用するようになった筋道には熊が介在すると考えるのが自然であると私は考えている。痛痒の茎を食べた動機には、熊の姿を学ぶ人がいて初めて可能となったのではなかったか。

人は熊の食べ物から食べられる植物を選抜してきた筋道をみてきた。大自然から食べ物を選び取ることにおいて、人は熊ほど利口な動物ではなかったのだ。

熊が生存を持続している場所は、人にとっても生存の持続の可能な場所なのであった。採集を中心としていた時代、人が大自然の中に自分たちの住処を定めた筋道は、共に生きる熊の存在を指標としていたことが考えられる。

山は豊かな力で人を養うが、同時に魑魅魍魎・もののけの世界として人に畏怖の心根を抱かせた。これを克服した熊は人の畏れを癒す。熊は闇を支配する動物であった。人の病の克服には、気が塞がれた隈を支配する動物である熊が重要な役割を果たした。熊が病を治す。熊の体は薬となっていた。熊胆、熊の骨、頭骨、脂、捨てるところはない。病は人の生存の持続が贖い主から裁可されなかった状態である。贖い主の熊そのものの体からいただくもので裁可を得ようとした。熊胆・熊骨・熊の頭骨は人の生存の持続を裁可した。

人にとって熊は生存の規範であり、人の生き続ける行為を裁可する動物であった。食料・薬・魔の征服、これらが熊という贖いの動物によって里に下りてきたのである。人は熊を崇め続け、みずからの生存を承認してもらうためにも、熊神を崇める思考を持ち続けなければならない。ところが、歴史的に人は贖い主を裏切り続け、神殺しを繰り返してきた。ひ弱なくせに理性という名で謙譲さを捨ててきた。

熊の生きる大自然は征服されたのではない。人が征服したと錯覚しているだけである。人は熊を畏敬の神・贖い主とし続けなければならないのである。

四　現代思潮と熊

アメリカの文学者、ウィリアム・フォークナー（一八九七〜一九六二）は、熊狩りを描いて秀逸な作品を生み出している。『熊』では少年アイクが熊狩りの中で成長し、動物と人の共生を学んでいく。

訳者の加島祥造は、「回想まじりの解説」の中でヘミングウェイの動物に対する狩猟欲・征服欲と比較してフォークナーの思想を高く支持している。『むかしの人々』では、少年が初めて狩った鹿の血を顔に塗りつけられる場面を「森の生きものと少年が共生するものだと教える儀式」と解説する。[1]

血の儀礼は検討してきたように、熊と人を結びつける儀礼であった。つまり、血を呑む儀礼は、すでに共存をめざす現代思潮につながる水脈であった。贖いの動物はその血によって人に裁可を与える。ここでは、人が獣の上位に位置することはなかった。現代にこの思潮が流れていることが共生の意味を補強する。

序章で描いた熊との共存は、その一つに共生の思考が流れている。また一つには熊による贖いの思考があった。後者の思考が欠けた場合、共存の訴えは動物保護の御題目になりかねない。今まで検討してきたとおりである。

熊を神とする「対称性の思考」から冬の祭りを経て王を作り出してきた人の歴史を描いた中沢新一[2]は国家（王）の野蛮性が熊を神とする思考から離れたことに起因することを述べている。ここにも熊に象徴される共生の思考が流れていることを彷彿とさせる。

そして、この論考で検討してきたように、民俗調査から明らかとなってきたことは、熊が山の神に代表される大自然の標山であり、人のために犠牲となる贖いによって人の生存を裁可する動物であったということである。

この問題は人の社会の発達にも影響を与えている。熊を祀ることのない地域社会の野蛮性が露呈しはじめている。熊を祀ることのない都市・農村部の劇的な変貌は、近年の熊の出現を野蛮性という視点で捉える思考と併行する。

標山である熊をただ射撃で獲ってしまうのは害獣駆除という名前で正当化されつつあるが、その行為は今まで日本人が培ってきた、自然の中で人は謙虚に生きなければならないという暗黙の前提を壊し始めている。熊を崇める古の人々の精神を捨てた時、人は野蛮で残酷なものになる。狩人のような社会規範をしっかり守った体制側の人間を追いつめるような思考の流れが進んでいるのである。

現代社会は熊を征服できると考えた時点で、野蛮性を発生させた。熊が邪魔者とされる社会は人の野蛮性を正当化する。これが人のみずから生きる社会を守ることであると勘違いする思惟が横溢している。現代社会は熊を容喙できなくなっているのである。

宮澤賢治の、人が熊を贖う『なめとこ山の熊』は、神殺しを繰り返している現代社会へのメッセージとして強いインパクトを与える。人は熊より優れたものではない。「カレワラ」でも贖いの熊は、見事に人の心に生き続けている。人の心のありさまを映し出しているのが熊なのである。

熊は人が人としての存在を意識する知性を覚醒させ、人々が築いてきた歴史的思考の流れに深く関与し、人の生存を客観化し、人の知恵を拓き続けてきた優れた生き物であった。熊を神とする人々の思惟が人の社会に宗教をもたらしたのである。人は熊によって神を見つけた。熊による贖いによって人の生存が裁可される、とする思考は、穀物の豊饒を至上とする一元的な世界観が広がっていくなかで、その野蛮性を強く糾弾する機能を果たしてきた。人は熊を神とする歴史の想いを深く斟酌しなければならないし、歴史の想いが語りかけるものの中に熊によって贖われた謙虚な人間の姿を思い浮かべなければならない。熊を神とする思想は、人の生存の根幹に関わってくるからである。

（1）フォークナー、一九五五『熊』（加島祥造訳、二〇〇〇『熊』岩波文庫、二六二頁）。
（2）中沢新一、二〇〇二『熊から王へ』講談社。

あとがき

郷里信州伊那谷の冬はぬけるような青空にかじかむ寒さが同居している。寒さの厳しい日であった。樅の木を取りに奥山に入り、冬眠間近の熊に威嚇されて逃げ帰ったことがある。学生時代に訪れた白山麓ではやはり唸り声に遭遇して走って逃げた。越後奥三面では雄大な自然に包まれ、熊の気配をときに感じつつ、縄文遺跡を掘り続けた。熊は人の存在を超越し、それゆえに人に恐怖心・畏敬の念を与えてきた。恐怖・畏敬が宗教へと昇華するためには、熊の霊の行方やトーテム・贖い・供儀を説明しなければならない。

フィールドに身を置き、その社会の中で生き抜いてきた方々から話を伺い、課題の仮説を組み立てていく研究作業は、途方もない時間と粘り強い努力が必要である。幸い、語って下さる多くの古老に恵まれた。私ほど素晴らしい伝承者に接した人間はいない。鳥海マタギ、阿仁マタギ、大鳥の狩人、飯豊の狩人、枚挙に暇がない。本当にお世話になった。また、私のふだんのフィールドには熊と暮らした人たちが多くいる。奥三面遺跡群の発掘調査時には、この地に暮らした小池・高橋・伊藤さんから、狩猟の話を聞きながら発掘をし、鮭・鱒の調査時には漁撈に携わったマタギから熊の話を聞き出した。家から車で三〇分のところには生涯で八七頭の熊を授かった小田甚太郎も住んでいる。

ところが、狩猟習俗研究として調べたことをまとめようとする動機が起こらなかった。その理由を語りたい。

私は日本の狩猟習俗研究をリードした泰斗二人から薫陶を受けた。佐久間惇一・森谷周野両先生である。佐久間先生と山熊田の調査をした時、語って下さっていた方が「そこまで喋らにゃならんか」と俯き涙を流したことがあった。調査は徹底していて、山言葉、狩猟儀礼の文言など、端から見ている者にとっては真剣勝負の聞き取り調査が展開された。赤谷郷、飯豊朝日山系の狩猟習俗はこのようにして後世に残った。森谷先生は奥三面で、語れば村が潰れるとさえ言われた秘伝の狩猟儀礼、厳寒の羚羊狩り、スノヤマの習俗を粘りに粘って聞き出すことに成功した。村は二〇〇〇年、ダムに水没し、予言の怖さを味わった。二つの狩猟習俗研究の金字塔は、学史の上で輝きを増すばかりである。

しかし、二人の調査研究方法には大きな違いがあった。佐久間先生は狩猟研究から次の山岳信仰へと展望を持っておられ、そのために精緻な調査をこなし、修験者が狩猟に果たした役割を次への展開として密かに調べていた。狩猟儀礼と農耕儀礼の違いなど、綿密な調査が行なわれた。一方の森谷先生は復元研究に主眼を置き、事実を連ねた資料の強さを強調し、徹底して調べたことが次の研究の土台になることを信じて疑わなかった。

お二人の地を這う困難な研究を身近に接していた私は、羨望の心だけは失うことなく、人生を賭けなければ解明できないような困難な狩猟習俗研究だけはやるまいと、長く心に封印してきた。聞き取り調査で対峙する優れた狩人の全存在を洗いざらい調べ尽くしてまとめていく方法に自信が持てなかったのである。そして、何よりも私に狩猟習俗研究を尻込みさせたのは、佐久間・森谷の調査研究報告を継続するだけの伝承を保持する猟師が次々と亡くなっている事実であった。狩猟習俗研究では決着のつかない多くの問題が山積しているにもかかわらず、具体事例の消滅で、これ以上の追究が困難になっているという認識が私にはあった。精緻な事実確認をすることなく、北の狩猟（熊）と南の狩猟（猪・鹿）では系統の異なることを論証しようとしても、それが困難な状況にあると考えてしまったのである。

ところが、ロシア・韓国に出向いてその地で熊の話を聞き取りしていると、未知の領域が大きく広がっていることに気づかされた。マタギ頭を引退した古老のもとへ調査に出向いて熊の行動や生態について教えていただくと、狩猟習俗研究が果たしてきた実績とは別の面から、驚くほどの諸事例が顕わになってくる現実にぶつかった。この時、現代社会に必要な研究は「人・社会と熊の関係論」に移行していたことに気づかされた。新たな視点から、北と南の狩猟文化を改めて見つめ直すことになる。古人の能力の高さ、ずば抜けた運動量、記憶力、敬虔さと比べ、すべてに劣る現代人は、伝承から学び継承する以外に優れた研究の組み立ては困難である。この事実を受け入れつつ、新たな研究を組み立てる必要があった。

私の心の片隅には熊から学ぶ研究構想が頭をもたげてきた。里への大量出没が話題になってからである。そして、熊が人を襲う話が毎日のように話題にされる現状に憂慮の念が起こった。何かが違う。熊に関して、現代の民俗・民族・考古学の高名な研究者の言説、理論がどのようなものであっても、社会が混乱するような大きな影響を及ぼすものではない。怖いのは、現代人の心に巣くう熊に対する誤解である。

ここに至り、今まで世話になってきた熊獲りの古老からの聞き書きを改めて繙いてみた。そこには熊を崇める心がぎっしり詰まっていた。調査で訪れたロシア沿海州でも熊は聖なる動物であり、人は熊より下の位置に置かれてきたことがわかった。朝鮮半島、韓国では古朝鮮の始祖、檀君神話に接した。熊が先祖であった。ヨーロッパでも熊が崇められていた。モスクワ・オリンピックのマスコットも、ベルリンのマスコットも熊である。ロンドンではバッキンガム宮殿の衛兵が被る熊皮の帽子があった。歴史を溯ると、江戸時代の大名行列の先頭にいる奴さんの長い棒には、熊の皮・毛がついていて、先導の魔除けの役割をしていた。

佐久間・森谷研究を人と熊の関係性に向けて継承することが、現代社会にとって必要であることを確認した。

このような思考の軌跡を辿って、熊を一つの研究テーマとしてまとめる決心をした。研究を躊躇していた時間が長かったぶん、広い視点（動物学や解剖学の新知見）が熊研究を一層進める原動力となっていることに気づかされる。熊の捕獲の際に、熊の血を呑む儀礼が大陸から南下してアイヌのイオマンテ、飯豊朝日山麓狩人の村へと南下していく。熊の血はどのように考えるべきか。「熊人を助ける」話がロシア沿海州と、『北越雪譜』に記されている。かくも離れた地での類似をどう解釈すればよいか。東北地方にきわめて数の少ない熊の昔話をどう理解するか。思索は試されるがトーテミズム・贖い・供儀につながる水脈にたどり着く。民俗学は構築の学問であることを私は確信しており、伝承から理論を構築していく以外に学の独立発展はない、と考えるに至った。

熊は人から崇められる存在であり、人の精神文化に強く影響を及ぼしている。生け贄としての熊の血や肉は、トーテムから宗教へと昇華する。

熊は人の動物としての思考を相対化してくれる貴い生き物である。私は「熊学」を提唱できると考え始めているのである。

＊

文化史の金字塔、「ものと人間の文化史」には直良信夫『狩猟』と千葉徳爾『狩猟伝承』が早い時期に刊行され、それぞれ評価は高い。私の研究は両書をも継承したつもりである。

私はこのシリーズですでに『採集』『鮭・鱒Ⅰ・Ⅱ』を出版していただいている。全国の皆様から貴重な御意見を賜り、出版文化の尊さを強く感じる。『熊』も、幅広い分野の皆様から御指導がいただけることと思う。すべての出版を手がけて下さった秋田公士さんには本当にお世話になった。心の底から感謝を申し上げる。

『熊』の調査研究はこの出版をもって一区切りとなる。資料の整理や思索の間、熊にうなされ続けてきた。夢の中でもずいぶん怖い思いをさせられたものであった。熊が夢に出て来なくなった頃、研究の再開を期す。

赤羽正春

著者略歴

赤羽正春（あかば まさはる）

1952年長野県に生まれる．明治大学卒業，明治学院大学大学院修了．文学博士．

著書：『採集——ブナ林の恵み』（法政大学出版局・ものと人間の文化史 103）

『鮭・鱒 I・II』（法政大学出版局・ものと人間の文化史 133-I・II）

『日本海漁業と漁船の系譜』（慶友社）

『越後荒川をめぐる民俗誌』（アペックス）

編著：『ブナ林の民俗』（高志書院）．

ものと人間の文化史 144・熊

2008年 9 月25日　初版第 1 刷発行

発行所 財団法人 法政大学出版局

〒102-0073 東京都千代田区九段北3-2-7

電話03(5214)5540 振替00160-6-95814

組版：緑営舎　印刷：平文社　製本：誠製本

ISBN978-4-588-21441-7

Printed in Japan

ものと人間の文化史

★第9回梓会出版文化賞受賞

人間が〈もの〉とのかかわりを通じて営々と築いてきた暮らしの足跡を具体的に辿りつつ文化・文明の基礎を問いなおす。手づくりの〈もの〉の記憶が失われ、〈もの〉離れが進行する危機の時代におくる豊穣な百科叢書。

1 船 須藤利一編

海国日本では古来、漁業・水運・交易はもとより、大陸文化も船によって運ばれた。本書は造船技術、航海の模様の推移を中心に、漂流、船霊信仰、伝説の数々を語る。四六判368頁 '68

2 狩猟 直良信夫

人類の歴史は狩猟から始まった。本書は、わが国の遺跡に出土する獣骨、猟具の実証的考察をおこないながら、狩猟をつうじて発展した人間の知恵と生活の軌跡を辿る。四六判272頁 '68

3 からくり 立川昭二

〈からくり〉は自動機械であり、驚嘆すべき庶民の技術的創意がこめられている。本書は、日本と西洋のからくりを発掘・復元・遍歴し、埋もれた技術の水脈をさぐる。四六判410頁 '69

4 化粧 久下司

美を求める人間の心が生みだした化粧—その手法と道具に語らせた人間の欲望と本性、そして社会関係。歴史を遡り、全国を踏査して書かれた比類ない美と醜の文化史。四六判368頁 '70

5 番匠 大河直躬

番匠はわが国中世の建築工匠。地方・在地を舞台に開花した彼らの造型・装飾・工法等の諸技術、さらに信仰と生活等、職人以前の独自で多彩な工匠的世界を描き出す。四六判288頁 '71

6 結び 額田巌

〈結び〉の発達は人間の叡知の結晶である。本書はその諸形態および技法を作業・装飾・象徴の三つの系譜に辿り、〈結び〉のすべてを民俗学的・人類学的に考察する。四六判264頁 '72

7 塩 平島裕正

人類史に貴重な役割を果たしてきた塩をめぐって、発見から伝承・製造技術の発展過程にいたる総体を歴史的に描き出すとともに、その多彩な効用と味覚の秘密を解く。四六判272頁 '73

8 はきもの 潮田鉄雄

田下駄・かんじき・わらじなど、日本人の生活の礎となってきた伝統的はきものの成り立ちと変遷を、二〇年余の実地調査と細密な観察・描写によって辿る庶民生活史 四六判280頁 '73

9 城 井上宗和

古代城塞・城柵から近世代名の居城として集大成されるまでの日本の城の変遷を辿り、文化の各領野で果たしてきたその役割を再検討。あわせて世界城郭史に位置づける。四六判310頁 '73

10 竹 室井綽

食生活、建築、民芸、造園、信仰等々にわたって、竹と人間との交流史は驚くほど深く永い。その多岐にわたる発展の過程を個々に辿り、竹の特異な性格を浮彫にする。四六判324頁 '73

11 海藻 宮下章

古来日本人にとって生活必需品とされてきた海藻をめぐって、その採取・加工法の変遷、商品としての流通史および神事・祭事での役割に至るまでを歴史的に考証する。四六判330頁 '74

12 **絵馬** 岩井宏實
古くは祭礼における神への献馬にはじまり、民間信仰と絵画のみごとな結晶として民衆の手で描かれ祀り伝えられてきた各地の絵馬を豊富な写真と史料によってたどる。四六判302頁 '74

13 **機械** 吉田光邦
畜力・水力・風力などの自然のエネルギーを利用し、幾多の改良を経て形成された初期の機械の歩みを検証し、日本文化の形成における科学・技術の役割を再検討する。四六判242頁 '74

14 **狩猟伝承** 千葉徳爾
狩猟には古来、感謝と慰霊の祭祀がともない、人獣交渉の豊かで意味深い歴史があった。狩猟用具、巻物、儀式具、またけものたちの生態を通して語る狩猟文化の世界。四六判346頁 '75

15 **石垣** 田淵実夫
採石から運搬、加工、石積みに至るまで、石垣の造成をめぐって積み重ねられてきた石工たちの苦闘の足跡を掘り起こし、その独自な技術の形成過程と伝承を集成する。四六判224頁 '75

16 **松** 高嶋雄三郎
日本人の精神史に深く根をおろした松の伝承に光を当て、食用、薬用等の実用の松、祭祀・観賞用の松、さらに文学・芸能・美術に表現された松のシンボリズムを説く。四六判342頁 '75

17 **釣針** 直良信夫
人と魚との出会いから現在に至るまで、釣針がたどった一万有余年の変遷を、世界各地の遺跡出土物を通して実証しつつ、漁撈によって生きた人々の生活と文化を探る。四六判278頁 '76

18 **鋸** 吉川金次
鋸鍛冶の家に生まれ、鋸の研究を生涯の課題とする著者が、出土遺品や文献・絵画により各時代の鋸を復元・実験し、庶民の手仕事にみられる驚くべき合理性を実証する。四六判360頁 '76

19 **農具** 飯沼二郎／堀尾尚志
鍬と犂の交代・進化の歩みとして発達したわが国農耕文化の発展経過を世界史的視野において再検討しつつ、無名の農民たちによる驚くべき創意のかずかずを記録する。四六判220頁 '76

20 **包み** 額田巖
結びとともに文化の起源にかかわる〈包み〉の系譜を人類史的視野において捉え、衣・食・住をはじめ社会・経済史、信仰、祭事などにおけるその実際と役割とを描く。四六判354頁 '77

21 **蓮** 阪本祐二
仏教における蓮の象徴的位置の成立と深化、美術・文芸等に見る人間とのかかわりを歴史的に考察。また大賀蓮はじめ多様な品種とその来歴を紹介しつつその美を語る。四六判306頁 '77

22 **ものさし** 小泉袈裟勝
ものをつくる人間にとって最も基本的な道具であり、数千年にわたって社会生活を律してきたその変遷を実証的に追求し、歴史の中で果たしてきた役割を浮彫りにする。四六判314頁 '77

23-Ⅰ **将棋Ⅰ** 増川宏一
その起源を古代インドに、我国への伝播の道すじを海のシルクロードに探り、また伝来後一千年におよぶ日本将棋の変化と発展を盤、駒、ルール等にわたって跡づける。四六判280頁 '77

35 **鮫** 矢野憲一

神話の時代から今日まで、津々浦々につたわるサメの伝承とサメをめぐる海の民俗を集成し、神饌、食用、薬用等に活用されてきたサメと人間のかかわりの変遷を描く。四六判292頁 '79

36 **枡** 小泉袈裟勝

米の経済の枢要をなす器として千年余にわたり日本人の生活の中に生きてきた枡の変遷をたどり、記録・伝承をもとにこの独特な計量器が果たした役割を再検討する。四六判322頁 '80

37 **経木** 田中信清

食品の包装材料として近年まで身近に存在した経木の起源を、こけら経や塔婆、木簡、屋根板等に遡って明らかにし、その製造・流通に携った人々の労苦の足跡を辿る。四六判288頁 '80

38 **色** 染と色彩 前田雨城

わが国古代の染色技術の復元と文献解読をもとに日本色彩史を体系づけ、赤・白・青・黒等におけるわが国独自の色彩感覚を探りつつ日本文化における色の構造を解明。四六判320頁 '80

39 **狐** 陰陽五行と稲荷信仰 吉野裕子

その伝承と文献を渉猟しつつ、中国古代哲学＝陰陽五行の原理の応用という独自の視点から、謎とされてきた稲荷信仰と狐との密接な結びつきを明快に解き明かす。四六判232頁 '80

40-Ⅰ **賭博Ⅰ** 増川宏一

時代、地域、階層を超えて連綿と行なわれてきた賭博。——その起源を古代の神判、スポーツ、遊戯等の中に探り、抑圧と許容の歴史を物語る。全Ⅲ分冊の〈総説篇〉。四六判298頁 '80

40-Ⅱ **賭博Ⅱ** 増川宏一

古代インド文学の世界からラスベガスまで、賭博の形態・用具・方法の時代的特質を明らかにし、夥しい禁令に賭博の不滅のエネルギーを見る。全Ⅲ分冊の〈外国篇〉。四六判456頁 '82

40-Ⅲ **賭博Ⅲ** 増川宏一

聞香、闘茶、笠附等、わが国独特の賭博を中心にその具体例を網羅し、方法の変遷に賭博の時代性を探りつつ禁令の改廃に時代の賭博観を追う。全Ⅲ分冊の〈日本篇〉。四六判388頁 '83

41-Ⅰ **地方仏Ⅰ** むしゃこうじ・みのる

古代から中世にかけて全国各地で作られた無銘の仏像を訪ね、素朴で多様なノミの跡に民衆の祈りと地域の願望を探る。宗教の伝播、文化の創造を考える異色の紀行。四六判256頁 '80

41-Ⅱ **地方仏Ⅱ** むしゃこうじ・みのる

紀州や飛騨を中心に草の根の仏たちを訪ねて、その相好と像容の魅力を探り、技法を比較考証して仏像彫刻史に位置づけつつ、中世地域社会の形成と信仰の実態に迫る。四六判260頁 '97

42 **南部絵暦** 岡田芳朗

田山・盛岡地方で「盲暦」として古くから親しまれてきた独得の絵解き暦を詳しく紹介しつつその全体像を復元する。その無類の生活暦は、南部農民の哀歓をつたえる。四六判288頁 '80

43 **野菜** 在来品種の系譜 青葉高

蕪、大根、茄子等の日本在来野菜をめぐって、その渡来・伝播経路、品種分布と栽培のいきさつを各地の伝承や古記録をもとに辿り、畑作文化の源流とその風土を描く。四六判368頁 '81

44 **つぶて** 中沢厚

弥生投弾、古代・中世の石戦と印地の様相、投石具の発達を展望しつつ、願かけの小石、正月つぶて、石こづみ等の習俗を辿り、石塊に託した民衆の願いや怒りを探る。四六判338頁 '81

45 **壁** 山田幸一

弥生時代から明治期に至るわが国の壁の変遷を壁塗＝左官工事の側面から辿り直し、その技術的復元・考証を通じて建築史・文化史における壁の役割を浮き彫りにする。四六判296頁 '81

46 **簞笥**（たんす） 小泉和子

近世における簞笥の出現＝箱から抽斗への転換に着目し、以降近現代に至るその変遷を社会・経済・技術の側面からあとづける。著者自身による簞笥製作の記録を付す。四六判378頁 '82

47 **木の実** 松山利夫

山村の重要な食糧資源であった木の実をめぐる各地の記録・伝承を集成し、その採集・加工における幾多の試みを実地に検証しつつ、稲作農耕以前の食生活文化を復元。四六判384頁 '82

48 **秤**（はかり） 小泉袈裟勝

秤の起源を東西に探るとともに、わが国律令制下における中国制度の導入、近世商品経済の発展に伴う秤座の出現、明治期近代化政策による洋式秤受容等の経緯を描く。四六判326頁 '82

49 **鶏**（にわとり） 山口健児

神話・伝説をはじめ遠い歴史の中の鶏を古今東西の伝承・文献に探り、特に我国の信仰・絵画・文学等に遺された鶏の足跡を追って、鶏をめぐる民俗の記憶を蘇らせる。四六判346頁 '83

50 **燈用植物** 深津正

人類が燈火を得るために用いてきた多種多様な植物との出会いと個個の植物の来歴、特性及びはたらきを詳しく検証しつつ「あかり」の原点を問いなおす異色の植物誌。四六判442頁 '83

51 **斧・鑿・鉋**（おの・のみ・かんな） 吉川金次

古墳出土品や文献・絵画をもとに、古代から現代までの斧・鑿・鉋を復元・実験し、労働体験によって生まれた民衆の知恵と道具の変遷を蘇らせる異色の日本木工具史。四六判304頁 '84

52 **垣根** 額田巌

大和・山辺の道に神々と垣との関わりを探り、各地に垣の伝承を訪ねて、寺院の垣、民家の垣、露地の垣など、風土と生活に培われた生垣の独特のはたらきと美を描く。四六判234頁 '84

53-Ⅰ **森林Ⅰ** 四手井綱英

森林生態学の立場から、森林のなりたちとその生活史を辿りつつ、産業の発展と消費社会の拡大により刻々と変貌する森林の現状を語り、未来への再生のみちをさぐる。四六判306頁 '85

53-Ⅱ **森林Ⅱ** 四手井綱英

森林と人間との多様なかかわりを包括的に語り、人と自然が共生するための森や里山をいかにして創出するか、森林再生への具体的な方策を提示する21世紀への提言。四六判308頁 '98

53-Ⅲ **森林Ⅲ** 四手井綱英

地球規模で進行しつつある森林破壊の現状を実地に踏査し、森と人が共存する日本人の伝統的自然観を未来へ伝えるために、いま何が必要なのかを具体的に提言する。四六判304頁 '00

54 海老（えび） 酒向昇

人類との出会いからエビの科学、漁法、さらには調理法を語り、めでたい姿態と色彩にまつわる多彩なエビの民俗を、地名や人名、詩歌・文学、絵画や芸能の中に探る。四六判４２８頁 '85

55-Ⅰ 藁（わら）Ⅰ 宮崎清

稲作農耕とともに二千年余の歴史をもち、日本人の全生活領域に生きてきた藁の文化を日本文化の原型として捉え、風土に根ざしたそのゆたかな遺産を詳細に検討する。四六判４００頁 '85

55-Ⅱ 藁（わら）Ⅱ 宮崎清

床・畳から壁・屋根にいたる住居における藁の製作・使用のメカニズムを明らかにし、日本人の生活空間における藁の役割を見なおすとともに、藁の文化の復権を説く。四六判４００頁 '85

56 鮎 松井魁

清楚な姿態と独特な味覚によって、日本人の目と舌を魅了しつづけてきたアユ——その形態と分布、生態、漁法等を詳述し、古今のアユ料理や文芸にみるアユにおよぶ。四六判２９６頁 '86

57 ひも 額田巌

物と物、人と物とを結びつける不思議な力を秘めた「ひも」の謎を追って、民俗学的視点から多角的なアプローチを試みる。『結び』、『包み』につづく三部作の完結篇。四六判２５０頁 '86

58 石垣普請 北垣聰一郎

近世石垣の技術者集団「穴太」の足跡を辿り、各地城郭の石垣遺構の実地調査と資料・文献をもとに石垣普請の歴史的系譜を復元しつつ石工たちの技術伝承を集成する。四六判４３８頁 '87

59 碁 増川宏一

その起源を古代の盤上遊戯に探ると共に、定着以来二千年の歴史を時代の状況や遊び手の社会環境との関わりにおいて跡づける。逸話や伝説を排して綴る初の囲碁全史。四六判３６６頁 '87

60 日和山（ひよりやま） 南波松太郎

千石船の時代、航海の安全のために観天望気した日和山——多くは忘れられ、あるいは失われた船舶・航海史の貴重な遺跡を追って、全国津々浦々におよんだ調査紀行。四六判３８２頁 '88

61 篩（ふるい） 三輪茂雄

臼とともに人類の生産活動に不可欠な道具であった篩、箕（み）、笊（ざる）の多彩な変遷を豊富な図解入りでたどり、現代技術の先端に再生するまでの歩みをえがく。四六判３３４頁 '89

62 鮑（あわび） 矢野憲一

縄文時代以来、貝肉の美味と貝殻の美しさによって日本人を魅了し続けてきたアワビ——その生態と養殖、神饌としての歴史、漁法、螺鈿の技法からアワビ料理に及ぶ。四六判３４４頁 '89

63 絵師 むしゃこうじ・みのる

日本古代の渡来画工から江戸前期の菱川師宣まで、時代の代表的絵師の列伝で辿る絵画制作の文化史。前近代社会における絵画の意味や芸術創造の社会的条件を考える。四六判２３０頁 '90

64 蛙（かえる） 碓井益雄

動物学の立場からその特異な生態を描き出すとともに、和漢洋の文献資料を駆使して故事・習俗・神事・民話・文芸・美術工芸にわたる蛙の多彩な活躍ぶりを活写する。四六判３８２頁 '89

65-Ⅰ 藍（あい）Ⅰ 風土が生んだ色 竹内淳子

全国各地の〈藍の里〉を訪ねて、藍栽培から染色・加工のすべてにわたり、藍とともに生きた人々の伝承を克明に描き、風土と人間が生んだ〈日本の色〉の秘密を探る。四六判４１６頁 '91

65-Ⅱ 藍（あい）Ⅱ 暮らしが育てた色 竹内淳子

日本の風土に生まれ、伝統に育てられた藍が、今なお暮らしの中で生き生きと活躍しているさまを、手わざに生きる人々との出会いを通じて描く。藍の里紀行の続篇。四六判４０６頁 '99

66 橋 小山田了三

丸木橋・舟橋・吊橋から板橋・アーチ型石橋まで、人々に親しまれてきた各地の橋を訪ねて、その来歴と築橋の技術伝承を辿り、土木文化の伝播・交流の足跡をえがく。四六判３１２頁 '91

67 箱 宮内悊

日本の伝統的な箱（櫃）と西欧のチェストを比較文化史の視点から考察し、居住・収納・運搬・装飾の各分野における箱の重要な役割とその多彩な文化を浮彫りにする。四六判３９０頁 '91

68-Ⅰ 絹Ⅰ 伊藤智夫

養蚕の起源を神話や説話に探り、伝来の時期とルートを跡づけ、記紀・万葉の時代から近世に至るまで、それぞれの時代・社会・階層が生み出した絹の文化を描き出す。四六判３０４頁 '92

68-Ⅱ 絹Ⅱ 伊藤智夫

生糸と絹織物の生産と輸出が、わが国の近代化にはたした役割を描くと共に、養蚕の道具、信仰や庶民生活にわたる養蚕と絹の民俗、さらには蚕の種類と生態におよぶ。四六判２９４頁 '92

69 鯛（たい） 鈴木克美

古来「魚の王」とされてきた鯛をめぐって、その生態・味覚から漁法、祭り、工芸、文芸にわたる多彩な伝承文化を語りつつ、鯛と日本人とのかかわりの原点をさぐる。四六判４１８頁 '92

70 さいころ 増川宏一

古代神話の世界から近現代の博徒の動向まで、さいころの役割を各時代・社会に位置づけ、木の実や貝殻のさいころから投げ棒型や立方体のさいころへの変遷をたどる。四六判３７４頁 '92

71 木炭 樋口清之

炭の起源から炭焼、流通、経済、文化にわたる木炭の歩みを歴史・考古・民俗の知見を総合して描き出し、独自で多彩な文化を育んできた木炭の尽きせぬ魅力を語る。四六判２９６頁 '93

72 鍋・釜（なべ・かま） 朝岡康二

日本をはじめ韓国、中国、インドネシアなど東アジアの各地を歩きながら鍋・釜の製作と使用の現場に立ち会い、調理をめぐる庶民生活の変遷とその交流の足跡を探る。四六判３２６頁 '93

73 海女（あま） 田辺悟

その漁の実際と社会組織、風習、信仰、民具などを克明に描くとともに海女の起源・分布・交流を探り、わが国漁撈文化の古層としての海女の生活と文化をあとづける。四六判２９４頁 '93

74 蛸（たこ） 刀禰勇太郎

蛸をめぐる信仰や多彩な民間伝承を紹介するとともに、その生態・分布・捕獲法・繁殖と保護・調理法などを集成し、日本人と蛸との知られざるかかわりの歴史を探る。四六判３７０頁 '94

75 **曲物**（まげもの）　岩井宏實
桶・樽出現以前から伝承され、古来最も簡便・重宝な木製容器として愛用された曲物の加工技術と機能・利用形態の変遷をさぐり、手づくりの「木の文化」を見なおす。四六判３１８頁　'94

76-Ⅰ **和船Ⅰ**　石井謙治
江戸時代の海運を担った千石船（弁才船）について、その構造と技術、帆走性能を綿密に調査し、通説の誤りを正すとともに、海難と信仰、船絵馬等の考察にもおよぶ。四六判４３６頁　'95

76-Ⅱ **和船Ⅱ**　石井謙治
造船史から見た著名な船を紹介し、遣唐使船や遣欧使節船、幕末の洋式船における外国技術の導入について論じつつ、船の名称と船型を海船・川船にわたって解説する。四六判３１６頁　'95

77-Ⅰ **反射炉Ⅰ**　金子功
日本初の佐賀鍋島藩の反射炉と精練方＝理化学研究所、島津藩の反射炉と集成館＝近代工場群を軸に、日本の産業革命の時代における人と技術を現地に訪ねて発掘する。四六判２４４頁　'95

77-Ⅱ **反射炉Ⅱ**　金子功
伊豆韮山の反射炉をはじめ、全国各地の反射炉建設にかかわった有名無名の人々の足跡をたどり、開国か攘夷かに揺れる幕末の政治と社会の悲喜劇をも生き生きと描く。四六判２２６頁　'95

78-Ⅰ **草木布**（そうもくふ）**Ⅰ**　竹内淳子
風土に育まれた布を求めて全国各地を歩き、木綿普及以前に山野の草木を利用して豊かな衣生活文化を築き上げてきた庶民の知られざる知恵のかずかずを実地にさぐる。四六判２８２頁　'95

78-Ⅱ **草木布**（そうもくふ）**Ⅱ**　竹内淳子
アサ、クズ、シナ、コウゾ、カラムシ、フジなどの草木の繊維から、どのようにして糸を採り、布を織っていたのか――聞書きをもとに忘れられた技術と文化を発掘する。四六判２８２頁　'95

79-Ⅰ **すごろくⅠ**　増川宏一
古代エジプトのセネト、ヨーロッパのバクギャモン、中近東のナルド、中国の双陸などの系譜に日本の盤雙六を位置づけ、遊戯・賭博としてのその数奇なる運命を辿る。四六判３１２頁　'95

79-Ⅱ **すごろくⅡ**　増川宏一
ヨーロッパの鵞鳥のゲームから日本中世の浄土双六、近世の華麗な絵双六、さらには近現代の少年誌の附録まで、絵双六の変遷を追って時代の社会・文化を読みとる。四六判３９０頁　'95

80 **パン**　安達巖
古代オリエントに起ったパン食文化が中国・朝鮮を経て弥生時代の日本に伝えられたことを史料と伝承をもとに解明し、わが国パン食文化二〇〇〇年の足跡を描き出す。四六判２６０頁　'96

81 **枕**（まくら）　矢野憲一
神さまの枕・大嘗祭の枕から枕絵の世界まで、人生の三分の一を共に過す枕をめぐって、その材質の変遷を辿り、伝説と怪談、俗信と民俗、エピソードを興味深く語る。四六判２５２頁　'96

82-Ⅰ **桶・樽**（おけ・たる）**Ⅰ**　石村真一
日本、中国、朝鮮、ヨーロッパにわたる厖大な資料を集成してその豊かな文化の系譜を探り、東西の木工技術史を比較しつつ世界史的視野から桶・樽の文化を描き出す。四六判３８８頁　'97

82-Ⅱ 桶・樽（おけ・たる）Ⅱ　石村真一

多数の調査資料と絵画・民俗資料をもとにその製作技術を復元し、東西の木工技術を比較考証しつつ、技術文化史の視点から桶・樽製作の実態とその変遷を跡づける。　四六判３７２頁　'97

82-Ⅲ 桶・樽（おけ・たる）Ⅲ　石村真一

樹木と人間とのかかわり、製作者と消費者とのかかわりを通じて桶樽と生活文化の変遷を考察し、木材資源の有効利用という視点から桶樽の文化史的役割を浮彫にする。　四六判３５２頁　'97

83-Ⅰ 貝Ⅰ　白井祥平

世界各地の現地調査と文献資料を駆使して、古来至高の財宝とされてきた宝貝のルーツとその変遷を探り、貝と人間とのかかわりの歴史を「貝貨」の文化史として描く。　四六判３８６頁　'97

83-Ⅱ 貝Ⅱ　白井祥平

サザエ、アワビ、イモガイなど古来人類とかかわりの深い貝をめぐって、その生態・分布・地方名、装身具や貝貨としての利用法などを豊富なエピソードを交えて語る。　四六判３２８頁　'97

83-Ⅲ 貝Ⅲ　白井祥平

シンジュガイ、ハマグリ、アカガイ、シャコガイなどをめぐって世界各地の民族誌を渉猟し、それらが人類文化に残した足跡を辿る。参考文献一覧／総索引を付す。　四六判３９２頁　'97

84 松茸（まつたけ）　有岡利幸

秋の味覚として古来珍重されてきた松茸の由来を求めて、稲作文化と里山（松林）の生態系から説きおこし、日本人の伝統的生活文化の中に松茸流行の秘密をさぐる。　四六判２９６頁　'97

85 野鍛冶（のかじ）　朝岡康二

鉄製農具の製作・修理・再生を担ってきた農鍛冶の歴史的役割を探り、近代化の大波の中で変貌する職人技術の実態をアジア各地のフィールドワークを通して描き出す。　四六判２８０頁　'98

86 稲　品種改良の系譜　菅　洋

作物としての稲の誕生、稲の渡来と伝播の経緯から説きおこし、明治以降主として庄内地方の民間育種家の手によって飛躍的発展をとげたわが国品種改良の歩みを描く。　四六判３３２頁　'98

87 橘（たちばな）　吉武利文

永遠のかぐわしい果実として日本の神話・伝説に特別の位置を占めて語り継がれてきた橘をめぐって、その育まれた風土とかずかずの伝承の中に日本文化の特質を探る。　四六判２８６頁　'98

88 杖（つえ）　矢野憲一

神の依代としての杖や仏教の錫杖に杖と信仰とのかかわりを探り、人類が突きつつ歩んだその歴史と民俗を興味ぶかく語る。多彩な材質と用途を網羅した杖の博物誌。　四六判３１４頁　'98

89 もち（糯・餅）　渡部忠世／深澤小百合

モチイネの栽培・育種から食品加工、民俗、儀礼にわたってそのルーツと伝承の足跡をたどり、アジア稲作文化という広範な視野からこの特異な食文化の謎を解明する。　四六判３３０頁　'98

90 さつまいも　坂井健吉

その栽培の起源と伝播経路を跡づけるとともに、わが国伝来後四百年の経緯を詳細にたどり、世界に冠たる育種と栽培・利用法を築いた人々の知られざる足跡をえがく。　四六判３２８頁　'99

91 珊瑚（さんご） 鈴木克美
海岸の自然保護に重要な役割を果たす岩石サンゴから宝飾品として知られる宝石サンゴまで、人間生活と深くかかわってきたサンゴの多彩な姿を人類文化史として描く。四六判370頁 '99

92-I 梅I 有岡利幸
万葉集、源氏物語、五山文学などの古典や天神信仰に表れた梅の足跡を克明に辿りつつ日本人の精神史に刻印された梅を浮彫にし、梅と日本人の二〇〇〇年史を描く。四六判274頁 '99

92-II 梅II 有岡利幸
その植生と栽培、伝承、梅の名所や鑑賞法の変遷から戦前の国定教科書に表れた梅まで、梅と日本人との多彩なかかわりを探り、桜との対比において梅の文化史を描く。四六判338頁 '99

93 木綿口伝（もめんくでん） 第2版 福井貞子
老女たちからの聞書を経糸とし、厖大な遺品・資料を緯糸として、母から娘へと幾代にも伝えられた手づくりの木綿文化を掘り起し、近代の木綿の盛衰を描く。増補版 四六判336頁 '00

94 合せもの 増川宏一
「合せる」には古来、一致させるの他に、競う、闘う、比べる等の意味があった。貝合せや絵合せ等の遊戯・賭博を中心に、広範な人間の営みを「合せる」行為に辿る。四六判300頁 '00

95 野良着（のらぎ） 福井貞子
明治初期から昭和四〇年までの野良着を収集・分類・整理し、それらの用途と年代、形態、材質、重量、呼称などを精査して、働く庶民の創意にみちた生活史を描く。四六判292頁 '00

96 食具（しょくぐ） 山内昶
東西の食文化に関する資料を渉猟し、食法の違いを人間の自然に対するかかわり方の違いとして捉えつつ、食具を人間と自然をつなぐ基本的な媒介物として位置づける。四六判292頁 '00

97 鰹節（かつおぶし） 宮下章
黒潮からの贈り物・カツオの漁法から鰹節の製法や食法、商品としての流通までを歴史的に展望するとともに、沖縄やモルジブ諸島の調査をもとにそのルーツを探る。四六判382頁 '00

98 丸木舟（まるきぶね） 出口晶子
先史時代から現代の高度文明社会まで、もっとも長期にわたり使われてきた刳り舟に焦点を当て、その技術伝承を辿りつつ、森や水辺の文化の広がりと動態をえがく。四六判324頁 '01

99 梅干（うめぼし） 有岡利幸
日本人の食生活に不可欠の自然食品・梅干をつくりだした先人たちの知恵に学ぶとともに、健康増進に驚くべき薬効を発揮する、その知られざるパワーの秘密を探る。四六判300頁 '01

100 瓦（かわら） 森郁夫
仏教文化と共に中国・朝鮮から伝来し、一四〇〇年にわたり日本の建築を飾ってきた瓦をめぐって、発掘資料をもとにその製造技術、形態、文様などの変遷をたどる。四六判320頁 '01

101 植物民俗 長澤武
衣食住から子供の遊びまで、幾世代にも伝承された植物をめぐる暮らしの知恵を克明に記録し、高度経済成長期以前の農山村の豊かな生活文化を愛惜をこめて描き出す。四六判348頁 '01

114 古着（ふるぎ） 朝岡康二
仕立てと着方、管理と保存、再生と再利用等にわたり衣生活の変容を近代の日常生活の変化として捉え直し、衣服をめぐるリサイクル文化が形成される経緯を描き出す。 四六判２９２頁 '03

115 柿渋（かきしぶ） 今井敬潤
染料・塗料をはじめ生活百般の必需品であった柿渋の伝承を記録し、文献資料をもとにその製造技術と利用の実態を明らかにして、忘れられた豊かな生活技術を見直す。 四六判２９４頁 '03

116-Ⅰ 道Ⅰ 武部健一
道の歴史を先史時代から説き起こし、古代律令制国家の要請によって駅路が設けられ、しだいに幹線道路として整えられてゆく経緯を技術史・社会史の両面からえがく。 四六判２４８頁 '03

116-Ⅱ 道Ⅱ 武部健一
中世の鎌倉街道、近世の五街道、近代の開拓道路から現代の高速道路網までを通観し、道路を拓いた人々の手によって今日の交通ネットワークが形成された歴史を語る。 四六判２８０頁 '03

117 かまど 狩野敏次
日常の煮炊きの道具であるとともに祭りと信仰に重要な位置を占めてきたカマドをめぐる忘れられた伝承を掘り起こし、民俗空間の壮大なコスモロジーを浮彫りにする。 四六判２９２頁 '04

118-Ⅰ 里山Ⅰ 有岡利幸
縄文時代から近世までの里山の変遷を人々の暮らしと植生の変化の両面から跡づけ、その源流を記紀万葉に描かれた里山の景観や大和・三輪山の古記録・伝承等に探る。 四六判２７６頁 '04

118-Ⅱ 里山Ⅱ 有岡利幸
明治の地租改正による山林の混乱、相次ぐ戦争による山野の荒廃、エネルギー革命、高度成長による大規模開発など、近代化の荒波に翻弄される里山の見直しを説く。 四六判２７４頁 '04

119 有用植物 菅 洋
人間生活に不可欠のものとして利用されてきた身近な植物たちの来歴と栽培・育種・品種改良・伝播の経緯を平易に語り、植物と共に歩んだ文明の足跡を浮彫にする。 四六判３２４頁 '04

120-Ⅰ 捕鯨Ⅰ 山下渉登
世界の海で展開された鯨と人間との格闘の歴史を振り返り、「大航海時代」の副産物として開始された捕鯨業の誕生以来四〇〇年にわたる盛衰の社会的背景をさぐる。 四六判３１４頁 '04

120-Ⅱ 捕鯨Ⅱ 山下渉登
近代捕鯨の登場により鯨資源の激減を招き、捕鯨の規制・管理のための国際条約締結に至る経緯をたどり、グローバルな課題としての自然環境問題を浮き彫りにする。 四六判３１２頁 '04

121 紅花（べにばな） 竹内淳子
栽培、加工、流通、利用の実際を現地に探訪して紅花とかかわってきた人々からの聞き書きを集成し、忘れられた〈紅花文化〉を復元しつつその豊かな味わいを見直す。 四六判３４６頁 '04

122-Ⅰ もののけⅠ 山内昶
日本の妖怪変化、未開社会の〈マナ〉、西欧の悪魔やデーモンを比較考察し、名づけ得ぬ未知の対象を指す万能のゼロ記号〈もの〉をめぐる人類文化史を跡づける博物誌。 四六判３２０頁 '04

122-Ⅱ **もののけⅡ** 山内昶
日本の鬼、古代ギリシアのダイモン、中世の異端狩り・魔女狩り等々をめぐり、自然＝カオスと文化＝コスモスの対立の中で〈野生の思考〉が果たしてきた役割をさぐる。四六判２８０頁 '04

123 **染織**（そめおり） 福井貞子
自らの体験と厖大な残存資料をもとに、糸づくりから織り、染めにわたる手づくりの豊かな生活文化を見直す。創意にみちた手わざのかずかずを復元する庶民生活誌。四六判２９４頁 '05

124-Ⅰ **動物民俗Ⅰ** 長澤武
神として崇められたクマやシカをはじめ、人間にとって不可欠の鳥獣や魚、さらには人間を脅かす動物など、多種多様な動物たちと交流してきた人々の暮らしの民俗誌。四六判２６４頁 '05

124-Ⅱ **動物民俗Ⅱ** 長澤武
動物の捕獲法をめぐる各地の伝承を紹介するとともに、全国で語り継がれてきた多彩な動物民話・昔話を渉猟し、暮らしの中で培われた動物フォークロアの世界を描く。四六判２６６頁 '05

125 **粉**（こな） 三輪茂雄
粉体の研究をライフワークとする著者が、粉食の発見からナノテクノロジーまで、人類文明の歩みを〈粉〉の視点から捉え直した壮大なスケールの〈文明の粉体史観〉 四六判３０２頁 '05

126 **亀**（かめ） 矢野憲一
浦島伝説や「兎と亀」の昔話によって親しまれてきた亀のイメージの起源を探り、古代の亀卜の方法から、亀にまつわる信仰と迷信、鼈甲細工やスッポン料理におよぶ。四六判３３０頁 '05

127 **カツオ漁** 川島秀一
一本釣り、カツオ漁場、船上の生活、船霊信仰、祭りと禁忌など、カツオ漁にまつわる漁師たちの伝承を集成し、黒潮に沿って伝えられた漁民たちの文化を掘り起こす。四六判３７０頁 '05

128 **裂織**（さきおり） 佐藤利夫
木綿の風合いと強靭さを生かした裂織の技と美をすぐれたリサイクル文化として見なおす。東西文化の中継地・佐渡の古老たちからの聞書をもとに歴史と民俗をえがく。四六判３０８頁 '05

129 **イチョウ** 今野敏雄
「生きた化石」として珍重されてきたイチョウの生い立ちと人々の生活文化とのかかわりの歴史をたどり、この最古の樹木に秘められたパワーを最新の中国文献にさぐる。四六判３１２頁〔品切〕 '05

130 **広告** 八巻俊雄
のれん、看板、引札からインターネット広告までを通観し、いつの時代にも広告が人々の暮らしと密接にかかわって独自の文化を形成してきた経緯を描く広告の文化史。四六判２７６頁 '06

131-Ⅰ **漆**（うるし）**Ⅰ** 四柳嘉章
全国各地で発掘された考古資料を対象に科学的解析を行ない、縄文時代から現代に至る漆の技術と文化を跡づける試み。漆が日本人の生活と精神に与えた影響を探る。四六判２７４頁 '06

131-Ⅱ **漆**（うるし）**Ⅱ** 四柳嘉章
遺跡や寺院等に遺る漆器を分析し体系づけるとともに、絵巻物や文学作品の考証を通じて、職人や産地の形成、漆工芸の地場産業としての発展の経緯などを考察する。四六判２１６頁 '06

132 まな板　石村眞一

日本、アジア、ヨーロッパ各地のフィールド調査と考古・文献・絵画・写真資料をもとにまな板の素材・構造・使用法を分類し、多様な食文化とのかかわりをさぐる。　四六判372頁　'06

133-I 鮭・鱒（さけ・ます）I　赤羽正春

鮭・鱒をめぐる民俗研究の前史から現在までを概観するとともに、原初的な漁法から商業的漁法にわたる多彩な漁法と用具、漁場と社会組織の関係などを明らかにする。　四六判292頁　'06

133-II 鮭・鱒（さけ・ます）II　赤羽正春

鮭漁をめぐる行事、鮭捕り衆の生活等を聞き取りによって再現し、人工孵化事業の発展とそれを担った先人たちの業績を明らかにするとともに、鮭・鱒の料理におよぶ。　四六判352頁　'06

134 遊戯　その歴史と研究の歩み　増川宏一

古代から現代まで、日本と世界の遊戯の歴史を概説し、内外の研究者との交流の中で得られた最新の知見をもとに、研究の出発点と目的を論じ、現状と未来を展望する。　四六判296頁　'06

135 石干見（いしひみ）　田和正孝編

沿岸部に石垣を築き、潮汐作用を利用して漁獲する原初的漁法を日・韓・台に残る遺構と伝承の調査・分析をもとに復元し、東アジアの伝統的漁撈文化を浮彫りにする。　四六判332頁　'07

136 看板　岩井宏實

江戸時代から明治・大正・昭和初期までの看板の歴史を生活文化史の視点から考察し、多種多様な生業の起源と変遷を多数の図版をもとに紹介する〈図説商売往来〉。　四六判266頁　'07

137-I 桜I　有岡利幸

そのルーツと生態から説きおこし、和歌や物語に描かれた古代社会の桜観から「花は桜木、人は武士」の江戸の花見の流行まで、日本人と桜のかかわりの歴史をさぐる。　四六判382頁　'07

137-II 桜II　有岡利幸

明治以後、軍国主義と愛国心のシンボルとして政治的に利用されてきた桜の近代史を辿るとともに、日本人の生活と共に歩んだ「咲く花、散る花」の栄枯盛衰を描く。　四六判400頁　'07

138 麴（こうじ）　一島英治

日本の気候風土の中で稲作と共に育まれた麴菌のすぐれたはたらきの秘密を探り、醸造化学に携わった人々の足跡をたどりつつ醱酵食品と日本人の食生活文化を考える。　四六判244頁　'07

139 河岸（かし）　川名登

近世初頭、河川水運の隆盛と共に物流のターミナルとして賑わい、船旅や遊廓などをもたらした河岸（川の港）の盛衰を河岸に生きる人々の暮らしの変遷としてえがく。　四六判300頁　'07

140 神饌（しんせん）　岩井宏實／日和祐樹

土地に古くから伝わる食物を神に捧げる神饌儀礼に祭りの本義を探り、近畿地方主要神社の伝統的儀礼をつぶさに調査して、豊富な写真と共にその実際を明らかにする。　四六判374頁　'07

141 駕籠（かご）　櫻井芳昭

その様式、利用の実態、地域ごとの特色、車の利用を抑制する交通政策との関連から駕籠かきたちの風俗までを明らかにし、日本交通史の知られざる側面に光を当てる。　四六判294頁　'07